养殖致富攻略·一线专家答疑丛书

目标养驴关键技术有问必答

陈顺增　张玉海　主编

中国农业出版社

内 容 提 要

　　本书以问答的形式，结合养驴工作的实际经验，以通俗的语言分别就驴产业的概述、驴的生物学性状及类型与品种、场地与建设、鉴定与选优、选配与繁殖、饲养与管理、育肥与运输、饲料与配制、疾病与防治、驴病防治的科学用药、屠宰与加工、进口与出口12个方面239个问题，给读者提供了简明扼要的解答。问题的提出，力求实用，与生产实践紧密结合。本书适合养驴户及养殖场应用，同时可以供农业院校及基层畜牧兽医工作者参考。

陈顺增简介

陈顺增　男、汉族、中共党员、研究生学历、高级编辑职称。长期在国家人事部、国土资源部、国家质检总局等中央国家机关工作，曾担任过处长、局长、报社社长、总编辑。现任中国马业协会驴及骡产业分会会长、中国作家协会会员。

多年来，先后在报刊发表各类文章数百篇，主编和专著出版书籍10多部。主要书目有《劳动人事辞典》《土地管理知识辞典》《中国土地管理总览》《农村宅基地管理手册》《WTO 与中国检验检疫》《国门蓝盾》《国门采风》《闪光的足迹》《舜理说话》《旅途情思》《噗嗤一笑》《艺苑撷英》《我走过的地方》等。自担任驴及骡产业分会会长以来，多次到全国各地深入养驴场和个体养驴户调查研究，了解情况，积累了大量的资料、掌握了大量的信息，在此基础上编写了《目标养驴关键技术有问必答》。

张玉海简介

张玉海　男、汉族、58 岁、中共党员、大学本科、高级政工师。曾任天津市潘庄农场场长、天津市农工商天宁公司党委书记，现任天津农垦龙天畜牧养殖有限公司董事长（正处级），中国马业协会驴及骡产业分会秘书长。

自 1976 年始，当过兵，从事过农业、畜牧业技术及管理工作 40 年，曾先后荣获天津农垦系统优秀党员、优秀党务工作者、先进工会工作者、天津市五一劳动奖章、天津市劳动模范。在实践工作中，积累了丰富的农牧业生产管理经验和畜禽饲养管理经验，其所主管经营的驴繁育科研项目，已顺利通过国家级"肉用驴规模化养殖技术集成示范课题鉴定验收"，并形成了驴的规模化养殖基地。担任秘书长以来，积极总结养驴经验，推广养驴技术，认真组织编写了《目标养驴关键技术有问必答》。

技术支持单位

天津农垦龙天畜牧养殖有限公司

新疆玉昆仑天然食品工程有限公司

河北省张家口市旺地牧业有限公司

内蒙古蒙东黑毛驴牧业科技有限公司

内蒙古草原御驴科技牧业有限公司

黑龙江省三头驴农业科技有限公司

本书有关用药的声明

随着兽医科学研究的发展，临床经验的积累及知识的不断更新，治疗方法及用药也必须或有必要做相应的调整。建议读者在使用每一种药物之前，参阅厂家提供的产品说明书以确认推荐的药物用量、用药方法、所需用药的时间及禁忌等，并遵守用药安全注意事项。执业兽医有责任根据经验和对患病动物的了解决定用药量及选择最佳治疗方案。出版社和作者对动物治疗中所发生的损失或损害，不承担任何责任。

中国农业出版社

——生态养驴从外行到专家，手把手教你养驴如何赚到钱

驴产业作为一项新兴的特色养殖项目，应借鉴其他成功的养殖模式——生态、无公害、标准化、规模化、智能化、重视动物福利，这样才能符合国家的畜牧业发展战略，实现健康、高效、可持续发展，才能生产出受到市场欢迎的、高品质的驴肉、驴奶、阿胶等驴产品。

养驴户或企业一定会问如何才能生产出高品质、无公害的驴产品？如何缩短驴的出栏时间或生长周期，如何提高驴的产奶量和驴奶的品质？如何提高驴肉、驴皮的品质？怎样让养殖成本一少再少？怎样提高养驴经济效益？总结起来主要有以下四个方面。

1. 选对饲养品种　怎样选择优良品种，保证种驴的品质？

2. 合理搭配饲料　饲料是养驴的基础，是养驴成败的关键因素。如何灵活运用饲料标准，合理地选择、利用、开发饲料？如何提高饲料报酬率，降低消耗率？

3. 驴病的防治　怎样加强防疫，杜绝恶性传染病的发生？虽然驴的存活率很高，但如果平时不注意预防的话，驴的发病率和死亡率就会显著增加，不易治愈且危害大。因此，养驴一定要切实抓好春秋两季的预防注射，坚持"预防为主，防重于治"的方针是至关重要的。

4. 科学管理驴场　怎样建驴舍才能保证投资少而使用效果最好？不同的地区在不同的季节怎样养驴？饲养管理好的驴场，可以降低人工成本，避免饲料浪费，使投入的饲料最大限度转化为驴的增重量；饲养管理好的驴场，驴群发病率减少，既可以节省疫苗购置费用，又可以节约常规预防和治疗用药费用。

您所关心的上述问题，都将在《目标养驴关键技术有问必答》中

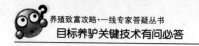

——为您解决。

本书特点：

1. 汇集了驴产业的最新咨讯，养殖业的最新国家政策、标准和规范，国际上主推的现代畜牧业先进经营管理理念和饲养技术，并适当介绍了驴营养学与饲料、科学安全用药的基础理论知识，让外行的创业者既知道怎么做，也懂得为什么要这样做。

2. 教您解决养驴难题，手把手教您快速致富，尤其对零基础的养驴户有非常大的帮助和参考价值，是养驴专业户必备的致富技术教材，让您一次学习，受益终身。

3. 本书语言通俗易懂、内容先进实用、性价比高，特别适用于广大农村基层群众、返乡创业的农民工、大学生创业者，以及驴养殖企业技术人员和管理人员阅读。

我国为养驴大国，养驴历史悠久，驴产业资源丰富。在传统的养殖业中，驴作为役用家畜，对农业的发展功不可磨。但随着社会的发展，驴作为农业和家庭的辅助动力，逐渐失去了其主力地位，而向产肉和产皮的方向发展。在现代养殖业中，驴作为产肉产皮产奶和役用兼得的经济动物，其经济价值越来越高。

驴是草食家畜，驴肉肉质细嫩，味道鲜美，瘦肉多，脂肪少，脂肪中不饱和脂肪酸含量较高，是很好的保健营养食品，素有"天上龙肉，地上驴肉"的美称。驴奶基本物质含量与牛奶接近，维生素 C 含量高，为牛奶的 4.75 倍；必需氨基酸含量比牛乳、人乳高；微量元素充足，钙、硒丰富，硒的含量是牛乳的 5.16 倍，属于富硒食品。驴皮是制作阿胶的重要原料，阿胶是具有 2 000 多年历史的传统中药，有补血、止血、滋阴润燥之功效，能促进血中红细胞和血红蛋白的合成。其副产品驴鞭、驴血、驴骨、驴毛、驴蹄等均具有较高的药用价值。近年来，随着驴肉加工生产工艺的发展和医药科学的进步，驴肉及其加工副产品的消费量逐年增加，市场前景十分广阔。

市场呼唤养驴，养驴促进市场。目前，我国的养驴业生产仍处在小规模分期分户饲养阶段。作为一种传统的养殖业，这种生产方式曾发挥了积极作用，但已远远不能适应时代消费需求的需要。在社会主义市场经济体制的新形势下，要求养驴业必须以市场为导向，以经济效益为中心，发展规模化、集约化的养驴生产，均衡供应市场。因此，养驴的生产就必须走出一条规模化高效生产的新路。

本书的编写为适应当前驴产业生产形势，反映近年来养驴产业的新进展和新成就，对养驴产业健康可持续发展具有重要促进

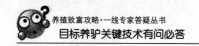

作用。本书较强的实用性和可操作性，也可帮助养殖人员解决养驴产业当中的一系列技术问题，是一本不可多得的养驴知识科普书。

借此书即将付梓之际，我愿书此以为序！

农业部畜牧业司司长　马有祥

随着我国经济发展和人民生活水平的提高，市场对高蛋白、低脂肪的驴肉及其带来的药用产品需求量不断增加，已形成了以肉驴养殖与专业化生产为主导的新兴产业。在驴肉市场和阿胶市场蓬勃发展的同时，必须给传统的养驴生产赋予新的内容，大力普及养驴知识，使养殖者获得更大的经济效益，跟上市场需求发展的步伐。

肉驴作为草食家畜可将大量的农副产品及秸秆转化为可利用的动物性蛋白，具有一定的比较优势。但是，驴产业发展起步晚，相对养牛、养猪、养羊、养鸡等产业，无论从品种、规模化程度以及饲养技术水平等方面差距较大，多数驴场设施设备简陋，养殖环境差，生产整体水平不高。

为推动养驴业又好又快的发展，推广先进适用的驴养殖技术，提升基层畜牧技术推广人员科技服务能力和养殖者劳动技能，中国马业协会驴及骡产业分会的陈顺增会长和张玉海秘书长组织有关专业人员编写了《目标养驴关键技术有问必答》，以期有助于读者在实践中科学养驴，提高驴产品的产量和质量，获取养驴产业的最大效益。

本书立足生产、面向市场，它综合了目标养驴及与其相关的基础知识，吸取了新的科研成果，涉及面广，问答简明，内容实用，可操作性强，既适用于规模化养殖场和专业养驴户的技术人员学习运用，也可供相关管理人员以及基层畜牧兽医工作者参考。它将为所有养驴爱好者案头提供一本较好的工具书。

从这个意义上讲，我庆贺这本书的出版！

中国马业协会会长
原国家首席兽医师　贾幼陵
农业部兽医局原局长

2017 年 5 月

目 录

7　七、驴的育肥与运输 ………………………………… 103

10

一、概　述

1. 我国目前驴产业发展状况如何？

根据农业部和国家统计局数据，我国驴的养殖主要分布在新疆南部、甘肃东部、内蒙古东部、辽宁西部等地区。1949年以来，我国驴的饲养量波动较大，1954年饲养量曾高达1 270.1万头，1962年最低为645.4万头，1978年之后持续回升，到1989年达到1 113.6万头，之后又逐年下降，2000年我国驴存栏量920.93万头，2014年，我国驴的存栏总量已锐减到582万头，年减少约30万头，2015年进一步减少到542万头。

近年来，随着驴肉、驴皮、驴骨、驴奶等产品药用、保健功能的开发利用，这些产品的原料供不应求，价格越来越高，驴的经济价值持续攀升，养驴效益不断提高。在倡导发展节粮型畜牧业的今天，驴作为草食动物，食性广、耐粗饲、饲草利用率高、食量小、适应性和抗逆性强、繁殖快、成活率高、性格温顺、易于饲养，既可集中饲养，也可利用果园、林地、山坡地、零星草地放养或圈养。因而毛驴养殖受到国家的极大重视。在《农业部关于促进草食畜牧业加快发展的指导意见》（农牧发〔2015〕7号）中提出要"积极发展兔、鹅、绒毛用羊、马、驴等优势特色畜禽生产"。发展驴产业既是一项致富产业，又是一项脱贫工程，因此，驴产业逐渐获得各地政府的大力支持，成为当地脱贫致富的新引擎，成为农牧民一项新兴养殖产业，驴的养殖也正在从小规模、低利润向中等规模、高利润迅速发展。我国部分地区驴产业发展状况详见附录九。

2. 驴产业发展应遵循哪些基本思路和战略？有何具体措施？如何应用物联网技术？

● **基本思路和战略**

（1）坚持科技为先，按照"生产的规模化、标准化、专业化和市场化"的指导思想合理布局　对于毛驴主产区主要是加强产业的升级，发挥龙头企业的示范带头作用。在后发展地区利用后发优势发展规模养殖，重点为养驴户提供相关信息服务，引导养驴户科学决策。在规划布局时要考虑饲养生产区和消费区、肉驴生产区和奶驴生产区相互重合和相互独立，制定可持续发展战略。

（2）坚持"四个原则""一个保障"　①遵循因地制宜、分区分类发展的原则；②传统和现代养殖兼顾、统筹发展的原则；③国内市场为主，国际市场为辅，相互补充的原则；④以科技为支撑、市场为导向、齐头并进的原则。政府在科技、人才、资金、社会化服务和产业政策等方面提供坚实的保障。

● **具体措施**

（1）培育并依托龙头企业，建立"公司＋基地＋千家万户"的养殖模式

（2）建立驴产业园，争取政府产业专项扶持项目等

（3）培育或引进肉、奶、皮等制品深加工企业，拉长驴产业链，开发活体循环全产业链

（4）加强品种改良、提高饲养水平　例如，主推无公害标准化养殖技术、物联网技术、安全追溯系统等先进技术

（5）提质增量、做大做强品牌　随着我国畜牧业的发展和人民生活水平的不断提高，人们对动物性食品的要求逐渐由数量型向质量型转变，无污染、无残留和无公害的安全绿色食品已成为人们的一种消费时尚。另一方面，我国加入世界贸易组织（WTO）后，我国的畜牧业直接参与国际竞争，这对畜产品安全提出了更高更严的要求。在WTO规则允许的范围内制定合理的规避措施，主推无公害标准化养殖技术，创立品牌驴产品（如山东东阿阿胶、同仁堂阿胶、玉昆仑驴

奶粉），才能把我国的驴产品推向国际市场，满足人们对无污染、无残留、无公害的安全绿色食品的需求。

（6）开拓驴产品市场　在开拓驴产品市场上更要下工夫，在"吃"上做文章，通过肉驴产品的精深加工，开发驴肉不同的吃法，吃出花样，以此来引导消费。以中国农业大学、山东东阿阿胶研究院及一些科研单位为依托，进一步深化驴制品生产，驴肉、驴皮、驴全身都要开发。

（7）"互联网＋驴产业"　"互联网＋"是利用信息通信技术以及互联网平台，让互联网与传统行业进行深度融合，创造新的发展生态。它代表一种新的社会形态，即充分发挥互联网在社会资源配置中的优化和集成作用，将互联网的创新成果深度融合于经济、社会各域之中，提升全社会的创新力和生产力，形成更广泛的以互联网为基础设施和实现工具的经济发展新形态。"互联网＋农业"就是依托互联网的信息技术和通信平台，使农业摆脱传统行业中，消息闭塞、流通受限制，农民分散经营，服务体系滞后等难点，使现代农业坐上互联网的快车，实现中国农业集体经济规模经营。2015年7月1日，国务院印发了《关于积极推进"互联网＋"行动的指导意见》，将"互联网＋"现代农业作为11项重点行动之一，明确提出利用互联网提升农业生产、经营、管理和服务水平，促进农业现代化水平明显提升的总体目标，部署了构建新型农业生产经营体系、发展精准化生产方式、提升网络化服务水平、完善农副产品质量安全追溯体系等4项具体任务。应用物联网、云计算、大数据、移动互联等现代信息技术，推动农业全产业链改造升级，同时在"互联网＋"电子商务行动中提出要积极发展农村电子商务。

● **在养殖场应用物联网技术**

（1）概念　物联网（The Internet of things）是新一代信息技术的重要组成部分，顾名思义，物联网就是物物相连的互联网。物联网是在互联网基础上延伸和扩展的网络，按照约定的协议，通过信息传感设备，把任何物品与互联网连接起来，进行信息交换和通信，以实现智能化识别、定位、跟踪、监控和管理。采用先进的物联网、安全追溯系统

（2）特征　物联网具备三个特征：①全面感知，即利用RFID、传感器和二维码等随时随地获取物体的信息；②可靠传递，通过各种电信

网络与互联网的融合，将物体的信息实时准确地传递出去；③智能处理，利用云计算和模糊识别等各种智能计算技术，对海量的数据和信息进行分析和处理，对物体实施智能化的控制。物联网的关键技术主要包括射频识别技术，传感技术，网络与通信技术和数据的挖掘与融合技术等。

(3) 应用　养殖场内通过物联网智能系统能够很好的调节控制室内温度，及对养殖室实行 24 小时远程监控，便于实时发现问题，控制风险，同时对疫病有很好的防护作用，在安全饲养方面，还能够帮助企业建立完善的生产档案，建立畜禽产品安全溯源的数据基础，管理安全生产投入品，建立疫病防疫记录；同时实现畜禽生产过程的可监督、可控制，实时监控畜禽存栏数、用药情况、疾病治疗免疫、饲料等情况，提高畜禽生产的安全性，保障了消费者的身体健康和生命安全。

3. 何为无公害畜禽产品？何为无公害驴标准化生产技术？

无公害畜禽产品，是指产地环境、生产过程和产品质量符合国家有关标准和规范的要求，经认证合格获得认证证书并允许使用无公害农产品标志的未经加工或者初加工的畜禽产品。

无公害畜禽产品与绿色畜禽产品和有机畜禽产品分别从属不同的标准体系和认证机构，没有级别关系，三者都是安全的畜禽产品。

饲料生产、畜禽养殖、屠宰加工、贮藏、运输、包装、销售等环节任何一个环节生产不规范、降低技术标准或违反行业规定，都会影响到畜禽产品的卫生和安全。国家已把无公害畜禽产品生产纳入法制轨道，实行标准化操作。无公害驴标准化生产技术主要包括以下几点。

(1) 引种控制　①不得从疫区引种。②引进种畜禽要从具有畜牧兽医主管部门核发的《种畜禽生产经营许可证》和《动物防疫合格证》的种畜禽场引进，并按照《种畜禽调运检疫技术规范（GB 16567—1996）》的要求进行检疫。③引进的种畜禽须隔离观察，经当地动物防疫监督机构确定为健康合格后，方可供生产使用。

(2) 环境控制　①土壤。②水源。③空气。④场外环境。⑤建设与布局。详见第三部分驴的场地与建设。

(3) 疫病控制　原则是杜绝使用一切对人体健康、社会环境和畜禽自身安全有影响的生物制剂、药品和技术，重点控制饲料、饮水和环境卫生的质量，从而保证生产出的畜禽产品符合无公害食品的要求。主要措施有：①综合预防措施。a. 实行全进全出饲养制度，减少疫病的传播；b. 加强饲养管理，提高畜禽体质，增强抗病能力；c. 制定切实的免疫计划，选择适宜的免疫疫苗，实行有效的预防接种；d. 保持环境卫生，做好消毒工作，定期杀虫灭鼠，这是防止疫病发生的重要环节，也是做好各种疫病免疫的基础和前提；e. 建立健全防疫制度并有效执行，坚持进行疫情监测、分析和预报，有计划地进行疫病的净化、控制和消灭工作。②及时扑灭疫病。③完善防疫制度。④隔离与消毒。⑤免疫接种。⑥废弃物的无公害处理。

（4）投入品控制 ①兽药的控制。药物是治疗畜禽疾病的重要手段，也是引起畜禽产品内源性污染的主要因素之一。生产无公害畜禽产品，因而也有严格的要求。②饲料及添加剂的控制。无公害畜禽饲养饲料使用准则，对饲料和添加剂作了明确的规定。规定了允许在饲料中添加的饲料药物添加剂名录和禁止在饲料中添加的药物品种名录，并规定了休药期等。

总之，无公害驴标准化生产技术关键是要把好"十关"：①把好防疫条件关。②把好产地环境关。③把好饮水质量关。④把好饲料及饲料添加剂使用关。⑤把好兽药使用关。⑥把好动物免疫关。⑦把好卫生消毒关。⑧把好疫病监测关。⑨把好无害化处理关。⑩把好检疫关。

4. 什么是养驴"规模化高效生产"？

养驴规模化高效生产是相对于我国目前养驴生产水平而设计提出的一种新技术体系。这里说的规模化，是一个相对的概念。对于一户农民而言，按技术体系要求饲养 10 头母驴以上即可达到专业户的规模化，对于一个农场来说，集中饲养 500～1 000 头母驴以上，才能达到一定的规模。规模化与高效生产是一个整体，规模化是前提，高效生产是根本；达不到一定规模，也就不会有显著的效益；若不能实现高效生产，养殖的规模越大，效益就越差。所谓新技术体系，它要求生产者和管理者能够准确地掌握养驴的关键环节，采用人为调节环

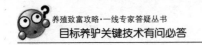
境的配套技术，对养殖生产实行有效的控制，并能建立完善的服务体系，达到规模化高效生产与产业专业化服务的平衡协调。

5. 什么是发展养驴"过腹还田"？

驴是食草家畜，农村大量的秸秆通过养驴可以"过腹还田"。据检测：驴粪尿是家畜粪便中氮、磷、钾含量较高的优质有机肥料。一头驴一年可积混合肥料 7～9 吨。驴粪在积肥、施肥过程中，经过微生物的加工分解以致重新合成有机质，最后形成腐殖质贮存在土壤中，对于改良土壤、培肥地力的作用是多方面的。它既能调节土壤的水分、温度、空气以及肥效，适时满足作物生长发育的需要，又能调节土壤的酸碱度，形成土壤的团粒结构；同时，还可以延长和增进肥效，促进水分迅速进入植物体，促进种子的发芽，促进根系发育和保温等作用。种植业为养驴业提供饲料，养驴业为种植业提供高效有机肥料，互为供求，促进了资源节约型养驴业的可持续发展。

6. 我国哪些地方适合养驴？

驴喜欢干燥温暖的气候，在我国主要分布于北纬 32°～42°间的农区和半农半牧区，以黄河中下游、渭河、淮河、海河流域和新疆、甘肃的河西走廊比较适合养驴。经多年的风土驯化，驴对吉林、黑龙江等地的严寒气候也逐渐适应。江南各省地势低，温热多雨，虽然也有驴的分布，但数量较少。西南山区雨量虽多，但海拔高，而干湿季节明显的川西北和滇西部分地区也不适宜养驴，阴湿多雾的贵州更少。目前我国养驴比较多的地方主要有天津、辽宁、吉林、山东、内蒙古、新疆、宁夏、河南、河北、山西、陕西、甘肃等地。主要品种以大中型驴为主，如关中驴、德州驴、宁河驴、晋南驴、新疆驴、泌阳驴、庆阳驴等。

7. 为什么说养驴是"风险小、投资少、效益高"的产业？

养驴与养牛及养马等相比较，一是风险小，从优良生物学的特性来看，驴的体质结实，抗病性较强，对于贫瘠环境条件的适应能力极强，比较好养；二是投资少，养驴的成本相对较低，驴饲喂简单，对粗饲料的利用率高，比牛省草，比马省料，即所谓"穷养驴、富养马"，凡养不起牛、马的农户，均可以养驴；三是效益高，随着社会生产力的发展，驴由过去的役用逐渐变为了食用。驴全身都是宝，驴肉是新型的肉食产品，驴奶、驴皮、驴骨等均可食用和药用，价格均比牛产品贵，并深受人们的喜爱。因此，农村发展养驴业是农民脱贫致富奔小康的一条新门路。

8. 驴肉的价值如何？目前市场消费价格怎样？

驴肉一直是我国人民情有独钟的美食，具有瘦肉多、脂肪少的特点。肉质细嫩味美，蛋白质含量比羊肉、牛肉和猪肉高，而脂肪含量比羊肉、牛肉和猪肉低。矿物元素 Fe、生物学价值高的亚油酸、亚麻酸含量远高于其他肉类。驴的肉及其他产品或副产品用途自古以来应用很广，不仅是美味佳肴，而且可以做药膳，能调整人体营养平衡，有保健防病的功效。不少验方已入中药书典。《本草纲目》记载：驴分褐、黑、白三色，入药以黑者为良。驴肉：性味甘凉无毒，解心烦、止风狂，治一切风，安心气、补血益气，治元气劳损，疗痣引虫。驴头肉：治消渴，洗头风风屑；驴脂：敷恶疮疥鲜及风肿，滴耳治聋；驴血：利大小肠，润燥结，下热气；驴鞭：甘温无毒，强阴壮筋；毛：治头中一切风病；骨：牝驴骨煮汤汁服治多年消渴；皮：治一切风毒、骨节痛、肠风血痢、崩中带下、中风喎僻、骨痛烦躁等；悬蹄烧灰：敷痈疽、散脓水。可见驴全身都是药，称为"药畜""药兽"毫不为过。因此，人们称为"天上龙肉、地上驴肉"。

目前，据不完全统计，全国从事驴肉产品加工的企业有 500 多家。驴肉消费主要以驴肉火烧、驴肉火锅、酱驴肉等传统菜品为主，对传统文化进行挖掘，在此基础上推出具有地方特色驴肉熟食制品，通过商超和电商进行销售；另外就是对驴肉产品进行升级开发，走高端路线。2006—2015 年，活驴价格和驴肉价格上涨 3 倍。2015 年纯

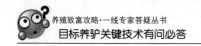
鲜驴肉单价达 56～82 元/千克，经过加工后的驴肉单价达 140～300 元/千克，2016 年更高。

9. 驴奶的价值如何？目前市场消费价格怎样？

驴奶是一种"非著名"奶品，它不但营养全面，还具有很多的养身保健功效。一是它具有良好的泌乳能力，与人奶很相近，是母乳最佳替代品。驴奶中乳清蛋白含量极高，占总蛋白的 64.3%，人奶为 71%，比羊奶和牛奶高 2 倍以上；二是驴奶中人体的必需脂肪酸（亚油酸和亚麻酸）含量高，占脂肪总量的 30.7%，是牛奶的 9 倍。可以清除血管垃圾，是心血管患者的福音；三是驴奶中含有大量的上皮细胞修复因子（国际上称 EGF），能提高人体免疫力，增强抵抗力，治疗各种肺部疾病；四是驴奶是奶中唯一凉性奶，不上火，对小孩便干、尿黄、手脚心发热等有很好的疗效。

西方国家很早就把驴奶作为病人的滋补品和哺育婴儿的代乳品。随着我国人民生活水平的提高，驴奶也已成为人们强身健体、延年益寿、抑制疾病的必备消费品。驴奶产量低，奶驴泌乳期约 150 天，整个哺乳期的平均产奶量为每天 1.2～2.0 千克，年产奶量 180～300 千克。2006 年新鲜驴奶收购价格 10 元/千克，市场零售价 40 元/千克，2015 年新鲜驴奶收购价格为 30 元/千克，新疆地区市场零售价为 80～150 元/千克。深加工后的冻干驴奶粉达到 4 000 元/千克。

10. 驴皮的价值如何？目前市场消费价格怎样？

驴皮除可加工皮革外，更重要的是熬制成药材——阿胶。它是熬制阿胶的主要材料，阿胶在《神农本草经》中早有记载：阿胶味甘、性平，有补血滋阴、润燥、止血功效。阿胶一般用黑色的驴皮熬制最好。它以古时山东东阿县的阿井水熬成者为最佳，故名阿胶。亦名驴胶、阿井胶。传统的功用一是补血止血：用于血虚萎黄、头晕、心悸或吐血、鼻出血、便血、血崩等各种出血；二是滋阴润燥：用于肺阴不足、肺干咳、少痰咯血、虚劳咯血、热病伤阴、虚火上炎、心烦不眠、赤热病后期、热灼真阴、虚风内动、手足抽搐。阿胶可直接放入水中浸泡后隔水加温烊化服，亦可用哈粉或滑石粉炒阿胶味用。

《本草纲目》："中风蜗僻：骨疼烦躁者。用乌驴皮燖毛，如常治净蒸熟，入豉汁中，和五味煮食（心镜）。牛皮风癣：生驴皮一块，以朴硝腌过，烧灰，油调搽之。名一扫光（李楼奇方）。"

全国阿胶生产企业日渐增多，2014 年全国 23 个省份 67 家企业生产含阿胶的药品总计 105 个，全国 13 个省份 81 家企业生产含阿胶的保健食品总计 146 个，2015 年产品近 200 个。国内外市场对阿胶的需求量在 2000 年约为 300 吨，2002 年增至 1 100 吨，以后逐年攀升，2014 年需求量达 5 000 吨以上，实际需要驴皮 400 万张，缺口逐年加大。由于驴皮的供不应求，从 2006 年到 2015 年，驴皮价格上涨 20 倍，阿胶价格上涨 15 倍，并且出现了驴皮造假的产品。据统计目前存栏量可正常提供驴皮不足需求 50%，即我国驴存栏量达到 1 100 万头以上才能供求平衡，所以从价格上说，养驴挣钱还有很大的空间。

11. 驴血的价值如何？有什么发展前景？

驴血的血清可分为孕驴血清和健康驴血清两类。妊娠母驴生产的血清促性腺激素（PMSG）是一种糖蛋白激素，具有 FSH（促卵泡素）和 LH（促黄体素）的双重作用，既可诱发卵泡发育，又可刺激排卵，并且半衰期长，作用效果没有种间特异性。家畜、经济动物、珍禽异兽均可使用，促进发育排卵、超数排卵，治疗不育症。目前，还用于人的性功能不全、性器官发育不全、子宫功能性出血等。美、英、日、德等国已将 PMSG 纯品制剂，列入国家药典，作为人体性功能障碍疾病的治疗制剂。

健康驴的血清，在细胞培养、疫苗生产、生物制药等方面有着良好的应用前景。我们可以在不影响驴的健康情况下，有计划地采得，使其更好地造福人民。

12. 驴骨的价值如何？有什么医用效果？

将驴宰杀后，剖开，剔取骨骼、洗净、晾干，可入中药。味甘、性平。具有补肾滋阴、强筋壮骨之功效。常用于小儿解颅，消渴，历节风。内服：煎汤，适量；外用：烧灰调涂，适量；或煎汤浸洗。

据《圣惠方》记载：治耳聋，无问年月及老少：取驴前蹄胫骨，打破，于日阳中，以瓷盆子盛，沥取髓，候尽，收贮。每用时，以绵乳子点少许于所患耳内，良久，即倾耳侧卧候药行。其髓不得多用。重者不过一两度，如新患，点一下便有效。其髓带赤色者，此是乏髓，不堪，白色者为上也。

13. 目前驴的畅销品种有哪些？驴产品的主要销售渠道有哪些？

从综合各方面的养驴信息来看，目前养殖德州驴、关中驴、广灵驴、晋南驴、佳米驴、新疆驴、泌阳驴、淮阳驴、华北驴等比较畅销，尤以德州驴的改良品种，经济效益最好。

从销售渠道来看，活体驴方式为：养殖场或农贸交易市场可以直销小驴驹、商品驴或种驴等；同时也可在网上进行销售。驴肉及驴产品有五大渠道：①商场超市和自营店。②农贸市场。③驴产品加工厂。④酒店餐饮。⑤网络销售。

14. 什么是目标养驴？目标养驴怎样做好市场调查？

目前养驴业的产品定位主要分为5种：①以生产优质驴肉为主要目标。②以生产优质驴副产品为主要目标，包括驴皮、内脏器官、生化制药等。以阿胶（驴皮为原料）系列产品为主营业务，这也同样需要成熟的工艺，山东东阿阿胶公司无疑是生产高端阿胶产品的行业龙头企业，为了保证阿胶的原材料驴皮的优质质量，山东东阿阿胶公司有自己的研发团队，在驴品种上下足功夫，建立了国家黑毛驴繁育中心。此外，内蒙古蒙东黑毛驴牧业科技有限公司也为山东东阿阿胶提供优质驴皮。③以生产优质驴奶为主要目标。以驴奶系列产品为经营目标，这需要更高端先进的技术，需要有大项目支撑，2007年成立的新疆玉昆仑天然食品工程有限公司无疑是第一个吃螃蟹的企业。④以生产优良驴种为主要目标。例如天津农垦龙天畜牧养殖有限公司。⑤以提供休闲娱乐观赏为主要目标。在养殖的开发过程中，特别要注意产品、服务的质量，这五大类的产品均可以形成特有的品牌。

市场调查是企业为进行生产经营决策而进行的信息收集工作，市场调查是了解市场动态的基础，通过调查取得大量可靠的历史的和现实的资料，在此基础上，对肉驴、奶驴、阿胶用驴、休闲娱乐观光用驴养殖市场及其产品的供求情况进行预测，为养驴的经营决策提供科学依据。进行市场调查时必须有的放矢，要以科学的态度和实事求是的精神系统地进行调查。市场调查的内容大致包括以下几个方面。

（1）市场需求或行情　市场需求或行情调查就是要深入具体地调查驴及其加工品在市场上的供求情况、库存情况和市场竞争情况等。及时了解市场需求状况是搞好商品生产的前提条件，通过对本地和外地市场上驴及其加工产品的需求情况进行充分的调查，了解影响需求变化的因素，如人口变化、生活水平的提高、消费习惯的改变以及社会生产和消费的投向变化等。具体来说，调查本地是否有全产业链经营的龙头企业，这些龙头企业是否在招募家庭养驴场实现合作共同发展？是否有养驴补贴款？是否能提供养驴技术？是否提供活驴或驴产品回收？本地是否有驴产品加工企业？本地是否有主打驴产品的餐饮店，比如驴肉火烧、河间驴肉等？调查时，不仅要注意有支付能力的需求，还需要调查潜在的市场需求。具体地说，就是本地的区位优势如何？是否处于城郊结合区域，尤其是北京、天津这些大城市的城郊？这些区域可考虑建立一个以休闲、娱乐、观赏为经营业务的驴养殖场。

（2）生产情况　作为驴全产业链"上游"的驴的养殖，既是最基础的第一产业，也是最核心的环节。打算建立一个中小型养驴场，或家庭养驴场的创业人员，在选择养驴品种之前，对驴生产现状的摸底调查，重点调查本地及邻近地区驴品种的种源情况、生产规模、饲养管理水平、商品肉驴的供应能力及其变化趋势等。比如，本地的驴品种主要有哪些？经济效益好的驴品种有哪些？本地是否有种驴的繁育基地？

在明确了外围环境市场需求状况和本地驴生产情况后，就可以建立一个针对不同消费群体的驴养殖场。

15. 目标养驴怎样确定养殖的定位？

养殖定位是在市场调查上，对养殖场的建场方针、奋斗目标、经营方式以及为实现这一目标所采取的重大措施作出的选择与决定，具体包括经营方向、生产规模、饲养方式和驴场建设等方面的内容。

（1）经营方向与生产规模的确定　经营方向就是驴场是从事专业化饲养，还是从事综合性饲养。专业化饲养是指只养某一品种的种驴或者育肥驴，外购"架子驴"，集中育肥；综合性饲养就是指既养种驴又养商品驴等，种驴可外销，商品肉驴自繁自养。在经营方向确定之后，还有一个饲养量的问题，这就是生产规模的问题。确定经营方向与生产规模的主要依据有：市场需求情况；投资者的投资能力、饲养条件、技术力量；驴的来源；饲养供应情况；交通运输及水、电和燃料供应保障情况。一般家庭养驴场可选择饲养育肥驴或少量饲养种驴，育肥驴自繁自养，有一定技术力量的养殖场可饲养种用驴，或从事综合性饲养。

（2）饲养方式的选择　目前，商品肉驴的饲养方式主要有圈养舍饲和半舍饲放牧 2 种方式：

①圈养舍饲也叫圈养。就是把各个饲养阶段的驴分别饲养在人工建筑的有一定面积的圈舍里，所有的饲养管理由人工或半人工控制，具有集约化经营管理的特点。圈养驴要求饲料资源充足、饲喂搭配合理，否则影响驴的生长发育。圈养驴活动范围有限，在人的直接干预下生长和繁殖，便于选种选配、肥育和其他一些技术措施的实施，同时也有利于对疫病的预防和治疗。圈养驴要求有一定的人力和物力，

有足够的饲养设备，所以饲养成本较高。

②半舍饲放牧是圈养与放牧结合的一种养驴方式。驴群经过调教白天在放牧场上自由采食，晚上回圈舍，根据驴采食饲料的情况进行适当的补饲。放牧的好处很多，它可以利用天然饲料，增加运动量，有利于个体的生长发育；放牧能节省人力和降低饲养成本。但肉驴育肥期和繁殖期的驴不适于放牧。

16.　目标养驴经营管理的主要内容有哪些？

驴标准化养殖场的经营管理主要包括生产管理、技术管理、财务管理与经济效益评估等方面的内容。

（1）生产管理　主要包括计划管理、过程管理和绩效考核管理。为了使驴场的各项工作能够顺畅有序，驴场需要制定周转计划、饲料计划和饲养计划，进行计划管理。在驴场的生产过程中，要制定恰当的生产流程及操作规程，依据相应的指标和有关信息进行过程管理，并制定绩效考核评价指标体系，进行绩效考核管理。

（2）技术管理　主要包括营养需求分析、生长发育评定、饲料加工工艺评定、疾病控制研究、电子档案信息管理等内容。

（3）财务管理　主要包括资金管理与成本管理。①资金管理，就是对企业在生产经营活动中所需要的各种资金的来源、分配和使用，实施计划、组织与调节、监督及核算等管理职能的总称。②成本管理就是对产品整个生产销售过程中发生的各项成本费用开支进行的一系列管理工作，主要包括成本预测、决策计划、控制等管理内容。

17.　目标养驴怎样做好养殖经济效益分析？

一切生产经营活动的最终目的都是要盈利，也就是说要以最少的资源、资金取得最大的经济效益。驴场养殖的经济效益就是指在其生产中所获得的产品收入扣除生产经营成本以后所剩的

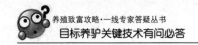

利润。

商品肉驴养殖的主体收入来源于育肥驴的销售，此外还有产出的驴粪收入等。种驴养殖的主体收入来源于种驴所产的仔驴和育成驴等的销售，此外还有淘汰老驴的销售以及驴粪的收入。家庭养驴场的成本主要包括以下几个方面。

(1) 饲料费用　是指饲养过程中耗用的自产或外购的各种饲料（包括各种饲料添加剂等），运杂费也应列入其中。

(2) 饲养人员工资及福利费用　是指直接从事养驴生产人员的工资、奖金及福利费用等。

(3) 燃料和水电费用　是指直接用于养驴生产过程的燃料费、水电费等。

(4) 防疫医药费用　是指用于疾病防治的疫苗、化学药品等费用及检疫费、化验费和专家服务费等。

(5) 仔驴（或架子驴）费用　是指购买仔驴（或架子驴）的费用，包括包装费、运杂费等。

(6) 低值易耗品费用　是指价值低的工具、器材、劳保用品等易耗品的购置费用和维修费用等。

对于较大规模的家庭养殖场，养殖成本除了上述几方面外，还有固定资产折旧费用（指驴舍和专用机械设备的基本折旧费、固定资产的大修理费用等）和管理费用（指从事驴场管理、产品销售活动中所消耗的一切直接或间接生产费用）

总收入减去总支出即为驴场的经济效益。我国广大农村饲养肉用驴或种驴，因各地饲料、饲养管理技术条件、育肥驴的市场价格等不同，其经济效益也有所差别。

18.　目标养驴如何建立经营管理组织机构？

为提高驴养殖场的应变能力，加大市场的竞争力度，最大限度降低成本，提高驴养殖经济效益和社会效益，驴养殖场应建立企业管理制度，以公司为企业的经营法人，实行董事会领导下的总经理负责制，公司为独立的核算经济实体。

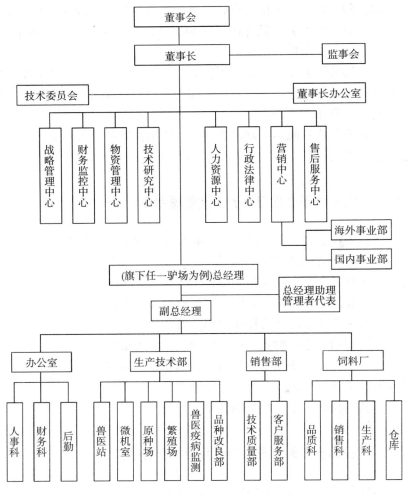

图1-1　驴养殖场现代企业管理制度

19. 目标养驴的负责人应具备哪些基本素质?

一个驴场或一个企业经营管理的优劣,说到底还是管理人员的素质问题。一个大型驴场的经理,一定要着力打造下列素质:

(1) 专业基础知识　作为职业经理人的驴场场长,必须具备基本的专业基础理论知识。

（2）**用人之道**　了解自己，仰借别人的智慧，形成自己的领导魅力，用实力与魅力去带领你的下属和团队；要善于挖掘员工的潜力，用人所长，避人所短，给他们充分的机会。

（3）**协调沟通水平**　要善于在员工、主管以及领导等各层面上协调和沟通，始终使企业的所有员工都处于协调一致的状态，整个生产和经营才会有条不紊地进行。

（4）**风险决策魄力**　好的管理者，应当在顺利时未雨绸缪，在困境时更能镇定自若。

20. 目标养驴企业应完善哪些管理制度？

企业要在生产实践中总结出一套行之有效的管理制度，并不断加以完善。这些管理制度应当包括：

①生物安全及疫病防治制度；

②主要管理和技术人员的工作职责描述，即岗位责任制；

③各生产环节的日常操作规程、安全规范；

④各部门的生产物耗和产品数量质量任务指标；

⑤与工作人员业绩紧密挂钩的奖励和惩罚制度；

⑥员工定期培训、学习、考核制度；

⑦其他与驴场工作相关的制度。

21. 目标养驴如何进行资金筹措和财务收支？

目标养驴根据养殖规模的大小进行资金筹措，可从以下几个方面安排：

（1）**自有资金**　个人出资或几个人联合建场，共同经营管理。

（2）**对外募集资金**　实行股份制融资，筹集闲置富余资金。

（3）**争取政府补贴资金**　结合当地政策，争取政府无偿扶持资金或贴息、低息贷款。

（4）**银行贷款**　这部分资金需要偿付银行较高的利息，一般只作为中短期的流动资金使用。

养殖场的财务收支管理主要包括：

①财务支出必须认真填写凭证，并由经手人、主管领导及报关员签字方可报销，购买物品必须有统一发票。养殖场各部门及时进行帐务处理，登记相应的帐簿，定期与有关部门对账，保证双方账项一致。

> 驴养殖场支出＝仔畜购进支出＋饲料支出＋兽药支出＋工资支出＋水电费＋设备维修费＋固定资产折旧费＋管理费＋销售费＋保险费

②销售部门根据形成收入的确定标准及时开具发货票，由财务部门编制会计记账凭证，登记有关收入和与客户应收账款往来的会计账簿，同时定期核对，保证双方账项一致。

> 驴养殖场收入＝驴驹销售收入＋育肥驴销售收入＋粪便收入
> 净利润＝收入－支出

22. 养驴可享受哪些税收优惠政策？

(1) 增值税　养殖本身不属于增值税的征收范围，根据《中华人民共和国增值税暂行条例》第十六条的规定，农业生产者（包括从事农业生产的单位和个人）销售的自产农业产品（如牧草、牛、羊、驴等）不属于增值税征收范围。

(2) 企业所得税

①根据《中华人民共和国企业所得税法实施条例》第八十六条、《中华人民共和国企业所得税法》第二十七条第一项规定的企业从事农、林、牧、渔业项目（包括驴的养殖）的所得，可以免征、减征企业所得税。

②根据国税发〔2001〕124号文件的有关规定，符合下列条件的企业，可暂免企业所得税：a. 经过全国农业产业化联席会议审查认定为重点龙头企业。b. 生产经营期间符合《农业生产国家重点龙头企业认定及运行监测管理办法》的规定。c. 从事种植业、养殖业和农林产品初加工，并与其他业务分别核算。

23. 怎样提高养驴场的综合经济效益?

驴的养殖与其他养殖一样,具有影响因素多、管理难等特点。如何提高养驴场的综合经济效益,养殖者要特别注意以下问题:

(1)选择优良品种,提高生产性能 品种的优劣直接关系到养驴的效益,不同品种之间生产性能差异很大,饲养成本大致相同,产生的效益却差别很大,因此在选择种驴时一定要注意品种质量。作为繁殖用的种驴一定要考虑其品质的优劣和适应性,在引进时不要图价格低廉而购买劣质种驴。在本场选留种驴时要选优汰劣,把本场最优秀的个体留作种用,扩大优良驴群,杂交驴本身生产性能较好,但不能留作种用。引种时应适量引进,逐步扩群,减少引种费用。

(2)搞好饲养管理,充分发挥生产潜力 科学的饲养方法,是提高养驴效益的重要一环,在生产上要采用科学饲养管理、合理搭配饲料、科学饲喂,达到提高繁殖率,提高肉驴日增重,以及预防疾病、减少发病和死亡率的效果。

(3)提高饲料利用率,节约饲养成本 饲料是肉驴生长发育的养分来源,也是形成产品的原料。肉驴产品成本分析,饲料费用一般占整个生产费用的60%以上,所以对生产成本和经济效益的高低起着重要作用。

育肥驴出售时间越迟,出栏体重越大,饲料转化率增大,饲料报酬降低,脂肪沉积增加。但出售日龄太小,肉驴达不到应有的体重,并影响肉质,也不经济。所以,在实际生产中要把握出栏时间,提高饲料利用率和驴肉品质。

(4)饲养规模与市场相结合,提高养驴经济效益 养殖户应及时把握好市场行情,调整好养殖规模,不能无计划盲目生产。只有饲养规模和产品质量适应市场变化,家庭养驴场才会立于不败之地。

(5)开展加工增值,搞产品综合开发利用 加工的利润远远大于原料产品的生产利润。驴场的产品,无论是驴皮、驴肉,在出场销售之前可以自己先进行初加工,如肉驴的屠宰加工等。有条件的驴场,还可创办与其产品相适应的食品、生物制剂等加工厂,则可成倍地提高产值。

二、驴的生物学性状、类型及品种

24. 驴与马的外形特征有什么区别？

驴与马为同属动物，其生理机能、解剖构造及生物学特性等有着共性。但由于在驯化过程中所处的生活条件不同，故还有其自身特点。驴的外貌特征，在同一地区的生态条件下，驴的体格较马小，外形单薄，体幅狭窄，耳长而大，额宽突出，鼻、嘴比马尖而细。颈细而薄，前额无门鬃，颈脊上的鬃毛稀疏而短，不如马的发达，鬐甲处无长毛，尾细、毛少而短，四肢被毛极少或无。被毛细、短，毛色比马单纯，且多为灰黑两色。浅色驴多有背线、鹰膀等特征。这些都和马有明显区别。驴的肩部短斜，故显背长腰短。腰椎比马少一个，横突短而厚，故腰短而强固，比较利于驮运。胸浅而长，腹小而充实。四肢细长，蹄小而高，蹄腿利落，行动灵活，既能爬山越岭，又善走对侧步，骑乘平稳舒适。驴的体质非常结实，素有"铁驴"之称。

25. 驴的性情特征如何？

驴的性情比较温驯，经调教后，妇女、儿童也可骑乘驾驭。性较聪敏，善记忆，如短途驮水，无人带领，常可自行多次往返于水源和农家之间。驴胆小而执拗，俗称"犟驴"，一般缺乏悍威和自卫能力。驴适宜农村各种路况，能吃苦耐劳，驴步幅虽小，但频率高，常日行40～50千米，驴的驮力常达其体重的1/2以上。

26. 驴的繁殖性能如何？

驴早熟，利用年限长。在一般农区，驴的胎儿生长发育快，初生体高可达成年驴的 60％以上，体重可达成年驴的 10％～12％，1岁左右即达到性成熟，2 岁左右即可开始配种，终生可产驹 7～10 头。

27. 驴的寿命有多长？

驴的寿命一般可活到 20 年左右，如饲养管理良好，可达 30 年左右。

28. 哪种驴适合肉用？

品种的选择，主要是经济现状的选择。选择养肉驴，在品种选择时，必须考虑父本和母本品种对经济状况的不同要求。父本品种选择着重于生长育肥性状和胴体性状，重点要求日增重快，出肉率高；而母本品种则着重要求繁殖率高、哺育性能好。当然，无论父本品种还是母本品种都要求适合市场的需要，具有适应性强和容易饲养等优点。不同品种其生产性能差异很大，因此选择适合市场需要的品种是很有必要。

目前养殖的肉驴品种大多都是德州驴的改良后代，由于其杂交优势的显著特点，其分布地区又是全国大型驴比较集中的区域，易于采购，全国各地的肉驴养殖场都采购此驴种。

德州驴的改良驴从严格意义上来说不能算作一个地方品种，它是由地方品种驴引入德州驴父本后，杂交改良产生的改良后代，其分布较为广泛，目前集中程度比较高的区域分布在我国的华北地区，天津和山东较多，其次是我国的蒙东辽西地区。

杂交后代的优势在于既集中了德州驴父本的生长速度快，出肉率高，又集中了地方品种母驴的耐严寒，受胎率高等特点。

29. 哪种驴的驴皮适合制作阿胶？

小黑驴，白肚皮

粉鼻子粉眼粉蹄子。

狮耳山上来啃草，

狼溪河里去喝水。

永济桥上遛三遭，

魏家场里打个滚。

至冬宰杀取其皮，

制胶还得阴阳水。

百年堂，阿胶王，

经年名胶圣药王！

阿胶，堪称"圣药之王"。这首民谣，唱出了阿胶传统的制备工艺和方法，唱出了阿胶的制备用原料，唱出了与阿胶有关的自然条件，给国宝阿胶增了许多神奇的色彩。那为什么，正宗的阿胶必须选择黑驴作为主要原材料呢？

在各种阿胶中，经过多次尝试，只有驴皮做的阿胶是效果最好的，7世纪《食疗本草》记载"牛皮作之谓'黄明胶'，驴皮作之则称之为'阿胶'"。明朝李时珍在《本草纲目》中写得详细："若伪者皆杂以马皮、旧革、靴、鞍之类，其气浊臭，不堪入药。当以黄透如琥珀色，或光黑如莹（yíng）漆者为真。真者不做皮臭，夏月亦不湿软。"

明清医药大家陈修园大师则直接指出"驴亦马类，属火而动风；肝为风脏而藏血，今借驴皮动风之药，引入肝经；又取阿水沉静之性，静以制动，风火熄而阴血生"。同时针对毛驴有黑色、灰色、栗色……陈修园大师一针见血地说"必用黑皮者，以济水合于心，黑色属于肾，取水火相济之意也"。

30. 驴对环境的适应状况如何？

驴具有热带或亚热带动物的特征和特性，喜欢温暖干燥的生活环境、耐热、耐渴性强，不轻易出汗，但有惧水性，不善涉水，故有"泥泞的骡子雪里马，土路上的大叫驴"的谚语。驴的耐寒性差，华北驴初到东北寒冷地区，时有冻伤，但经风土驯化后，仍能适应-28℃左右的严寒气候。

31. 我国大型驴主要有哪些？分布何处？有何特点？

我国驴种根据其体型、外形结构、生产性能和适应性等，可大致分为大型驴、中型驴和小型驴三个类型。

大型驴，这是我国驴中体型最大的一个类型，目前掌握的主要有德州驴、关中驴、广灵驴、晋南驴、宁河驴等品种。主要分布在黄河中下游的发达农业区，如关中平原、晋南盆地、冀鲁平原等。这些产区四季分明，气候温和，农业生产条件好，粮棉单产高，社会经济发达。不仅有丰富的农副产品作饲料，还有种植苜蓿喂驴的习惯。农民以驴作为主要役畜，富有饲养经验。全年实行舍饲喂养。饲养精心，搭配花草喂驴，全年补饲精料，又重视选种选配，因而形成体型高大的大型驴。平均体高130厘米以上，体重约260千克，结构良好，毛色纯正，以黑三粉驴为主，杂色毛较少。除役用外，常提供各地作为繁殖大型骡的种畜。关中、晋南和晋北、冀鲁滨海地区，历史上早已因产大型驴而著称。

32. 德州驴有何品种特性？

产于鲁北平原沿渤海各县，以无棣、庆云、沾化、阳信、盐山为中心产区。过去用驴驮盐至德州，德州为集散地，故有德州驴之称，当地又称"无棣驴""渤海驴"。

属大型挽驮兼用驴，体格高大，紧凑结实，结构匀称，皮薄毛短；头颈高昂，面直口齐，耳敏耸立，眼大有神；鬐甲明显，胸较宽深，背腰平直，尻部稍斜，肋骨弓圆，腹部充实；四肢干燥，关节明显，肢势端正，蹄黑质坚。公驴前躯较发达，睾丸发育正常；母驴后躯较丰满，乳房发育良好。体格侧视略呈长方形或正方形。毛色分为

"三粉"和"乌头"两种，各表现出不同的体质和遗传类型。前者，鼻唇、眼圈和腹下被毛为粉白色，其他部位被毛皆为黑色，体型俊秀，结实干燥，四肢较细，肌腱明显，体重较轻，动作灵敏；后者，全身毛色乌黑，无任何白章，全身各部位均显粗重，头较重，颈粗厚、鬐甲宽厚，四肢较粗壮，关节较大，体型偏重，动作较迟钝，为我国现有驴种中不可多得的"重型驴"，具有很好的肉用发展潜力（彩图2-1）。

依据社会调查成年驴平均体尺、体重为：公驴体高136.4厘米（132.0～155.5厘米）、体长143.6厘米（122.0～158.0厘米）、胸围149.2厘米（146.0～160.0厘米）、管围16.5厘米（14.5～22.0厘米）、体重311.1千克（283.8～355.4千克），成年母驴体高130.1厘米（120.0～156.0厘米）、体长130.8厘米（115.0～165.0厘米）、胸围143.4厘米（121.0～180.0厘米）、管围16.2厘米（13.0～21.0厘米）、体重261.6千克（251.9～292.4千克）。

生产性能：据测定：单驴载重750千克，日行40～50千米，可连续多日；最大挽力占体重的75%～78%；屠宰率为55.75%～57.44%、净肉率为47.12%～48.36%。性成熟为12～15月龄，初配年龄为2.5岁，一般终生产驹10头左右。1岁驹体高、体长分别为成年驴的90.6%和86.1%以上，早熟性强。

33. 关中驴有何品种特性？

产于陕西省的关中平原。主要分布于关中地区和延安地区的南部，以乾县、礼泉、武功、蒲城、咸阳、兴平等县、市产的驴品质最佳，曾被输出到朝鲜、越南等国。

体格高大、结构匀称。体质结实，体型略呈长方形。毛色以黑为主。成年驴平均体尺、体重为：公驴体高133.2厘米、体长135.4厘米、胸围145.0厘米、管围17.0厘米、体重263.6千克（彩图2-2a），母驴体高130.0厘米、体长130.3厘米、胸围143.2厘米、管围16.5厘米、体重247.5千克（彩图2-2b）。

生产性能：最大挽力公驴为246.6千克，母驴为185.63千克；

载重 690 千克,行走 1 千米,公驴需 11 分 9 秒,母驴需 11 分 45 秒;性成熟为 1.5 岁,初配年龄 2.5 岁,公驴到 18 岁、母驴到 15 岁时仍可配种繁育;驴配驴受胎率为 80% 以上,公驴配母马受胎率为 70% 左右。

34. 广灵驴有何品种特性?

产于山西省东北部广灵、灵丘两县。分布于广灵、灵丘两县周围各县的边缘地带。

体格高大,体质坚实,粗壮,结构匀称。毛色以黑化眉为主,青化灰、纯黑次之。成年驴平均体尺、体重为:公驴体高 124.7 厘米、体长 123 厘米、胸围 134 厘米、管围 16 厘米、体重 208.8 千克(彩图 2-3a),母驴体高 124.8 厘米,体长 123.4 厘米、胸围 136.8 厘米、管围 15.4 厘米、体重 214 千克(彩图 2-3b)。

生产性能:最大挽力为 152.5 千克;载重 400～500 千克;屠宰率为 45.1%,净肉率为 30.6%;性成熟为 15 月龄,初配年龄母驴为 2.5 岁,公驴为 3 岁。

35. 晋南驴有何品种特性?

产于山西省运城地区和临汾地区南部,以夏县、闻喜为中心区。绛县、运城、永济、万荣、临猗都有分布。

体格高大,体型结实紧凑。毛色以黑色居多,其次为黑色和栗色。成年驴平均体尺、体重为:公驴体高 125.3 厘米、体长 123.7 厘米、胸围 134.5 厘米、管围 15.2 厘米、体重 207.5 千克(彩图 2-4a),母驴体高 125.8 厘米、体长 125.5 厘米、胸围 136.7 厘米、管围 14.9 厘米、体重 217.5 千克(彩图 2-4b)。

生产性能:最大挽力公驴相当于体重的 93.7%,母驴相当于体重的 88.4%;载重 500 千克,日行 30～40 千米;屠宰率为 52.1%,净肉率为 39%;性成熟 8～12 月龄,初配年龄为 2.5～3 岁,终生产驹 10 头。

36. 宁河驴有何品种特性？

产于天津市宁河县（引种于德州，经七代繁育后，现已形成稳定的遗传性能，改良发展为宁河特有驴种）。

毛色主要是"三粉"和"乌头"，经改良后，"三粉"驴的"粉白"部位呈逐渐减少的趋势，其外貌特征及各性状逐渐趋于"乌头"。即表现为：体格高大，结构匀称，紧凑结实，线条清晰，头颈高昂，颈较粗厚，面直口齐，毛短发亮，其四肢粗壮有力，关节大而明显，蹄黑且质坚，走姿端正、刚劲有力。鬐甲明显，胸部宽深，腹部充实。体格略呈长方形，全身各部位均显粗重，体格偏重。为我国现有驴种中不可多得的优质驴种，可作为良种引进，亦可作为优良肉用及奶用驴。

成年驴平均体尺、体重为：公驴体高 145.1 厘米、体长 148.3 厘米、胸围 150.1 厘米、管围 18.0 厘米、体重 397.3 千克（较引进初期平均增重 100 千克左右）（彩图 2-5a），成年母驴体高 135.1 厘米、体长 135.8 厘米、胸围 143.4 厘米、管围 15 厘米、体重 295.4 千克（较引进初期平均增重 60 千克左右）（彩图 2-5b）。

生产性能：据测定：屠宰率为 45%～53%、净肉率为 35%～38%。性成熟为 15～18 月龄，公初配年龄为 2.5 岁，母驴初配期为 20 月龄，繁殖年限 2～16 年，母驴发情周期为 18～25 天，配种时间为 3—9 月，最佳受孕月份为 4 月，一般终生产驹 10～12 头。受胎率为 84.3%，产胎成活率为 91.5%，公驴性欲旺盛，母驴发情规律。

37. 我国中型驴主要有哪些？分布何处？有何特点？

中型驴，体高为 111～129 厘米，平均体重 180 千克左右。数量较大型驴多。其体型结构较好，介于大、小型之间。毛色比较单纯，多为粉黑色。目前掌握的主要有佳米驴、泌阳驴、淮阳驴、庆阳驴、阳原驴等品种。主要分布在华北北部和河南省的农业区。这些产区过

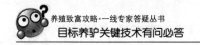

去多为杂粮产地，社会经济条件和饲养水平较小型驴产区有显著改善。驴的数量多，密度大，民间比较重视公驴的选育，且多从大型驴产区购入种公驴与当地小型驴相配，经长期选育而成。

38. 佳米驴有何品种特性?

产于陕西省佳县、米脂、绥德三县，中心产区在三县毗连地带，以佳县马镇、米脂桃花镇所产的驴为最佳。子州、横山、清涧、吴堡等县和山西临县亦有少量分布。

体格中等，结构匀称，体躯呈方形。毛色分为黑燕皮和黑四眉两种。成年驴平均体尺、体重为：公驴体重125.8厘米、体长127.2厘米、胸围136.0厘米、管围16.7厘米、体重217.9千克，母驴体高121.0厘米、体长122.7厘米、胸围134.6厘米、管围14.8厘米、体重205.8千克。

生产性能：最大挽驮力公驴为213.89千克，母驴为173.75千克；驮重母驴为69.89千克；载重359.36千克，行20千米，需4小时37分；屠宰率为49.18%，净肉率为35.05%，骨肉比1：3，肌纤维细，味鲜美；性成熟为2岁，初配年龄为3岁，繁殖成活率为90%，终生可产驹10头。

39. 泌阳驴有何品种特性?

产于河南省泌阳县。分布于唐河、杜旗、方城、遂平、叶县、襄县和午阳等县。

中型驴种，头直，额突起，口方正，耳耸立，体形近似正方形。毛色为黑色，眼圈、嘴头周围和腹下为粉白色，又称三白驴。成年驴平均体尺、体重为：公驴体高119.5厘米，体长118.0厘米，胸围129.8厘米，管围15.0厘米，体重189.6千克，母驴体高119.2厘米、体长119.8厘米、胸围129.6厘米、管围14.3厘米、体重188.9千克。

生产性能：最大挽驮力公驴相当于体重104.4%，母驴相当于体重的 77.83%；载重 500 千克左右，日行 40～50 千米；驮重 100～150 千克；性成熟公驴为 1～1.5 岁，母驴为 9～12 月龄；初配公驴为 2.5～3 岁，母驴为 2～2.5 岁；受胎率为 70%；成年驴屠宰率为 48.29%，净肉率为 34.91%，肉味鲜美。

40. 淮阳驴有何品种特性？

产于河南沙河及其支流两岸的豫东平原东南部，即淮阳，郸城西部，沈丘西北部，项城和商水北部，华西东部，太康南部和周口市，以淮阳为中心产区。

该驴分为粉黑、银褐两种主色。粉黑驴外貌特点是体格高大，体幅较宽，略呈长方形，头重，前躯发达，鬐甲高，利于挽拽。中躯呈桶状，腰背平直，四肢粗实，后躯高于前躯，尻宽而略斜，尾帚大。银褐色驴体略大，单脊单背，四肢较长。淮阳驴平均体尺：公驴，体高 124.4 厘米，体长 126.1 厘米，胸围 135.4 厘米，管围 15.5 厘米，体重 230 千克；母驴，体高 123.1 厘米，体长 125.2 厘米，胸围 133.6 厘米，管围 14.8 厘米，体重 225 千克。

生产性能：淮阳驴挽、驮、拉、乘均可，公驴最大挽力为 280 千克，母驴为 174 千克。母驴 1.5 岁开始发情，2.5 岁开始配种，母驴一生可繁殖到 15～18 岁。公驴 3 岁以后开始种用，至 18～20 岁性欲仍然很旺盛。屠宰率可达 50% 左右，净肉率为 32.3%。

41. 庆阳驴有何品种特性？

产于甘肃省东南部的庆阳、宁县、正宁、镇原、合水等县。以庆阳的董志塬地区分布最集中，驴的品种质量最好。

体格中等，粗壮结实，体型近于正方形，结构匀称，体态美观。毛色以黑色为最多。成年驴平均体尺为：公驴体高 127 厘米、体长 129 厘米、胸围 134 厘米、管围 15.5 厘米、体重 182 千克。母驴体高 122 厘米、体长 121 厘米、胸围 130 厘米、管围 14.5 厘米、体重 174.7 千克。幼驴驹初生重：公驴 27.48 千克，母驴为 26.71 千克，

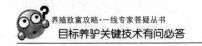

公母体高分别为成年的 62.6％和 67.6％。

生产性能：1 岁时就表现性成熟，公驴 1.5 岁配种，就可以使母驴受孕，母驴不到 2 岁就可产驹。一般公驴以 2.5～3 岁，母驴以 2 岁开始配种为宜。公驴驮重为 100～120 千克，母驴为 80～90 千克，日行 40 千米，是当地重要役畜。饲养好的可利用到 20 岁，终生可产 10 胎。

42. 阳原驴有何品种特性？

产于河北省西部桑干河和洋河流域。

属中型驴，体质结实干燥，结构匀称。毛色有黑、青、灰、铜 4 种，黑毛最多。成年驴平均体尺：公驴体高 135.8 厘米、体长 136.5 厘米、胸围 149.0 厘米、管围 17.4 厘米，母驴体高 119.6 厘米、体长 120.6 厘米、胸围 136.8 厘米、管围 14.7 厘米。

生产性能：载重 500 千克，行程 6 千米，每日往返 1 次，单程载重需 1 小时；1.5～2.5 岁屠宰率为 56.05％，净肉率为 39.05％，肉色呈浅红色、有光泽，无腥味；性成熟 1 岁，初配年龄公驴为 3 岁，母驴为 2 岁，终生产驹 5～8 头，受胎率为 78％，成活率为 83.1％。

43. 我国小型驴主要有哪些？分布何处？有何特点？

小型驴即平常所说的小毛驴。数量最多，分布最广，体型最小，平均体高均在 110 厘米以下，体重约 130 千克。所有产驴地区，几乎都有小毛驴的分布，但它主要产于新疆、甘肃、青海等高原荒漠地区和长城内外的农区和半农半牧区。内地山区和江淮平原也有少量的毛驴。因此，各地对当地毛驴都有其地方名称，如新疆驴、华北驴、西南驴、太行驴、淮北驴、苏北毛驴、陕北毛驴、临县驴、库伦驴、云南驴、西藏驴、凉州驴、青海毛驴等。其中，以川、滇毛驴最小，平均体高不到 1 米，体重约 100 千克。小型驴产区除内地农区外，一般产区的社会经济条件较差，驴的饲养管理粗放，饲养水平低，实行放牧或半舍饲，基本不喂料，多行自然交配，人工选育很差。因而个体小，毛色比较复杂，但以灰色、黄褐色为主，兼有背线、鹰膀等特征。该类型驴体格虽小，富持久力，适应性好，遗传性很强。

44. 新疆驴（包括喀什驴、库车驴、吐鲁番驴）有何品种特性？

产于新疆喀什、和田、阿克苏、吐鲁番、哈密等地区。

体格矮小，结构匀称，四肢短而结实，被毛黑色、棕色居多。成年驴平均体尺为：公驴体高 102.2 厘米、体长 105.4 厘米、胸围 109.7 厘米、管围 13.3 厘米，母驴体高 99.8 厘米、体长 102.5 厘米、胸围 108.3 厘米、管围 12.8 厘米。

生产性能：载重 560～700 千克，挽力高达 230 千克；骑乘、拉运均有一定的速力，拉运 150～160 千克，行 1 000 米，用时 4 分 8 秒；初配年龄：母驴为 2 岁，公驴为 2～3 岁；受胎率为 90% 以上，终生产驹 8～10 头。

45. 华北驴有何品种特性？

产于黄河中下游、淮河和海河流域广大地区。

属小型驴种，体质紧凑，头较清秀，四肢细而干燥。毛色复杂，灰、黑、青、苍、栗色皆有，但以灰色为主。体高在 110 厘米以下，体长在 111 厘米下，胸围在 116 厘米以下，管围在 13 厘米以下，体重为 130～170 千克。

生产性能：性成熟，公驴为 18～24 月龄，母驴为 12～18 月龄。繁殖利用年限为 13～15 年，母驴终生产驹 8～10 头。屠宰率为 41.7%，净肉率为 33.3%。肉色暗红，质嫩，味美。华北驴易调教、用途广，适于耕地、拉磨、拉碾、打场、骑乘、驮运，善于攀登山路，步伐稳健。

46. 西南驴（川驴）有何品种特性？

产于四川省西部部分地区。

属小型驴，体质结实。头较粗重，额宽、背腰平直，被毛厚密。毛色灰，为栗毛居多。成年驴平均体尺、体重：公驴体高89.5厘米、体长92.5厘米、胸围98.2厘米、管围11.8厘米、体重83.4千克，母驴体高94.4厘米、体长97.3厘米、胸围105厘米、管围12.0厘米、体重100.1千克。

生产性能：驮重50～70千克，单驴载重300～500千克，使役年限可达20年左右。肉质细嫩、肉味鲜美可口，屠宰率公驴为45.33%、母驴为43.87%，净肉率公驴为34.31%、母驴为31.65%。繁殖成活率为50.62%，初配年龄为3岁，终生产驹8～12头。

47. 太行驴有何品种特性？

产于河北省太行山区和蓝山区及毗邻的山西、河南等地。

属小型驴种，体型多呈高方型。头大耳长，四肢粗壮。毛色以浅灰色居多，粉黑色和黑色次之。成年驴平均体尺：公驴体高102.4厘米、体长101.7厘米、胸围115.9厘米、管围13.9厘米，母驴体高102.5厘米、体长101.1厘米、胸围113.4厘米、管围13.7厘米。

生产性能：长途驮重75千克，日行70千米；日间短途驮重100～125千克；单驴日磨面50～90千克。初配年龄母驴为2.5～3岁，繁殖年限为20岁左右，终生产驹5～10头。

48. 临县驴有何品种特性？

产于山西省临县。

体型中等，体格强健，体质结实，结构匀称，毛色主要为黑色，并常带有四白的数量最多。成年驴平均体尺、体重为：公驴体高117.7厘米、体长119.8厘米、胸围127.8厘米、管围15.1厘米、体重179.5千克，母驴体高117.3厘米、体长119厘米、胸围128厘米、管围14.3厘米、体重179.5千克。

生产性能：最大挽力公驴为162千克，母驴为161千克，分别相当体重的 85.1％和 74.3％；载重 300～350 千克，日行 30 千米；驮重 80～90 千克，日行 30～50 千米；单驴日耕地 3 000～4 000 米²；初配年龄为 3 岁，母驴繁殖年限为 15 岁左右，终生产驹 10～12 头。

49. 库伦驴有何品种特性？

产于内蒙古的库伦旗和奈曼旗。

体型中等，结构紧凑，四肢粗壮有力，毛色有黑、灰两种，多数有白眼圈，乌嘴巴，腿上有虎斑。成年驴平均体尺为：公驴体高 120 厘米、体长 118.6 厘米、胸围 130.6 厘米、管围 16.8 厘米，母驴体高 110.4 厘米、体长 111.2 厘米、胸围 125.1 厘米、管围 14.9 厘米。

役用性能良好，单驹可载 200～250 千克，可连续走 4～6 小时，骑乘每小时可行 10 千米。繁殖年龄为 3～15 岁，终生产驹 7 头左右。

50. 淮北灰驴有何品种特性？

产于安徽省淮河以北。

属小型驴种，体小紧凑。四肢干燥，毛色多为灰色，有背线和鹰膀，成年驴平均体尺为：公驴体高 108.5 厘米、体长 111.4 厘米、胸围 117.3 厘米、管围 12.9 厘米，母驴体高 106.6 厘米、体长 109.7 厘米、胸围 117.4 厘米、管围 12.4 厘米。

生产性能：最大挽力公驴为 138 千克，母驴为 123.2 千克；成年屠宰率为 43.02％，净肉率为 30.16％；性成熟公驴为 1～1.5 岁，母驴为 1～2 岁；初配年龄公驴为 4 岁，母驴为 2.5～3 岁；初生体高占成年的 63.5％。

51. 苏北毛驴有何品种特性？

产于江苏省徐淮地区。

体型矮小，体格结实，毛色以青色居多，其次为灰色、黑色，成年驴平均体尺为：公驴体高 106 厘米、体长 109 厘米、胸围 123 厘

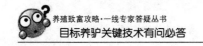

米、管围 13.6 厘米，母驴体高 106 厘米、体长 109 厘米、胸围 122.6 厘米、管围 12 厘米。

生产性能：载重 200 千克，可连续 5～7 天，日行 40～50 千米；性成熟为 12～18 月龄，初配年龄为 2.5 岁，繁殖年限为 16 岁，一生最多产 11 胎；屠宰率为 41.7%，净肉率为 33.3%。

52. 陕北毛驴有何品种特性？

产于陕西省榆林和延安地区。

属小型驴种，体质结实，头稍大、颈低平，眼小，耳长，前躯低，背腰平直，尻短斜，腹部稍大，四肢干燥，关节明显，蹄质坚实。毛色常见的有黑色、灰色、杂色（白灰色、褐灰色、灰色、褐色），具有背线和鹰膀。成年驴平均体尺、体重为：公驴体高 106 厘米、体长 107 厘米、胸围 116 厘米、管围 13 厘米、体重为 135.6 千克，母驴体高 106 厘米、体长 109 厘米、胸围 117 厘米、管围 13 厘米、体重 140.5 千克。

生产性能：骑乘走沙路，日行 30～45 千米，驮运 60～90 千克，日行 30～40 千米；母驴终生可产仔 8 胎，母驴繁殖年限为 12～13 年。

53. 青海毛驴有何品种特性？

产于青海省海东、海南、海北、黄南等地。

个体矮小，体型较方正，头稍大略重，背腰平直。毛色以灰色为主，黑、青毛次之。成年驴平均体尺、体重为：公驴体高 105 厘米、体长 106 厘米、胸围 113.7 厘米、管围 13.2 厘米、体重 137.5 千克，母驴体高 102 厘米、体长 103 厘米、胸围 112 厘米、管围 12.2 厘米、体重 135.8 千克。

生产性能：驮重 70 千克，最大载重为 680 千克；屠宰率为 47.24%，净肉率为 33.98%；初配年龄为 3 岁，繁殖成活率低，仅在 25%～35%，繁殖年限 18 岁，终生产驹 5～6 头。

54. 云南驴（属西南驴）有何品种特性？

产于云南滇西的祥云和宾川等地。

体格矮小，体质干燥结实，头较粗重，毛色以灰色为主，黑色次之。成年驴平均体尺为：公驴体高 93.6 厘米、体长 92.2 厘米、胸围 104.3 厘米、管围 12.2 厘米，母驴体高 92.5 厘米、体长 93.7 厘米、胸围 107.8 厘米、管围 12.0 厘米。

生产性能：驮重 50～70 千克，日行 30 千米；载重为 400～500 千克，时速为 4～5 千米，性成熟公驴为 1.5～2 岁，母驴为 2～2.5 岁；一般三年两胎，繁殖盛期 5～15 岁，终生产驹 7～8 头；屠宰率为 48.6%，肉质细嫩，味道鲜美。

55. 凉州驴有何品种特性？

产于甘肃省河西、武威等地。

属小型驴品种，头大小适中，背平直，体躯稍长，四肢端正有力，毛色以黑、灰为主，大多数有黑色背线，肩部有鹰膀。成年驴平均体尺为：公驴体高 101 厘米、体长 111 厘米、胸围 104 厘米、管围 13 厘米，母驴体高 101 厘米、体长 103 厘米、胸围 112 厘米、管围 13 厘米。

生产性能：驮载可负重为 50～70 千克；载重 250～300 千克。日行 30～50 千米；性成熟公母为 3 岁，发情周期 19～22 天，繁殖年龄公驴为 12 岁，母驴可到 16 岁。

56. 西藏驴有何品种特性？

产于西藏雅鲁藏布江中游和中上游流域、怒江、澜沧江、金沙江流域。

体格小，精悍，结构紧凑，体质结实干燥，被毛灰色、黑色居多，灰驴具鹰膀、背线和虎斑。成年公驴体高为 98.7 厘米，成年母

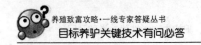

驴体高为98.8厘米；初生公驴体高为71.4厘米，初生母驴体高为69.2厘米，一岁之内生长迅速。

生产性能：驮重100千克；性成熟公驴3岁，母驴3岁；初配年龄公驴为4岁，母驴为4岁；两年产一胎，终生产7～8头驹；适应性强，具有抗寒、抗病能力，在海拔4 000米的高寒地区能正常生活。

三、驴的场地与建设

57. 驴场选址对外部条件有何要求？

驴场场址的选择直接关系到饲养场的效益与发展。要有周密考虑、全盘安排和比较长远的规划。必须与农牧业发展规划、农田基本建设规划以及今后修建住宅等规划结合起来，必须符合兽医卫生和环境卫生的要求，周围无传染源，无人畜共患地方病，适应现代化养驴业的发展趋势。因此在建场前，一定要认真考察，合理规划，根据生产规模及发展远景，全面考虑其布局。

(1) 地形与地势 场址应选在地势较高、地面干燥、排水良好、背风向阳的地方。

(2) 远离居民区、工业区和矿区 养驴场与居民点之间的距离应保持在 1.5 千米以上，最短距离不宜少于 1 000 米。各类养殖场相互间距离应在 2 000 米以上。

(3) 交通便利、利于防疫 养驴场要求交通便利，但为了防疫卫生及减少噪声，养殖场离主要公路的距离至少要在 1 000 米以上。同时，修建专用道路与主要公路相连。

(4) 电力供应和通讯条件良好 要求电力安装方便及电力能保证24 小时供应，必要时必须自备发电机来保证电力供应。

(5) 气候条件适宜 根据原产地的气候条件及饲养地的气候条件来选择适宜的肉用驴品种，尤其是采用开放型或半开放型饲养的品种，如地方性品种、从国外引进的品种等。否则，过于炎热或寒冷的气候不仅影响驴的生产，还有可能影响驴的寿命。

(6) 考虑当地农业生产结构 为了使驴养殖与种植业紧密结合，在选择养殖场外部条件时，一定要选择种植业面积较广的地区来发展畜牧业。这样，一方面，可以充分利用种植业的产品来作为驴饲料的原料；另一方面，可使畜牧业产生的大量粪尿作为种植业、林果业的有机肥料，从而实施种养结合、果牧结合，实行畜牧业、农业的可持续发展。

58. 驴场选址对水源条件有何要求？

水源的种类有地面水、地下水及降水，自来水也是养殖场的理想水源。

(1) 饮用水的卫生要求和水质标准

①饮用水的卫生要求。要求饮水中不含病原体和寄生虫卵，不会引起传染病的介水流行或传播寄生虫病；要求水中所含有毒物质的浓度和微量元素的含量不会引起急、慢性中毒，以及潜在的致突变、致癌和致畸作用；要求水质感官无色、无味、无臭。

②畜禽饮用水水质标准按中华人民共和国农业部于 2008 年 5 月 16 日发布，2008 年 7 月 1 日实施的《无公害食品、畜禽饮用水水质》标准执行，详见表 3-1。

表 3-1 畜禽饮用水水质安全指标

项　目		标准值	
		畜	禽
感官性状及一般化学指标	色	$\leqslant 30°$	
	浑浊度	$\leqslant 20°$	
	臭和味	不得有异臭、异味	
	总硬度（以 $CaCO_3$ 计），mg/L	$\leqslant 1500$	
	pH	$5.5 \sim 9.0$	$6.5 \sim 8.5$
	溶解性总固体，mg/L	$\leqslant 4000$	$\leqslant 2000$
	硫酸盐（以 SO_4^{2-} 计），mg/L	$\leqslant 500$	$\leqslant 250$
细菌学指标	总大肠菌群，MPN/100mL	成年畜 100，幼畜和禽 10	
毒理学指标	氟化物（以 F^- 计），mg/L	$\leqslant 2.0$	$\leqslant 2.0$
	氰化物，mg/L	$\leqslant 0.20$	$\leqslant 0.05$
	砷，mg/L	$\leqslant 0.20$	$\leqslant 0.20$
	汞，mg/L	$\leqslant 0.01$	$\leqslant 0.001$
	铅，mg/L	$\leqslant 0.10$	$\leqslant 0.10$
	铬（六价），mg/L	$\leqslant 0.10$	$\leqslant 0.05$
	镉，mg/L	$\leqslant 0.05$	$\leqslant 0.01$
	硝酸盐（以 N 计），mg/L	$\leqslant 10.0$	$\leqslant 3.0$

③人员生活饮用水水质标准按中华人民共和国卫生部和中国国家标准化管理委员会联合于 2006 年 12 月 29 日发布，2007 年 7 月 1 日实施的生活饮用水卫生标准执行，详见表 3-2。

表 3-2　水质常规指标及限值

指　　　标	限　值
1. 微生物指标[a]	
总大肠菌群（MPN/100mL 或 CFU/100mL）	不得检出
耐热大肠菌群（MPN/100mL 或 CFU/100mL）	不得检出
大肠埃希氏菌（MPN/100mL 或 CFU/100mL）	不得检出
菌落总数（CFU/mL）	100
2. 毒理指标	
砷（mg/L）	0.01
镉（mg/L）	0.005
铬（六价，mg/L）	0.05
铅（mg/L）	0.01
汞（mg/L）	0.001
硒（mg/L）	0.01
氰化物（mg/L）	0.05
氟化物（mg/L）	1.0
硝酸盐（以 N 计，mg/L）	10 地下水源限制时为 20
三氯甲烷（mg/L）	0.06
四氯化碳（mg/L）	0.002
溴酸盐（使用臭氧时，mg/L）	0.01
甲醛（使用臭氧时，mg/L）	0.9
亚氯酸盐（使用二氧化氯消毒时，mg/L）	0.7
氯酸盐（使用复合二氧化氯消毒时，mg/L）	0.7
3. 感官性状和一般化学指标	
色度（铂钴色度单位）	15
浑浊度（散射浑浊度单位）/NTU	1 水源与净水技术条件限制时为 3

（续）

指　　标	限　值
臭和味	无异臭、异味
肉眼可见物	无
pH	不小于6.5且不大于8.5
铝（mg/L）	0.2
铁（mg/L）	0.3
锰（mg/L）	0.1
铜（mg/L）	1.0
锌（mg/L）	1.0
氯化物（mg/L）	250
硫酸盐（mg/L）	250
溶解性总固体（mg/L）	1000
总硬度（以 $CaCO_3$ 计，mg/L）	450
耗氧量（COD_{Mn}法，以 O_2 计，mg/L）	3 水源限制，原水耗氧量＞6mg/L 时为5
挥发酚类（以苯酚计，mg/L）	0.002
阴离子合成洗涤剂（mg/L）	0.3
4. 放射性指标[b]	指导值
总 α 放射性（Bq/L）	0.5
总 β 放射性（Bq/L）	1

[a]MPN 表示最大可能数；CFU 表示菌落形成单位。当水样检出总大肠菌群时，应进一步检验大肠埃希氏菌或耐热大肠菌群；水样未检出总大肠菌群，不必检验大肠埃希氏菌或耐热大肠菌群。

[b]放射性指标超过指导值，应进行核素分析和评价，判定能否饮用。

（2）地面水水质卫生要求　地面水质要求见表3-3。

表3-3　地面水水质卫生要求

指　标	卫　生　要　求
悬浮物质	含有大量悬浮物质的工业废水，不得直接排入地面水，以防止无机物淤积河床

（续）

指　标	卫　生　要　求
色、嗅、味	不得呈现工业废水和生活污水所特有的颜色、异嗅或异味
漂浮物质	地面水上不得出现较明显的油膜和浮沫
pH	6.5～8.5
生化需氧量	不超过 3～4mg/L（5 天，20℃测定量）
溶解氧	不低于 4mg/L
有害物质	不超过各有关规定的最高允许浓度
病原体	含有病原体的工业废水，必须经过处理和严格消毒，彻底消灭病原体后再排入地面水

59. 驴场水源如何进行净化与消毒？

　　天然水中经常会有泥沙、有机悬浮物、盐类以及病原微生物等。为使水质达到卫生要求，保证饮用安全，应将水加以必要的净化与消毒处理。净化方法有沉淀与过滤，目的主要是改善水质的物理性状，除去悬浮物质与部分病原体。消毒的目的主要是杀虫、灭除水中病原体。一般说来，浑浊的地面水需沉淀、过滤与消毒；清洁的地下水只需经消毒处理即可，如受到特殊有害物质的污染，也可采取特殊净化措施。

　　（1）混凝沉淀　在水中加入铝盐（如明矾、硫酸铝等）和铁盐（如硫酸亚铁、三氯化铁）混凝剂，与水中重碳酸盐结合生成带正电荷的胶状物，带正电荷的胶状物与水中带负电荷的胶体粒子相互吸引，凝集成较大的絮状物而沉淀，从而使水得到净化。硫酸铝的用量为50～100毫克/升。

　　（2）过滤　常用的滤料是沙，集中式给水可修各种形式的沙滤池，分散式给水可在河、塘岸修建各种形式的渗水井。

　　（3）消毒　常用消毒剂为漂白粉。按水的体积来计算漂白粉的投放量，一般井水的需氯量为 0.5～1.5 毫克/升。消毒时，将需要的漂

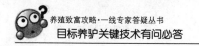

白粉用水配成 0.5%～0.7%的氯溶液,把澄清液倒入水中并搅拌。

60. 驴场选址对空气质量有何要求?

环境空气质量标准按照中华人民共和国环境保护部和国家质量监督检验检疫总局于 2012 年 2 月 29 日发布,2016 年 1 月 1 日实施的国家标准(GB3095—2012)执行,详见表 3-4 和表 3-5。参照有关标准,养殖场场区空气中有害气体或颗粒的最大允许值为:氨气 5 毫克/米^3、硫化氢 2 毫克/米^3、二氧化碳 750 毫克/米^3、可吸入颗粒 1 毫克/米^3、总悬浮颗粒物 2 毫克/米^3;驴舍内有害气体或颗粒的最大允许值为:氨气 20 毫克/米^3、硫化氢 8 毫克/米^3、二氧化碳 1 500 毫克/米^3、可吸入颗粒 2 毫克/米^3、总悬浮颗粒物 4 毫克/米^3。

表 3-4　畜禽场土壤环境质量及卫生指标

序　号	项　目	单　位	缓冲区	场　区	舍　区
1	镉	mg/kg	0.3	0.3	0.6
2	砷	mg/kg	30	25	20
3	铜	mg/kg	50	100	100
4	铅	mg/kg	250	300	350
5	铬	mg/kg	250	300	350
6	锌	mg/kg	200	250	300
7	细菌总数	万个/g	1	5	—
8	大肠杆菌	g/L	2	50	—

表 3-5　环境空气污染物基本项目浓度限值

序号	污染物项目	平均时间	浓度限值		单位
			一级	二级	
1	二氧化硫（SO_2）	年平均	20	60	$\mu g/m^3$
		24h 平均	50	150	
		1h 平均	150	500	

（续）

序号	污染物项目	平均时间	浓度限值		单位
			一级	二级	
2	二氧化氮（NO$_2$）	年平均	40	40	μg/m^3
		24h 平均	80	80	
		1h 平均	200	200	
3	一氧化碳（CO）	24h 平均	4	4	Mg/ m^3
		1h 平均	10	10	
4	臭氧（O$_3$）	日最大 8h 平均	100	160	
		1h 平均	160	200	
5	颗粒物（粒径小于等于 10μm）	年平均	40	70	μg m^3
		24h 平均	50	150	
6	颗粒物（粒径小于等于 2.5μm）	年平均	15	35	
		24h 平均	35	75	

61. 驴场选址对土壤环境条件有何要求？

土壤是动物和植物生存的主要环境，它的物理性状、化学性状、微生物学性状及地质化学环境，可以直接或间接地影响家畜的健康和生产力。土壤的透气性不好，经常含水量高，不仅使整个环境变潮，而且由于土壤中病原微生物繁殖，常引起某些急性传染病和寄生虫病的发生和传播。土壤中某些元素的缺乏、不足或过量，以这些植物作为饲料，可引起家畜发生特有的疾病。因此要对土壤环境条件进行监测，以保障驴的健康生长发育。

土壤环境质量及卫生指标按照中华人民共和国农业部 2006 年 7 月 10 日发布，2006 年 10 月 1 日实施的畜禽场环境质量及卫生控制规范执行，详见表 3-6。

表3-6　环境空气污染物其他项目浓度限值

序号	污染物项目	平均时间	浓度限值		单位
			一级	二级	
1	总悬浮颗粒物（TSP）	年平均	80	200	μg/m³
		24h平均	120	300	
2	氮氧化物（NOx）	年平均	50	50	
		24h平均	100	100	
		1h平均	250	250	
3	铅（Pb）	年平均	0.5	0.5	
		季平均	1	1	
4	苯并［a］芘（BaP）	年平均	0.001	0.001	
		24h平均	0.0025	0.0025	

62. 驴场如何规划布局？

驴场通常分为生产区、管理区、生活区和病驴隔离治疗区。四个区的布局直接关系到驴场的劳动生产效率、产区的环境状况和兽医防疫水平，进而影响经济效益。

（1）**生产区**　生产区主要包括驴舍、运动场、积粪场，这是驴场的核心，应设在场区地势较低的位置，要控制场外人员和车辆，使之不能直接进入生产区，以保证生产区安全、安静。驴舍之间要保持适当的距离，一般要求两栋畜舍间距离（日照间距）应为畜舍高度的1.5～2倍。畜舍布局要整齐，以便防疫和防火，但要适当集中，节约水、电线路和管道，缩短饲草、饲料及粪便运输距离，便于科学管理。还有生产辅助区，包括饲料库、饲料加工车间、青贮池（窖）、机械车辆库、采精授精室、液氮生产车间、干草棚等。饲料库、干草棚、加工车间的青贮池（窖）离驴舍要近些，以便于车辆运输草料，减少劳动强度。但必须防止驴舍和运动场内的污水渗入而污染草料。所以，一般应建在地势较高处。

生产区和管理区之间距离，大型场为200米左右，中小型场为50～100米。

活动区和生产区之间距离，大型场不少于300米，中小型场不少于100米。

种畜区和商品畜区之间距离，大型场至少 200 米，中小型场至少 100 米。

病畜管理区和畜舍应相距 300 米以上，并严格隔离。

积粪场（池）应与居民区、住宅区保持 200 米，与畜舍保持 100 米的卫生间距。

生产区和辅助生产区要用围栏或围堵与外界隔离。大门口设立门卫传达室、消毒室、更衣室和车辆消毒池，严禁非生产人员出入场内，出入人员必须经消毒室或消毒池进行消毒。

（2）管理区 包括办公室、财务室、接待室、档案资料室、活动室、实验室、化验室等。

（3）生活区 职工生活区应在养殖场上风口和地势较高的地段，以保证生活区良好的卫生环境。

（4）病畜隔离治疗区 包括兽医诊疗室、病畜隔离室，此区设在下风口、地势较低处，应与生产区距离 100 米以上，病畜区应便于隔离，有单独通道，便于消毒和污物处理等。

63. 驴舍的建筑形式有哪些？

（1）封闭驴舍 封闭驴舍四面有墙和窗户，顶棚全部覆盖（彩图 3-1），分单列封闭舍和双列封闭舍。

①单列封闭驴舍。只有一排驴床，舍宽 6 米，高 2.6～2.8 米，舍顶可修成平顶也可修成脊形顶，这种驴舍跨度小，易建造，通风好，但散热面积相对较大。单列封闭驴舍适用于小型驴场。

②双列封闭驴舍。舍内设有两排驴床，两排驴床多采取头对头式饲养，中央为通道。舍宽 12 米，高 2.7～2.9 米，脊形棚顶。双列式封闭驴舍适用于规模较大的驴场，以每栋舍饲 100 头驴为宜。

（2）半开放驴舍 半开放驴舍三面有墙，向阳一面敞开，有部分顶棚，在敞开一侧设有围栏，水槽、料槽设在栏内，驴散放其中（彩图 3-2）。每舍（群）15～20 头，每头驴占有面积 4～5 米^2。这类驴舍造价低，节省劳动力，但寒冬防寒效果不佳。

（3）塑膜暖棚驴舍 塑膜暖棚驴舍属于半开放驴舍的一种，是近年北方寒区推出的一种较保温的半开放驴舍。与一般半开放驴舍比，保温效果较好。塑膜暖棚驴舍三面全墙，向阳一面有半截墙，有1/2～2/3 的顶棚。向阳的一面在温暖季节露天开放，寒冷季节在露天一面用竹片、钢筋等材料做支架，上覆单层或双层塑膜，两层膜间留有间隙，使驴舍呈封闭的状态，借助太阳能和驴体自身散发热量，使驴舍温度升高，防止热量散失。

修筑塑膜暖棚驴舍要注意以下几方面问题：

①选择合适的朝向。塑膜暖棚驴舍应坐北朝南，南偏东或西，角度最多不要超过 15°，舍南至少 10 米之内无高大建筑物及树木遮蔽。

②选择合适的塑料薄膜。应选择对太阳光透过率高而对地面长波辐射透过率低的聚氯乙烯等塑膜，其厚度以 80～100 微米为宜。

③合理设置通风换气口。棚舍的进气口应设在南墙，其距地面高度以略高于驴体高为宜，排气口应设在棚舍顶部的背风面，上设防风帽，排气口的面积为 20 厘米×20 厘米为宜，进气口的面积是排气口面积的一半，每隔 3 米远设置一个排气口。

④有适宜的棚舍入射角。棚舍的入射角应大于或等于当地冬至时太阳高度角。

⑤注意塑膜坡度。塑膜与地面的夹角应以 55°～65°为宜。

(4) 开放式驴舍 品种、营养和环境是影响家畜生产性能的三大要素，家畜只有在适宜的环境条件下才能发挥其生产潜力。北方寒区处于高纬度地区，夏季炎热干燥，冬季冰雪寒冷，冬季和夏季温差大，本着舒适度好、通风良好、便于饲喂的原则，开放式散栏育肥驴舍（彩图 3-3）不同于国内多数传统拴系式饲养驴舍，驴在不拴系、无固定床位和较大区域的空间中自由采食、自由饮水和自由运动，同时橡胶垫的高弹性和干燥性，增加了驴群的舒适度，且通风良好，舍内外空气质量好，劳动生产率高，驴群疾病发生率低等优点。

64. 驴舍建筑的环境要求有哪些?

(1) 温度 驴舍内适宜温度为大驴 5～31℃，小驴 10～24℃。为控制在适宜温度，炎夏应搞好防暑降温，严冬应搞好防寒保温工作。

(2) 湿度 舍内相对湿度应控制在 50%～70%为宜。

（3）气流（风） 夏季气流能减少炎热，而冬季气流则加剧寒冷，所以在冬季舍内的气流速度不应超过 0.2 米/秒。

（4）光照 光照对调节驴生理功能有很重要的作用，缺乏光照会引起生殖功能障碍，出现不发情。驴舍一般为自然采光，进入驴舍的光分直射和散射两种，夏季应避免直射光，以防增加舍温，冬季为保持驴床干燥，应使直射光射到驴床。进入驴舍的光受屋顶、墙壁、门、窗、玻璃等影响，强度远比舍外少，所以长期饲养在密闭驴舍内的驴群，饲料利用率往往较低。

（5）有害气体卫生指标 氨（NH_3）不应超过 0.002 6%，硫化氢不应超过 0.000 66%，一氧化碳（CO）参照人的规定不应超过 0.002 41%，二氧化碳不应超过 0.15%。除二氧化碳外，其他均为有毒有害气体，超过卫生指标许可，则会给驴带来严重损害。二氧化碳虽为无毒气体，但驴舍内含量过高，说明卫生状况极差，驴的健康也会受到影响，使驴生产能力下降。

65. 驴舍建筑的功能要求有哪些？

（1）成驴舍 成驴舍是驴场建筑中最重要的组成部分之一，对环境的要求相对也较高。成驴舍在驴场中占的比例最大，而且直接关系到驴的健康和生产水平。拴系、散栏成驴舍的平面形式可以驴床排列形式来进行分类，基本有单列式、双列式和多列式。

（2）产驹舍 产驹舍是驴产驹的专用驴舍，包括产房和保育间。产房要保证有成驴 10%～13% 的床位数。产驹舍设计要求驴舍冬季保温好，夏季通风好，舍内要易于进行清洗和严格消毒。

（3）驴驹舍 驴驹在舍内按月龄分群饲养，一般可采用单栏、驴驹岛群栏饲养。

（4）青年驴舍 6～12 月龄的青年驴，可在通栏中饲养，青年驴的饲养管理比驴驹粗放，主要的培育目标为体重符合发育、适时配种标准，适时配种（一般首次配种时体重约为成年驴的 70%）。根据驴场情况，可单栏或群栏饲养，妊娠 5～6 月前进行修蹄，可在产前 2～3 天转入产房。

（5）公驴舍 公驴舍是单独饲养种公驴的专用驴舍，种公驴体格健壮，一般采用单间拴养，对公驴舍的建筑保温性能要求不高，可采用单列开敞式建筑，地面最好铺木板护蹄，公驴在单独固定的槽位上喂饲。如果建立种公驴站，则一般包括冻精生产区、驴舍区和生活行政区等，其中驴舍区一般包括驴舍、运动场、地秤间、驴洗澡间、装运台、病驴舍、兽医室、修蹄架、草料库。

（6）病驴舍 病驴舍建筑与乳驴舍相同，是对已经发现有病的驴进行观察、诊断、治疗的驴舍，驴出入口处均应设消毒池。

（7）运动场 饲养种驴、驴驹的舍，应设运动场。运动场多设在两舍间的空余地带，四周栅栏围起，可以用钢管建造，也可用水泥桩柱建造，要求结实耐用。运动场的大小，其长度应以驴舍长度一致对齐为宜，这样整齐美观，充分利用地皮。将驴拴系或散放其内。每头驴应占面积为：成驴 15～20 米^2，育成驴 10～15 米^2，驴驹 5～10 米^2。驴随时都要饮水，因此，除舍内饮水外，还必须在运动场边设饮水槽。槽长 3～4 米，上宽 70 厘米，槽底宽 40 厘米，槽高 40～70 厘米。每 25～40 头应有一个饮水槽，要保证供水充足、新鲜、卫生。运动场的地面以三合土为宜，在运动场内设置补饲槽和水槽。补饲槽和水槽应设置在运动场一侧，其数量要充足，布局要合理，以免驴争食、争饮、顶撞。

运动场应在三面设排水明沟，并向清粪通道一侧倾斜，在最低的一角设地井，保证平时和汛期排水畅通。

66. 驴舍建筑的建设要求有哪些?

驴舍建筑，要根据当地的气温变化和驴场生产用途等因素来确定。建驴舍不仅要经济实用，还要符合兽医卫生要求，做到科学合理。有条件的，可建质量好的、经久耐用的驴舍。

驴舍内应干燥，冬暖夏凉，地面应保温、不透水、不打滑，且污水、粪尿易于排出舍外。舍内清洁卫生，空气新鲜。

由于冬季、春季风向多偏西北，夏季风向多偏东南，为了做到冬防风口、夏迎风口，驴舍以坐北朝南或朝东南为好，驴舍要有一定数量和大小的窗户，以保证太阳光线充足和空气流通。房顶有一定厚度，隔热保温性能好。舍内各种设施的安置应科学合理，以利于驴生长。

（1）用地面积 土地是驴场建设的基本条件，土地利用应以经济和节约使用为原则，不同地区不同类型的土地价格不同，计划时总体可按每头占地 150 米² 计算（包括生活区）。

（2）地基 土地坚实、干燥，可利用天然的地基。若是疏松的黏土，需用石块或砖砌好地基并高出地面，地基深 80～100 厘米。地基与墙壁之间最好要有油毡绝缘防潮层，防止水气渗入墙体，提高墙的坚固性、保温性。

（3）墙壁 砖墙厚 50～75 厘米。从地面算起，应抹 100 厘米高的墙裙。在农村也用土坯墙、土打墙等，但从地面算起应砌 100 厘米高的石块。土墙造价低，投资少，但不耐用。

（4）顶棚 北方寒冷地区，顶棚应用导热性低和保温的材料，顶棚距地面为 350～380 厘米。南方则要求防暑、防雨并通风良好。

（5）屋檐 屋檐距地面为 280～320 厘米。屋檐和顶棚太高，不利于保温；过低则影响舍内光照和通风。可根据各地最高温度和最低温度自行决定。

（6）门与窗 驴舍的门应坚实牢固，门高 2.1～2.2 米，宽 2～2.5 米，不用门槛，最好设置成双开门。一般南窗应该较多、较大（100 厘米×120 厘米），北窗则宜少、较小（80 厘米×100 厘米）。驴舍内的阳光照射量受驴舍的方向、窗户的形式、大小、位置、反射面的影响，所以要求不同。采光系数为 1∶（12～14）。窗台距地面高度为 120～140 厘米。

（7）驴床 驴床是驴吃料和休息的地方，驴床的长度依驴体大小而异。一般的驴床设计是使驴前躯靠近料槽后壁，后肢接近驴床边缘，粪便能直接落入粪沟内即可。成年母驴床长 1.8～2 米，宽1.1～1.3 米；成年种公驴床长 2～2.2 米，宽 1.3～1.5 米；肥育驴床长 1.9～2.1 米，宽 1.2～1.3 米；6 月龄以上育成驴床长 1.7～1.8 米，宽 1～1.2 米。驴床应保持平缓的坡度，一般以 1.5% 为宜，槽前端位置高，以利于冲刷和保持干燥。

驴床类型有下列几种：

①水泥及石质驴床。其导热性好，比较硬，造价高，且清洗和消毒方便。

②沥青驴床。保温好并有弹性，不渗水，易消毒，遇水容易变滑，修建时应掺入煤渣或粗沙。

③砖驴床。用砖立砌，用石灰或水泥抹缝。导热性好，硬度较高。

④木质驴床。导热性差，容易保暖，有弹性且易清扫但容易腐

烂，不易消毒，造价也高。

⑤土质驴床。将土铲平，夯实，上面铺一层沙石或碎砖块，然后再铺层三合土，夯实即可。这种驴床能就地取材，造价低，并具有弹性，保暖性好，还能护蹄。

(8) 通气孔 通气孔一般设在屋顶，大小因驴舍类型不同而异。单列式驴舍的通气孔为 70 厘米×70 厘米，双列式为 90 厘米×90 厘米。北方驴舍通气孔总面积为驴舍面积的 0.15% 左右。通气孔上面设有活门，可以自由启闭。通气孔应高于屋脊 0.5 米或在房的顶部。

(9) 尿粪沟和污水池 为了保持舍内的清洁和清扫方便，尿粪沟应不透水，表面应光滑。尿粪沟宽 28～30 厘米，深 15 厘米，倾斜度 1：（100～200）。尿粪沟应通到舍外污水池。污水池应距驴舍 6～8 米，其容积以驴舍大小和驴的头数多少而定，一般可按每头成年驴 0.3 米³、每头驹驴 0.1 米³ 计算，以能贮满一个月的粪尿为准，每月清除 1 次。为了保持清洁，舍内的粪便必须每天清除，运到距驴舍 50 米远的粪堆上。要保持尿粪沟的畅通，并定期用水冲洗。

降口是排尿沟与地下排出管的衔接部分。为了防止粪草落入堵塞，上面应有铁箅子，铁箅应与尿沟同高。在降口下部，地下排出管口以下，应形成一个深入地下的伸延部，这个伸延部谓之沉淀井，用以使粪水中的固形物沉淀，防止管道堵塞。在降口中可设水封，用以阻止粪水池中的臭气经由地下排出管进入舍内。

(10) 通道 对头式饲养的双列驴舍，中间通道宽 1.4～1.8 米。通道宽度应以送料车能通过为原则，多修成水泥路面，路面应有一定坡度，并刻上线条防滑。若建道槽合一式驴舍，道宽 3 米为宜（含饲槽宽）。

(11) 饲槽 饲槽设在驴床的前面，有固定式和活动式两种。以固定式的水泥饲槽最适用，其上宽 60～80 厘米，底宽 35 厘米，底呈弧形。槽内缘高 35 厘米（靠驴床一侧），外缘高 60～80 厘米（靠走道一侧）。

67. 驴场建筑物的配置要求有哪些？

养殖场内建筑物的配置要因地制宜，便于管理，有利于生产，便于防疫、安全等。要统一规划，合理布局。做到整齐、紧凑，土地利用率高和节约投资，经济实用。

（1）**驴舍**　我国地域辽阔，南北、东西气候相差悬殊。东北三省内蒙古、青海等地驴舍设计主要是防寒，长江以南则以防暑为主。驴舍的形式依据饲养规模和饲养方式而定。驴舍的建造应便于饲养管理，便于采光，便于夏季防暑、冬季防寒，便于防疫；修建多栋驴舍时，过去均采取长轴平行配置，满足视线美观。但无公害畜禽饲养时，为了便于畜禽舍通风换气，应交叉配置多栋畜禽舍。当驴舍超过4栋时，可以2行交叉配置，前后对齐，相距20米以上。

（2）**饲料库**　建造地应选在离每栋驴舍的位置都较适中处，而且位置稍高，既干燥通风，又利于成品料向各驴舍运输。

（3）**干草棚及草库**　尽可能地设在下风向地段，与周围房舍至少保持50米以上距离，单独建造，既要防止晒草影响驴舍环境美观，又要达到防火安全。

（4）**青贮窖或青贮池**　建造选址原则同饲料库。位置适中，地势较高，防止粪尿等污水浸入污染，同时要考虑出料时运输方便，减小劳动强度。

（5）**兽医室**　病驴舍应设在养驴场下风口，而且相对偏僻一角，便于隔离，减少空气和水的污染传播。

（6）**办公室和宿舍**　设在驴养殖场之外地势较高的上风口，以防空气和水的污染及疫病传染。养驴场门口应设保卫门、消毒室和消毒池。

（7）**其他设备**　驴场常用的机械设备有饲料粉碎机、青干草切草机、块根饲料洗涤切片机和潜水泵等。还有，筛草用的筛子，淘草用淘草缸（或池），饮水用的饮水缸（或槽），刷拭驴体的刷子，为了生产和运输饲料等还需备有一定数量的汽车和拖拉机等。

（8）**堆粪场与装卸台**　堆粪场一般500头的驴场需要50米×70米的面积，堆高1米，可存放驴粪1 000吨。装卸台可建成宽3米、长8米的驱赶驴的坡道，坡的最高处与车厢底平齐。

（9）**地下排出管**　与排尿管呈垂直方向，用于将由降口流下来的尿及污水导入畜舍外的粪水池中。因此需向粪水池方向留3%～5%的坡度。在寒冷地区，对地下排出管的舍外部分需采取防冻措施，以免管中污液结冰。如果地下排出管自畜舍外墙至粪水池的距离大于5米时，应在墙外修一检查井，以便在管道堵塞时进行疏通。但在寒冷

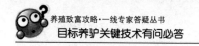

地区，要注意检查井的保温。

（10）**粪水池**　粪水池应设在舍外地势较低的地方，且应在运动场相反的一侧。距畜舍外墙不小于 5 米，须用不透水的材料做成粪水池的容积及数量根据舍内家畜种类、头数、舍饲期长短与粪水贮放时间来确定。粪水池如长期不掏，则要求较大的容积，很不经济。故一般按贮期 20～30 天，容积 20～30 米^3 来修建。粪水池一定要离开饮水井 100 米以外。

68. 驴场的环境绿化有哪些要求？

驴场要因地制宜、统一布局，进行植树造林、栽花、种草，绿化驴场环境。

（1）**规划场区林带**　在场区界周边种植乔木、灌木混合林，并栽种刺篱笆，起美化环境、防风固沙作用。

（2）**场区隔离带的设置**　主要分隔场内各区，如生产区、生活区及管理区的四周，都应设置隔离林带，一般可用杨树、榆树等，其两侧种灌木，以起到隔离作用。

（3）**道路绿化**　宜用塔柏、冬青等四季常青树种进行绿化，并配置小叶女贞或黄杨形成绿化带。

（4）**运动场遮阳林**　运动场的南、东、西三侧，应设 1～2 行遮阳林。一般可选择枝叶开阔、生长势强、冬季落叶后枝条稀少的树种，如杨树、槐树、法国梧桐等。

总之，树种花草选择应因地制宜，就地取材，加强管护，保证成活。通过绿化改善驴环境条件和局部小气候，净化空气，美化环境，同时也起到隔离防疫等作用。

四、驴的鉴定与选优

69. 驴的外部各部位名称怎么叫？

了解驴的外部名称是驴外形鉴定的基础知识。一般将驴体分为头颈、躯干和四肢三大部分。每个部分又分为若干小的部位，各部位均以相关的骨骼作为支撑基础（图4-1）。

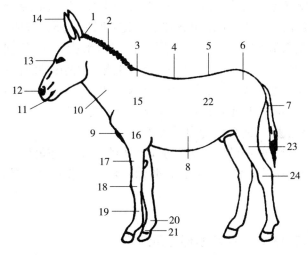

图 4-1 驴的外部各部位名称

1. 颈部 2. 鬃毛 3. 鬐甲 4. 背部 5. 腰部 6. 尻部 7. 尾 8. 腹部
9. 肩端 10. 颈部 11. 口 12. 鼻 13. 眼 14. 耳 15. 肩部 16. 上膊
17. 前膊 18. 前膝 19. 管部 20. 球节 21. 系部 22. 股部 23. 胫部 24. 飞节

（1）头颈部 头部以头骨为基础，大脑、耳、鼻、眼、口等重要器官均位于头部。颈部以 7 块颈椎为基础。

（2）躯干部 除头颈、四肢及尾以外都属于躯干部。

(3)四肢部 驴的前肢部位及相应的骨骼由下列几部分组成：肩部（肩胛骨）、上膊部（肱骨）、前膊部（桡骨、尺骨、尺骨上端突起为肘突、外部名称为肘端）、前膝（腕骨）、管部（掌骨）、系部（系骨）、蹄冠部（冠骨），在掌骨下端附有籽骨、上籽骨两枚、构成驴的球节。蹄骨外两侧有蹄软骨，外边形成帽状蹄匣。后肢分为股部（股骨）、胫部（胫、膊骨）、后膝（膝盖骨）、飞节（跗骨）、后管部（跖骨）。其以下部位同前肢。

驴的外貌部位优劣与相关的骨骼结构好坏有关，骨骼在驴体外貌鉴定上起着重要作用。

70. 如何从驴的体质类型鉴定选驴？

(1)紧凑型 头清秀轻小，颈细长；皮薄毛细，尾巴稀疏；腹部紧凑，无凹腰垂腹，多斜尻；四肢较细，关节明显，筋腱分明；精神好，反应灵敏。俗话说"头干、腿干、尾巴干""流水腔""明筋亮骨"，是紧凑干燥的表现。此类母驴具有良好的繁殖性能，但肉用性能较差。

(2)疏松型 头重，颈粗短；皮厚毛粗，尾巴大；腹部大而充实，无斜尻；四肢粗重，筋腱不甚分明。此类驴情性迟钝，采食消化力强，容易上膘，适合作为肉驴育肥。

如德州驴，其中的"三粉"驴，结构紧凑，动作灵活，其体质类型即为紧凑型；其中的"乌头"，骨骼粗壮，动作迟钝，其体质类型为疏松型。

71. 如何从驴的头和颈部鉴定选驴？

(1)头部 头是驴体的重要部位，眼、耳、口、鼻和大脑中枢神经均集中在头部。鉴定驴头部，应注意头的形状、大小、方向以及与颈的结合，整体要求是：方额大脑，平头正脸，明眸大眼，齐牙对口。对于头部各部位的具体要求如下：

①耳 应是竖立而略微开张的倒"八"字形。耳要小，薄而直立，大而下垂者为不良。

②眼。眼球应饱满，大而有光泽，"目大则心大"，这种驴大胆而温驯。

③鼻。鼻孔是呼吸的门户，鼻孔大，则肺活量大。应鼻孔开张，鼻翼灵活，便于呼吸者为良。健康驴的鼻黏膜为粉红色，如有充血、溃烂、脓性鼻漏、呼吸有恶臭等现象，为不健康的象征。

④口。嘴齐而大，口角要深，吃草快，嘴尖者不为良。鉴定时应注意口腔黏膜、舌体是否正常，口腔中有无异臭，牙齿排列是否正常。

⑤颌凹。俗称"槽口"，宽大者，能吃能喝，"槽口宽，肚儿圆"。

(2) 颈部 颈的长短、粗细反映了驴的体质类型。要求颈部要长粗适中，与其他部位协调匀称，一般驴的颈长与头相当，或头略大于颈长。颈部分为"大脖"和"小脖"，"大脖"为颈部与肩胛相接的部分，"小脖"为颈部与头部相接的部分。要求小脖要细，可以使头部清秀；大脖要粗，可以使胸腔发育良好。粗短且上下一致的颈，群众称为"肉脖子"，有较好的肉用性能。

72. 如何从驴的躯干部鉴定选驴?

躯干部包括肩胛、背、腰、尻、胸、腹等部分。

(1) 肩胛 这一部位主要是鉴定鬐甲的结构和肩胛骨的长度、形状等。鬐甲要求高而长，结构坚实，中间不能有缝隙。肩胛骨要长而且向左右开张，以使胸部加深加宽。

(2) 背 以短为好，背短则坚固，负力强，有利于后肢推进力前移。背过长则减弱背的负力，并降低后肢的推进作用，而影响速力。背宽而肌肉越发达，背的坚实性越强，有利于速度和挽力的发挥。窄尖的背，骨骼发育不足，肌肉贫乏，胸腔容积小，体力不足。

(3) 腰 腰为前后躯的桥梁，无肋骨支持，因而构造更应坚实。短宽者为最好，腰部应和背同宽，肌肉发达。腰和尻结合良好，前后呈一直线。腰的长短：以 8 厘米为短腰，9～12 厘米为中等长的腰，13 厘米以上者为长腰。腰短而宽，肌肉发达，负重力强，并能很好地将后躯的推进力传到前躯。腰过长，肌肉不发达，是驴的严重缺点。

（4）尻 尻为后躯的主要部分，以骨盆、荐骨及强大肌肉为基础。它和后肢以关节相连，其构造好坏和驴的生产性能有很大关系。尻以大而圆为好。

（5）胸 胸部为心脏和肺脏的所在地，其发育程度、容积大小与驴的生产性能有密切关系。鉴定胸部的好坏，要依胸深、胸宽来进行评定。依前胸的宽度，分宽胸、窄胸和中等胸。驴站立好，两蹄之间的距离大于一蹄的为宽胸；仅能容纳一蹄的为中等胸；小于一蹄的为窄胸。胸宽以具有适当的宽度为宜。胸的形状，分为良胸、鸡胸和凹胸。良胸肌肉发达，胸前与肩端成一水平面或略空出；鸡胸和凹胸都是缺点。

（6）腹 正常腹部，应是腹线前段和胸下线成同一直线，后段逐渐移向后上方。两侧紧凑充实，与前后躯呈同一平面。垂腹、草腹、卷腹都为不良腹型。

（7）肷 位于腰两侧，在最后一根肋骨之后和腰角之前，也叫肷窝。它的大小与腰的长短有关，腰短者则小，长者则大。肷窝以看不出为好，大而沉陷者为不良。

（8）生殖器 对公驴应特别注意睾丸的发育情况，做为首条鉴定项目。睾丸要大小适当，有弹性，能活动于阴囊内，左右大小差不多。有隐睾、单睾都不能做种用。对母驴应检查外阴部和乳房，阴唇应闭严，乳房应发达，孔头大略向外开张。

73. 如何从驴的前肢和肢势鉴定选驴？

前肢是主要支持驴体的，又是运动的前导部位。要求前肢骨及关节发育良好，干燥结实，肌肉发达，肢势正常。

（1）肩部 鉴定时观察其长度、斜度和肌肉状况。肩的长度与胸深相关，胸深则肩长；肩的斜度与肩的长度有关，长肩则斜，与地面的角度小。长而斜、肌肉发育良好的肩，可使前肢举扬、步幅大，有弹性，为理想肩，角度一般在 $54°\sim56°$ 为宜。

（2）上膊 上膊短而倾斜，肌肉发育良好，有利于前肢屈伸，长度为肩长的 $1/2$。

(3) 肘 以尺骨头为基础，要求长而大，这样附着肌肉也就强大。肘头要正直，肘头对胸襞要适当离开，其方向应和体轴平行，不可内转和外转。过于靠近胸襞者，常有内向肢势。肘关节的角度为140°～150°。

(4) 前膊 要长而直，肌肉发达，长则步幅大，直则肢势正，前膊长约为体高的 1/5 以上。

(5) 前膝 由腕骨构成，是直接承受体重和下方反冲力的重要关节。需长、广、厚而干燥，轮廓明显，方向正直，无弯膝、凹膝等不正肢势。

(6) 管 以掌骨与屈腱为基础。侧望要直而广，屈腱之间有明显的沟，表现体质干燥结实。管直则肢势正，管广便于支持体重。鉴定时注意管部有无管骨瘤等。

(7) 球节 球节以广厚、干燥、方向端正为好。球节起着弹力作用，使前肢冲击地面时得以缓和地面的反冲力。

(8) 系 其长短、粗细和斜度，对系的坚实性、腱的紧张程度以及运步的弹性等有很大关系，系与地面的斜度以 65°～70° 为宜。过长过斜形成卧系，易使屈腱疲劳；过短过直成立系，弹性小，易使系受损，形成指骨瘤。系骨一般为管骨的 1/3，从前看时，系和管在同一垂直线上。

(9) 蹄冠 蹄冠位于蹄上缘，以皮薄毛细、无骨瘤、无肿胀为好。

(10) 前肢肢势 前肢正肢势为：从肩端中点作垂线，平分前膊、膝、管、球节、系、蹄；侧望从肩胛骨上 1/3 的下端作垂线，通过前膊、腕、管、球节，而落在蹄的后方。正肢势的驴运步正确，可发挥高的工作能力；前肢不正肢势为：前望时，两前肢斜向垂线内侧者为狭踏肢势。两前肢斜向垂线外者，为广踏肢势。系蹄斜向内侧者为内向肢势，斜向外侧者为外向肢势。侧望时前踏、后踏及所有不正肢势，均为不良肢势，都影响工作能力。

74. 如何从驴的后肢和肢势鉴定选驴？

后肢以髋关节与躯干相连接，故可以前后活动，后肢弯曲度大，有利于发挥各关节的杠杆作用，并有较大的摇动幅度和推进力。

(1) 股 是产生后肢推进力的重要部位，也是肌肉最多的部分。在鉴定时要求它的肌肉以长、粗者为优。

(2) 后膝 后膝以膝盖和股内下端、胫骨上端构成的关节为基础，应正直向前，并稍向外倾斜，应与腰角在同一垂直线上，角度以120°左右为宜。

(3) 胫 后肢胫部的作用相当于前肢的前膊，它的长短关系步幅的大小。股越长，则附着肌肉也长，步幅也越大，有利于速度和挽力的发挥。

(4) 飞节 飞节的构造好坏对后肢推进力有重要影响，飞节的方向应端正，不是内弧或外弧，以长而广为良，应干燥强大而无损征，当驴静止站立时，飞节的角度以160°～165°为宜，如角度过大形成直飞节，过小则形成曲飞节，都是缺点。

(5) 飞节以下 与前肢鉴定法相同。

(6) 后肢肢势 后肢正肢势为：侧望，从髋关节引一垂线，通过胫的中部并落在蹄外缘的中部，系、蹄倾斜一致，与地面成60°～65°。后望，从臂端作垂线，通过胫而平分飞节、后管、球节、系、蹄。后肢不正肢势为：侧望，后肢伸向垂线的前方，为前踏肢势，曲飞节呈刀状肢势，轻度刀状肢势不算大缺点；后肢伸向垂线的后方，为后踏肢势，多是直飞节，步样不畅，缺乏推进力；后望两后肢管骨斜向垂线内侧，为狭踏肢势；斜向外侧为广踏肢势；两飞节突出在两垂线外者，为内弧肢势，同时伴随着内向肢势；两飞节互相靠近在两垂线内的，为外弧肢势，同时伴随着外向肢势。

(7) 蹄 蹄的大小应与体躯相称，前蹄比后蹄稍大，略呈圆形，和地面的角度为35°～70°。驴的蹄质坚实而细致，蹄壁为黑色，表面光滑，检查时应注意蹄壁是否光滑，有无纵横裂纹。蹄形与肢势有关，不正肢势易造成蹄形不正。

75. 如何从驴的长相鉴定选驴？

长相是指外貌，包括驴的外部形态，身体各部分的均匀、结实程度，以及对外界环境刺激的反应程度。从长相上一般可以了解驴的工作能力、适应性和健康状况等。

选驴时，要让它自然站立在平坦的地方。先距驴 3～5 米看一下整个状况，对整体轮廓，长得是否匀称，各部位是否协调、对称，对外界环境的反应是否灵活、敏感等综合观察，评定优劣。

76. 如何从驴的走相鉴定选驴？

选驴时，还要注意它的走相，该项判定比立相还要重要。

一般肢势和蹄形正确的驴，在运步时前后肢保持在同一平面上，呈正直前进；而肢势不正、体型缺陷、患病等原因都可表现出运步不正常。如运步时为内八字、外八字、飞节向外捻转、腿抬得过高、后蹄撞碰前蹄、左右蹄相碰等，都不能发挥正常的能力。

看走相，应在驴慢步前进时检查，必要时也可使其快跑时检查。要从前、侧、后方看驴举肢、着地状态、前后肢的关系、步履的大小、运动中头颈的姿势、肩的摆动、腰是否下陷、驴的兴奋性及反应等。

77. 如何从驴的毛色与别征鉴定选驴？

驴的毛色与别征是识别品种与个体的重要依据，是鉴定驴的重要项目之一。驴体上的毛分被毛、保护毛和触毛。被毛是分布在驴体表面的短毛，被毛在每年的春末脱换成短而稀的毛，晚秋又长成长而密的毛。同时还有不定期的被毛脱换，多是由于营养及一些病理的因素造成的。保护毛亦称长毛，为鬃、鬣、尾、距毛等，驴的保护毛与马相比显得疏短。触毛分布在唇、鼻孔和眼周围，全身被毛中也散在少量分布。

（1）驴的毛色

①黑色。全身被毛和长毛基本为黑色。但依据特点又分为下列几种：

a. 粉黑。亦称三粉色或黑燕皮，陕北称之为"四眉驴"。全身被毛，长毛为黑色，且富有光泽，惟口、眼周围及腹下是粉白色，黑白之间界限分明者称"粉鼻、亮眼、白肚皮"。这种毛色为大、中型驴的主要毛色。粉白色的程度往往是不同的。一般幼龄时，多呈灰白色，到成年时逐渐显黑。有的驴腹下粉白色面积较大，甚至扩延到四肢内侧、胸前、颌凹及耳根处。

b. 皂角黑。此毛色与粉黑基本相同，惟毛尖略带褐色，如同皂角之色，故叫"皂角黑"。

c. 乌头黑。全身被毛和长毛均呈黑色，亦富有光泽，但不是"粉鼻、亮眼、白肚皮"。这叫乌头黑，或叫"一锭墨"。山东德州大型驴多此毛色。

②灰色。被毛为鼠灰色，长毛为黑色或接近黑色。眼圈、鼻端、腹下及四肢内侧色泽较淡，多具有"背线"（亦叫骡线）、"鹰膀"（肩部有一黑带）和虎斑（前膝和飞节上有斑纹）等特点。一般小型驴多呈此毛色。

③青色。全身被毛是黑白毛相混杂，腹下和两肋有时是白色，但界限不明显。往往随着年龄的增长而白毛增多，老龄时几乎全成白毛，叫白青毛。还有的基本毛色为青毛，而毛尖略带红色。叫红青毛。

④苍色。被毛及长毛为青灰色，头和四肢颜色浅，但不呈"三粉"分布。

⑤栗色。全身被毛基本为红色，口、眼周围，腹下方四肢内侧色较淡，或近粉白色，或接近白色。原在关中驴和泌阳驴中有此色，现已难觅。

除上述主毛色外，还有银河，即全身短毛呈淡黄或淡红色；白毛（白银河），全身被毛为白色，皮肤粉红，终生不变；花毛，在有色毛基础上有大片白斑，但这些毛色在我国驴种中都很少出现。

（2）别征　别征有白章和暗章之分。白章指头部和四肢下端的白斑，驴很少见。而暗章，除在灰色小型驴种中经常出现的"背线""鹰膀"和"虎斑"外，在中、小型灰驴耳朵周缘常有一黑色耳轮，耳根基部有黑斑分布，称之为"耳斑"，这也属于暗章。

78. 如何从驴的外貌判断驴的老幼？

年龄是一个重要的生物学指标，可影响驴的繁殖、产品的生产和经济利用的水平。随着驴年龄的增长，其遗传特性和潜力都会发生改变。年老的公驴和母驴将性状遗传给后代的能力减弱。在一个群体中如果长期使用年老的公驴和母驴将会引起总的繁殖性能降低、寿命缩短，并且可能产生怪胎。所以，老驴之间不能交配，年轻的公驴与老龄母驴不能交配，不能利用父母均是老驴产生的后代作为种用驴，简称"三不"原则，但可以用老龄的母驴与公马交配生骡。

保持驴群的高繁殖性能，一般适龄繁殖母驴数应占驴群母驴数的50%～70%。

驴的老、幼从外貌上大致可以分辨出来：

(1) 幼龄驴 头上，颈短，身短而腿长，皮肤紧、薄有弹性，肌肉丰满，被毛富有光泽。短躯长肢，胸浅。眼盂饱满，口唇薄而紧闭，额突出丰圆。鬃短直立，耆甲低于尻部。驴在1岁以内，额部、背部、尻部往往生有长毛，毛长可达5～8厘米。

(2) 老龄驴 皮下脂肪少，皮肤弹性差。唇和眼皮都松弛下垂，多皱纹，眼窝塌陷，额和颜面散生白毛。前后肢的膝关节和飞节角度变小而多呈弯膝。阴户松弛微开。背腰不平，下凹或突起。动作不灵活，神情呆滞，动作迟缓。

从外观上仅能判断驴的大致年龄，详细的年龄还要根据牙齿的变化判定。

79. 如何从驴的牙齿判断驴的年龄？

(1) 鉴定方法 驴站好后，鉴定人站在驴的左侧，右手抓笼头，左手托嘴唇，触摸上下切齿是否对齐，而后掰开上下颌（注意要防止被驴咬伤），观察切齿的发生、脱换、磨灭和臼齿磨损情况，主要依据是切齿的发生、脱换及磨灭的规律鉴定驴的年龄。

（2）驴牙齿的数目、形状及构造 驴的齿数及名称见表 4-1，驴的切齿共 12 枚，上下各 6 枚，最中间的一对叫门齿，紧靠门齿的一对叫中间齿，两边的一对叫隅齿（图 4-2）。

表 4-1 驴的齿式

上颌 下颌	左后臼齿 左后臼齿	前臼齿 前臼齿	犬齿 犬齿	切齿 切齿	犬齿 犬齿	前臼齿 前臼齿	左后臼齿 左后臼齿	合计 齿数
公驴	3 3	3 3	1 1	6 6	1 1	3 3	3 3	40
母驴	3 3	3 3	0 0	6 6	0 0	3 3	3 3	36

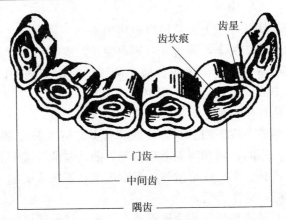

图 4-2 驴的切齿排列

驴的牙齿由最外层颜面发黄的垩质、中间的釉质层和最内层的齿质构成（图 4-3）。釉质在齿的顶端形成了一个漏斗状的凹陷，叫齿坎。齿坎上部呈黑褐色，叫黑窝。黑窝被磨损消失后，在切齿的磨面上可见有内、外两釉质圈，叫齿坎痕。齿髓腔中不断形成新的齿质，切齿就不断向外生长。由于齿髓腔上端不断被新的齿质填充，颜色较深，叫齿星。

在购驴时，一定要分清黑窝、齿坎痕或齿星。如果把齿星看成是齿坎痕，就会把老龄驴判定为青年驴；若当成黑窝就更错了。

正常驴的切齿要求上下切齿垂直对齐为最好，但一般不齐的较多。上排长于下排，称"盖口"或"天包地"；如下排长于上排，称"兜齿"或"地包天"。这两种情况都不好，尤以"地包天"为重，但少见，而不同程度的"天包地"则是较常见的。臼齿为每边上下各六颗对齐，但有的"六顶五""五顶六"，这都是缺点。良好的臼齿应该两边都有锐刃，齿中间的珐琅质为曲线状，这种驴具有良好的咀嚼能力。如只在外面有锐刃，在咀嚼时容易使未嚼碎的草滑至口内，须再重新咀嚼，吃草慢；如只在内面有锐刃，则易使未嚼碎的草滑到牙齿与腮

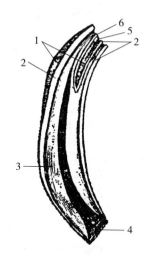

图 4-3　驴牙齿的结构
1. 垩质　2. 釉质　3. 齿质
4. 齿髓腔　5. 黑窝　6. 齿坎

之间，积成草团，俗称"攒包"，是一个很大的缺点。

（3）乳齿与永久齿　观察牙齿情况，首先要分清乳齿和永久齿。乳齿体积小，颜色白，上有数条浅沟，齿列间隙大，磨面呈较正规的长方形；永久齿体积大，颜色黄，齿冠呈条状，上有 1～2 条深沟，齿列间隙小，磨面不规正。

（4）切齿的脱换顺序　驴牙齿的发生与脱换时间基本与马相同，一般驴换牙略晚于马。正常 3 岁一对牙，4 岁四颗牙，5 岁齐口。公驴在四岁半时出现犬齿。此时看口比较容易，上下切齿的角度垂直，齿面扁横。

（5）牙齿磨灭情况　切齿换齐后，看齿面上的渠和齿坎的磨灭情况。因下切齿的渠需用 3 年磨平，所以，门齿黑窝消失，驴的年龄是 6 岁；中间齿黑窝消失是 7 岁；隅齿黑窝消失是 8 岁。群众有"七咬中渠，八咬边"之说。因下切齿齿坎的深度为 20 毫米，每年约磨损 2 毫米，所以，下门齿齿坎磨平要 9～10 年，下中间齿齿坎磨平需 10～11 年。群众的经验是"中渠平，10 岁龄"。以后下门齿出现齿星，称为

"老口"，当上下切齿出现齿星后，再以齿切齿磨损情况 判定年龄已相当困难，在生产中也没有实际意义。驴的年龄鉴别总结如表 4-2。

表 4-2　驴的年龄鉴别小结

牙齿变化顺序和主要特征	门齿	中间齿	隔齿
乳齿出现	1 周	2 周	7～10 个月
乳切齿坎磨平	1～1.5 岁	1.5～2 岁	
孔齿脱落，永久齿长出	3 岁	4 岁	5 岁
永久齿长成，开始磨平	4 岁	5 岁	6 岁
齿坎由类圆形向圆形过渡	7 岁	8 岁	
齿星出现，齿坎呈圆形开始向后缘移动	8 岁	9 岁	
下切齿坎磨平	10 岁	11 岁	12 岁
下切齿坎消失，齿星位于中央，呈圆形	13 岁	14 岁	15 岁
下切齿嚼面呈纵椭圆形	16 岁	17 岁	18 岁

(6) 注意事项　牙齿的磨灭受许多条件的影响。对于这些条件，在鉴定时要充分考虑到，不可机械照搬。为了少出错误，要注意以下因素：

①牙齿的质地。墩子牙（直立较短，质地坚硬）由于上下牙对齐，磨面接触密切，黑渠易于磨掉，品齿显老；笏板牙（长而外伸，质地较松）上下牙接触不太严密，磨灭较轻，口齿显嫩。但笏板牙老年时容易拔缝，而墩子牙可能终生也不拔缝。

②上下牙闭合的形式。天包地或地包天的牙，因门牙上下不吻合，不能相互磨损，有时边牙出现了齿星，而门牙仍然保留着完整的黑渠，甚至终生不消失。

③饲养管理条件。饲养管理条件对牙齿的影响甚大。如草质细软则磨得较轻，如草质粗硬则磨得较重，这种差别，可以造成一二岁的误差。

④性别。公驴吃草咀嚼用力，牙齿磨损快，而母驴或骟驴因咀嚼较轻，磨损慢，而显口嫩。

80. 如何从驴的体尺、体重测量鉴定选驴？

准确测量驴体各部位，可以了解驴的生长发育、健康和营养状况，弥补眼力观测不足的缺陷，了解驴生长发育，从而准确地选择驴个体，合理饲养和管理。

（1）驴的体尺测量 测量的用具主要用测杖和卷尺，要求测量者精确掌握各部位体尺的测量位置和测量方法，常用的指标和测量的部位包括以下几个：

①体高。从鬐甲顶点到地面的垂直距离。

②体长。从肩端到臀端的斜线距离。

③胸围。在鬐甲稍后方，用卷尺绕胸 1 周的长度。

④管围。用卷尺测左前肢管部上 1/3 部最细的地方，绕 1 周的长度，说明骨骼的粗细。

测量应在驴体左侧进行，驴应站立在平地上，四肢肢势端正，同时负重。头颈应呈自然举起状态。装蹄铁应减去蹄铁的厚度。测量卷尺应拉紧。一般每个部位测 2 次以上，取其平均数。

（2）驴的体尺指数 体尺指数一般为驴体各部位的长度或高度与体高之比。描述的是驴体躯各部位之间的比例关系，反映驴的体型特征、发育状况，便于进行不同个体和品种间进行比较。

$$体长率（\%）＝体长/体高×100\%$$

该指数表明体型、胚胎及生长发育情况。

$$胸围率（\%）＝胸围/体高×100\%$$

该指数表明体躯特别是胸廓发育情况。

$$管围率（\%）＝管围/体高×100\%$$

该指数表明骨骼发育情况。

$$尻长率（\%）＝尻长/体高×100\%$$

$$尻宽率（\%）＝尻宽/体高×100\%$$

这两项指数表明后躯发育状况。

（3）体重测量 一般用地秤测量。应在早晨未饲喂之前进行，连续测量 2 天，取其平均数。

根据驴的体貌和结构来进行本身的种用、役用或肉用价值的鉴定。除对头颈、躯干、四肢三大部分每个部位进行鉴定外，还要对整体结构、体质和品种特征进行鉴定，并按体质外貌标准评定打分。

不同的生产方向，要求不同的体型外貌与之适应，肉用驴要选择体质结实，适应性强，体格重大的驴，皮肤紧凑而有弹性。外貌要求头大小适中，颌凹宽，牙齿咀嚼有力，颈中等长富有肌肉，体躯长（体长指数大于100%），呈桶形，肋骨开张好，胸部宽深且肌肉丰满突出。鬐甲低，背宽，腰直。尻长富有肌肉，骨量适度，肌肉轮廓明显。

81. 如何从驴的双亲和后裔的鉴定选驴？

根据遗传学原理，驴亲代的品质，可直接影响其后代，一般以父、母双亲的影响最大。所以，在选种驴时，凡祖先、双亲的外貌、生长发育、生产性能、繁殖性能良好的一般比较好。尤其种公驴，俗话说公畜好，好一坡；母畜好，好一窝。因此，根据驴的双亲和后裔性状加强对种公驴的选择，对提高驴群质量有明显的作用。

后裔选择是根据个体系谱记录，分析个体来源及其祖先和其后代的品质、特征来鉴定驴的种用价值，即遗传性能的好坏。种公驴的后裔鉴定应尽早进行，一般在2～3岁时选配同一品种、品质基本相同的母驴10～12头，在饲养管理条件相同情况下，比较驴驹断奶时与其母亲在外貌、生产性能等方面的成绩。若子女的品质高于母亲，则认为该公驴是优秀个体。也可以在同一年度、同一种群和相同饲养管理条件下，比较不同公驴的后代遗传特性。

与其他家畜相比，由于驴的时代间隔较长，驴的选种选配需要较长时间才能得到结果，测定的一些指标也远不如其他家畜准确。一旦选错种驴，不容易及时纠正。所以，选择种驴时，要尽量采用综合指标，全面评定各方面的特点。

82. 如何从驴的本身性状鉴定选驴？

性状一般是指驴的生产或繁殖性状等，因其用途不同而定。肉用驴主要根据其肉用性状（如屠宰率、净肉率、系水力、肉色、肌内脂肪含量、剪切力、肌肉的pH值、眼肌面积和大理石纹等）评定，驴的肉用性状表型评定常用膘度，膘度与屠宰率密切相关，膘度的评定是根据驴各部位肌肉发育程度和骨骼显露情况，分为上、中、下、瘦四等。公驴分别给予8、6、5、3的分数，而母驴则分别给予7、5、3、2的分数。

繁殖母驴主要根据其产驹数、幼驹出生重评定。种公驴则依其精液品质而定。役用驴可根据使役人员在使役中的反映给7～8分（优）、6～7分（良）和5～6分（及格）。如有条件，经调教可测定驴的综合能力。

83. 如何从驴的综合鉴定选驴？

若单从上述几个方面选择种驴，可能会影响到全面评价或育种工作。所以，要迅速提高驴群或品种的质量，则必须实行综合选择或称综合鉴定。对合乎种驴要求的个体，综合以上5个方面按血统来源（双亲资料）、体型外貌、体尺类型、生产性能（本身性状）和后裔品质等指标来进行选种，目的在于对某头驴进行全面评价；或者是期望通过育种工作，迅速提高驴群或品种的质量。

种驴的综合选择一般在1.5岁时，根据系谱、体型外貌和体尺指标初选。3岁时，根据系谱、体型外貌、体尺指标和本身性状进行复选。5岁以上，除前4项外，加后裔测定进行最后选择。我国几个主要驴种都拟定有各自的鉴定标准。驴的综合选种，限于条件和技术，只在种驴场和良种基地进行。

五、驴的选配与繁殖

84. 怎样选择种公驴和繁殖母驴？

种公驴和繁殖母驴的筛选要点如下：

（1）从头颈开始 头要大小适中，干燥方正，以直头为好。前额要宽，眼要大而有神，耳壳要薄，耳根要硬，耳长竖立而灵活。鼻孔大，鼻黏膜呈粉红色。齿齐口方，种公驴的口裂大、叫声长，头要清秀、皮薄、毛细、皮下血管和头骨棱角要明显，头向与地面呈40°角，头与颈呈90°角。选择时应选颈长厚、肌肉丰满、头颈高昂、肩颈结合良好的个体。

（2）躯干部 包括鬐甲、背、腰、尻、胸廓、腹等。鬐甲要求宽厚高强，发育明显，背部要求宽平而不过长，尻部肌肉丰满，胸廓要求宽深，肋骨拱圆，腹部发育良好，不下垂，胊部要求短而平。阴茎要细长而直，两睾丸要大而均衡；母驴要阴门紧闭，不过小，乳房发育良好，碗状者为优，乳头大而粗、对称，略向外开张。

（3）四肢部 要求四肢结实、端正，关节干燥，肌腱发达。从驴体前后左右四面看，是否有内弧或外弧腿（即O形或X形腿）；是否有前踏、后踏、广踏或狭踏等不正确的姿势；是否四肢关节有腿弯等现象。

（4）牵引直线前进并观察 观察步样如何，举肢着地是否正常，步幅大小，活动状态，有无外伤或残疾、跛行等。

（5）还应向畜主询问 如询问系谱、年龄、遗传、生理、饲养管理以及体尺体重等技术资料。

85. 引种时怎样注意生态适应性？

驴的选种工作，是一件很复杂的事情，是育种工作的中心环节之一，生态适应性不可忽视。在本地、本品种选育环境条件差异比较小；如果从外地引入，首先要看地区差异大的环境条件，如海拔、气候、自然经济地理条件，驴是否适应。如低海拔区向高原地区引入，必须考虑能否发生缺氧的低气压反应等；南方品种向北方高寒地区引种要考虑能否适应寒冷条件，如不适应，则引入后会遭引种失败。

一般情况家畜从低劣环境引种到良好的环境比较容易，由温暖地区引种到高寒地区要考虑对寒冷的适应性。引种最好在春、夏季进行，且在性成熟年龄比较适当。而妊娠母畜在妊娠后期切不要引入。在同一品种内较小的中等体型比大型更有耐受力，能较好地完成风土驯化。所以在家畜引种中，要保证生态效应的充分发挥，必须保持家畜与环境的统一。

采取的办法有三：一是家畜适应环境；二是改变环境来满足家畜的要求；三是在生态条件基本相似的区域内引种，找到其潜在的生态区域。最后一种方法是最为切实可行的。而且，在引入新地域后，必须考虑到动物的繁殖、存活率、发病率、生产性能、生长发育等表现，引种的生态适应性也就体现在上述各方面总的生态适应力。

86. 选种时怎样注意考虑综合因素？

按照综合鉴定的原则，对于合乎种驴要求的个体，按血缘来源、体质外貌、体尺类型、生产性能和后裔鉴定等指标来进行选种。目的是对某头驴进行全面评价或是期望通过育种工作，迅速提高驴群或品种的质量。

（1）驴的血缘来源和品种特征 对被鉴定的每头驴，首先要看它是否具有本品种的特点，然后再看其血缘来源。如关中驴要求体格高大，头颈高扬，体质结实干燥，结构匀称，体形略呈长方形，全身被毛短而细，有光泽，以黑色为主，并有栗色。嘴头、眼圈、腹下为白色。不符上述特征，不予品种鉴定。

按血缘来源来选种时，要选择其祖先中没有遗传缺陷的，本身对亲代特点和品种类型特征表现明显，且遗传性稳定的个体。

（2）驴的外貌鉴定 根据驴的体貌和结构来进行本身的种用、役

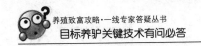

用或肉用价值的鉴定。特别是外貌鉴定除对整体结构、体质和品种特征进行鉴定外，还要对头颈、躯干、四肢三大部分每个部位进行鉴定，并按体质外貌标准评定打分。

(3) 体尺评分　主要是体高、体长、胸围、管围和体重，按标准规定打分。

(4) 生产性能　对公、母驴都有要求，特别是肉用驴的肉用性能要求，主要是屠宰率、净肉率以及眼肌面积等；膘度、各部位肌肉发育情况，骨骼显露情况分为4等（上、中、下、瘦）。

(5) 后裔鉴定　是根据个体系谱记录，分析个体来源及其祖先和其后代的品质、特征来鉴定驴的种用价值，即遗传性能的好坏。种公驴的后裔鉴定应尽早进行，在其2～3岁时选配同品种一级以上母驴10～12头，在饲养管理相同情况下，根据驴驹断奶所评定的等级作为依据来进行评定（表5-1）。而母驴依2～3头断奶驴驹的等级进行评定。

表5-1　种公驴后裔评定等级标准

等级	评级标准
特级	后代中75%在二级以上（含二级），不出现等外者
一级	后代中50%在二级以上（含二级），不出现等外者
二级	后代中全部在三级以上（含三级）者
三级	后代大部分在三级以上（含三级），个别为等外者

87. 驴的选配有哪些主要方法？

选配是选种的继续，是育种的中心环节，也是选择最合适的公、母畜进行配种。目的是为了巩固和发展选种的效果，强化和创新人们所希望的性状、性能以及减弱或消除弱点和缺陷，从而得到品质优良的后代。选配时应考虑公、母畜体质外貌、生产性能、适应性、年龄和亲缘关系情况。一般公畜均应优于母畜，但公畜之间不应都有共同的缺欠。最优良母畜必须用最优良的公畜交配。有缺点的母畜要用正常的公畜交配。根据实际需要应正确而适当地运用杂交，但不能过分集中地使用。驴的选配方法主要有：①驴的品质选配；②驴的亲缘选配；③驴的综合选配。

88. 怎样进行驴的品质选配?

是根据公、母驴本身的性状和品质进行选配。它可分为同质选配和异质选配。前者就是选择相同优点或特点，如在体质类型、生物学特性、生产性能优秀的公、母驴交配。目的是巩固和发展双亲的优良品质和性状。而异质选配则有两种情况：一是选择具有相对不同优良性状的公、母驴交配，企图将两个性状组合在一起，获得兼有双亲不同优点的理想后代个体；另一种是选择同一性状、优劣程度不同的公、母驴交配，以达到改进不良性状的目的，亦称"改良选配"。驴的等级选配也属于品质选配。公驴的等级一定要高于母驴的等级。异质选配不能误解为弥补选配，两者毫无共同之处。弥补选配是指用具有相反缺点的公、母畜（如凹背和弓腰等）进行杂交，这样不会有好的结果，往往这两个缺点会在后代中同时出现，所以弥补选配不可用。

89. 怎样进行驴的亲缘选配?

是指考虑到双方亲缘关系远近的交配。如父母到共同祖先的代数之和小于6，称之为近交。相应的父母到共同祖先代数之和大于14，则称之为远交。近交往往在固定优良性状，揭露有害基因，保持优良血缘和提高全群同质性方面起着很大作用。但为了防止近交造成的繁殖力、生活力下降等近交危害，需要在利用近交选配手段时注意严格淘汰，加强饲养管理和血液更新。一旦由于近交发生了问题，需要很长时间才能得到纠正，因此对驴的近交应取慎重态度，切不可轻易采取。

90. 怎样进行驴的综合选配?

动物选种和选配是相互关联、相互促进的两个方面。选种可以增加驴群中生产性能高的基因比例，选配可有意识地组合后代的基因型。选种是选配的基础，因为有了优良的种驴，选配才有意义；选配又是进一步选种的基础，因为有了新的基因型，才有利于下一代的选种。选配在育种中即可以创造必要的变异，提高种群内的遗传变异，又可加快一个群体的遗传稳定性；当驴群中出现某种有益的变异时，可及时通过选配把握住变异的方向，使其稳定发展。而综合选配就是具体实现提高驴群品质的重要方法。通过多项指标来进行选配，其指标与综合选种是一致的。

按血统来源选配要根据系谱，查明亲属利用结果，了解不同血统来源的特点和它们的遗传亲和力，然后进行选配。亲缘选配，除建立品系时应用，一般不要采用，当发现不良后果时，应立即停止。

（1）按体质外貌选配 对理想的体质外貌，可采用同质选配。对不同部位的理想结构，要用异质选配，使其不同优点结合起来，对选配双方的不同缺点，要用对方相应的优点来改进；有相同缺点的驴，决不可选配。

（2）按体尺类型选配 对体尺类型符合要求的母驴采用同质选配，以巩固和完善其理想类型。对未达到品种要求的母驴可采取异质选配，如体格小，就应选取体大的公驴选配。

（3）按生产性能选配 如驮力大的公、母驴同质选配，可得到驮力大的后代。屠宰率高的公、母驴同质选配，后代屠宰率会更高。同时，公驴比母驴屠宰率高，异质选配后代的屠宰率也会比母驴高。

（4）按后裔品质选配 对已获得良好驴驹的选配，其父母配对应继续保持不变。对公、母驴选配不合适的，可另行选配，但要查明原因。

（5）按年龄选配 在选配中不论采用什么样的选配，都不能忽视年龄的选配，一般情况是壮龄配壮龄、壮龄配青年、壮龄配老龄。青老龄公、母驴之间不应互相交配。

91. 怎样掌握驴的育种方法？

驴的育种方法，主要包括本品种选育和杂交改良。

● 本品种选育

本品种选育也称纯种繁育，是指同品种内的公、母驴的繁殖和选育。通过选种配种、品质繁育、改善培育条件以提高优良性状的基因频率，改进品种质量。为防止驴种退化，要根据不同情况，采取不同的选育方法。

（1）血液更新 血液更新又叫"血缘更新"，是防止近交退化的措施之一。指对近交而表现出生活力衰退的个体，引用其有类似性状，而无血缘关系的同品种驴与它交配 1 次。即暂时停止近交，引进外血，以便在不动摇原有亲交群遗传结构的条件下，使亲交后代具有较强的生活力和更好的生产力。对于本场内或本地公驴范围小，而且多年用的种驴往往血缘关系较近，如不及时换种公驴，很容易造成近亲。通过血液更新、加强饲养管理和锻炼，就可以避免造成生活力降低等问题。

（2）冲血杂交 冲血杂交又称导入杂交、引入杂交和改良杂交。如果纠正驴种某一个别缺点，或生产性能的缺陷，其他方面基本上就可以满足品种的要求，采用纯种繁育短期又不能见效，在此种情况下，可有针对性地选择不具这一缺点的优良品种来跟它杂交，来改进。为了不改变被改良品种的主要特点，一般只杂交一次。以后在杂交第一代杂种群中，选择优秀的杂种公、母驴和需要改良的公、母驴分别交配，如所生后代较理想，就使杂种公、母驴进行自群繁育。

采用这种杂交方法，在小型驴和中型驴分布地区经常采用，往往是引入大型驴进行低代（1～2 代）杂交，以提高其品质，而不改变小型或中型的吃苦耐劳、适应性强的特征。

（3）品系（族）繁育 品系（族）繁育是指为了育成各种理想的品系（族）而进行的一系列繁育工作。其工作内容：首先培育和选出优秀的个体作为系（族）祖。其次充分利用这头优秀种畜，并通过同质选配或亲缘交配，育出大量具有和系（族）祖类似特征的后代。再次在后代中选出最优秀又最近似系（族）祖的个体作为继承者，同时淘汰不合格品系（族）的个体，继续繁育建立品系。最后进行不同品系（族）的结合，以获得生命力强、特点多的优秀种畜，并从中选出新的系（族）个体，建立新的综合品系（族），以后又让各品系（族）结合，又得到更为优秀的种畜，从而使品种不断提高和发展。

所以，品系繁育是选择遗传稳定、优点突出的公驴作为系祖，选择具备品系特点的母驴，采用同质选配的繁育方法进行的。建系初期要闭锁繁育，亲缘选配以中亲为好，要严格淘汰不合格品系特点的驴，经 3～4 代即可建立品系，建系时要注意多选留一些不同来源的公驴，以免后代被迫近交。

品系建立后，长期的同质繁育，会使驴的适应性、生活力减弱，这可通过品系间杂交得以改善。

品族是指以一些优秀母驴的后代形成的家族。品族繁育是驴群中有优秀母驴而缺少优秀的公驴或公驴少，血缘窄，不宜建立品系而采用的。

● 驴的杂交

对分布在大、中型驴产区的小型驴实施，即用大、中型公驴配小型母驴。这些地区农副产品丰富，饲养管理条件相当优越，当地群众有对驴选种、选配经验，通代累代杂交，品质提高很快。

杂交，对肉用驴的培育也是一种可行的重要方法。

92. 怎样掌握驴驹的生长发育规律？

要注意驴驹从初生到成年，年龄越小、生长发育越快。不同年龄阶段，各部位发育的强度也是不一样的。如果幼驹早期营养不好，则因发育受阻，会成为长肢、短躯、窄胸的幼稚型，以后是无法弥补的。

(1) 胎儿期驴驹的生长发育 驴驹初生时，体高和管围已分别占成年驴的 62.9% 和 60.3%；而体长和胸围则分别占成年的 45.28% 和 45.69%；体重为成年的 10.34%。可见胎儿期生长发育是非常快的。

(2) 哺乳期的驴驹生长发育 从出生到断奶（6 月龄）是驴驹生后生长发育最快的阶段，各项体尺占生后生长总量的一半左右。这时体高占成年的 81.89%，体长占成年的 72.71%，胸围占成年的 68.84%，管围占成年的 81.24%。这一阶段生长发育得好坏，对将来种用、役用、肉用的价值影响很大。

(3) 断奶后的驴驹生长发育 驴驹从断奶到 1 岁，体高和管围相对生长发育最快，1 岁时它们已分别占成年的 86.6% 和 83.81%，而此时，体长和胸围也分别占成年的 79.33％和 75.68％。

断奶后第一年，即 6 月龄至 1.5 岁，为驴驹生长发育的又一高峰。1.5 岁时体高、体长、胸围、管围分别占成年的 93.35％，89.89％，86.13％和 93.45％，是驴肉用的最好食用时期之一。

2 岁前后，体长相对生长发育速度加快。2 岁时，体长可占成年的 93.71％，此时体高和管围分别占成年的 96.29％和 97.25％，而胸围占成年的 89.31％。

3 岁时，驴的胸围生长速度增快，胸围占成年的 94.79％，而这时体高、体长和管围也分别占成年的 99.32％，99.32％和 98.56％。3 岁时，驴的体尺接近成年体尺，体格基本定型，虽胸围和体重以后还有小幅增长，但此时驴的性功能已完全成熟，可以投入繁殖配种。断奶后的驴驹生长发育规律概括为"1 岁长高，2 岁长长，3 岁长粗"。从关中驴不同的体尺表可以看出这种规律，同源关中驴不同年龄体尺见表 5-2。

表 5-2　同源关中驴不同年龄体尺表

年　龄	体高		体长		胸围		管围	
	平均（厘米）	占成年（％）	平均（厘米）	占成年（％）	平均（厘米）	占成年（％）	平均（厘米）	占成年（％）
3 天	89.18	62.93	68.81	45.28	71.25	45.69	10.10	60.33
1 月龄	94.00	66.33	74.75	53.05	79.75	51.15	10.83	64.69
6 月龄	116.05	81.89	102.45	72.71	107.33	68.874	13.60	81.24
1 岁	122.72	86.60	111.79	79.33	118.00	75.68	14.03	83.81
1.5 岁	132.29	93.35	126.66	89.89	134.29	86.13	12.66	93.54
2 岁	136.45	96.29	132.05	93.71	139.25	89.31	16.28	97.25
2.5 岁	38.23	97.55	136.10	96.59	142.04	91.10	16.43	98.14
3 岁	40.75	99.32	139.95	99.32	147.79	94.79	16.50	98.56
4 岁	141.62	99.94	140.90	100	153.91	98.71	16.73	99.94
5 岁	141.70	100	140.90	100	155.91	100	16.74	100

2岁以内关中驴公、母驴的生长强度比较 2岁以内关中驴（公、母驴）的生长强度对比见表5-3。

表5-3 2岁以内关中驴（公、母驴）的生长强度对比

生长强度特点		相对生长率（%）			
		体 高	体 长	胸 围	管 围
0~6月龄以内，公、母驴的生长强度、体高、体长、胸围的增长值都超过20厘米，管围均在2~3厘米，为生后生长强度最快时期，且公、母驴差别不大					
断奶后生长强度	公驴驹6~12月龄时最大	7.79	14.22	11.17	8.24
	母驴驹12~18月龄时最大	8.64	13.30	13.80	11.60

93. 怎样掌握驴的繁殖特点？

（1）初情期 母驴的第一次发情或公驴的第一次射出精子，这一时期称为初情期，一般在12月龄左右。这时驴虽然出现性行为，但生殖器官的生长发育尚未成熟，此时不宜配种。

（2）性成熟 驴驹生长发育到，母驴能正常发情并排出成熟的卵子，公驴有性欲表现并能排出成熟的精子，这就达到性成熟。性成熟的时间受品种、外界自然条件和饲养管理等多种因素影响。一般德州驴性成熟为12~15月龄。

（3）初配年龄 指初次配种的年龄。性成熟后，驴驹身体继续发育，待到一定年龄和体重时方能配种，过早配种会影响驴体的发育。德州驴的公、母驴一般到2.5岁参加配种。

（4）繁殖年限 驴的繁殖力可维持到16~18岁，德州驴母驴终生产驹12~16头，有24岁母驴产驹的记录。

（5）繁殖性能 一般驴的平均情期受胎率为40%~50%，繁殖率为60%左右。德州驴的平均情期受胎率为45.8%~69.1%，繁殖率为65%~75%。

（6）发情季节 驴为季节性多次发情。一般在每年的3—6月进入发情旺期，7—8月酷热时发情减弱。发情期延长至深秋才进入乏情期。母驴发情较集中的季节，称为发情季节，也是发情配种最集中的时期。在气候适宜和饲养管理好的条件下，母驴也可长年发情。但秋季产驹，驴驹初生重小、成活率低、断奶重和生长发育均差。

（7）发情周期　指母驴从一次发情开始至下一次发情开始的周期，一般平均为 21 天，德州驴平均性周期为 21～23 天。

（8）产后发情　母驴分娩后短时间出现的第一次发情，称为产后发情。此时配种容易受胎，群众把产后半月左右的第一次配种叫"血配"。母驴产后发情不表现"叭嗒嘴""背耳"等发情症状，但经直肠检查，则可以发现有卵泡发育。母驴产后 5～7 天，卵巢上应有发育的卵泡出现，随后继续发育直到排卵。德州驴的产后首次发情一般为产后 7～11 天，发情持续期平均为 5.85 天。

（9）发情持续期　指发情开始到排卵为止所间隔的天数。驴的发情持续期为 3～14 天，一般为 5～8 天。德州驴的发情持续期为 5～7 天。

（10）妊娠期　驴的妊娠期一般为 365 天。但随母驴年龄、胎儿性别和膘情好坏，妊娠期长短不一，但差异不超过 1 个月，一般前后差 10 天左右。德州驴的妊娠期平均为 360 天。

94.　怎样通过外部观察鉴定驴的发情？

发情鉴定的方法有外部观察法、阴道检查及直肠检查。通常是在外部观察的基础上，以直肠检查为主进行鉴定。

外部观察。母驴的发情特征表现为：两后腿叉开，阴门肿胀，头颈前伸，两耳后抿，连续地叭嗒嘴，并流出涎水。当见公驴或用公驴试情时，则表现愿主动接近公驴，张嘴不合，口涎流出，并将臀部转向公驴，静立不动，塌腰叉腿，频频排尿，阴核闪动，从阴门不断流出黏稠液体，俗称"吊线"，愿意接受交配。上述征候在发情初期和发情末期表现较弱。有的初配和带驹母驴（恋驹）表现不够明显，因此该方法只能作为辅助的方法。

95. 怎样通过阴道检查鉴定驴的发情？

阴道检查应在保定架中进行。检查前应将母驴外阴洗净、消毒（1％～2％煤酚皂液或 0.1％新洁尔灭溶液）、擦干。所用开膣器要用消毒液浸泡、消毒。检查人员手臂如需伸入母驴阴道检查的，也应消毒，术前涂上消毒过的液状石蜡。阴道检查主要是观察阴道黏膜的颜色、光泽、黏液及子宫颈口的开张程度，来判断配种的适宜时期。

(1) 发情初期 阴道黏膜呈粉红色，稀有光泽，黏液为灰白色而黏稠，子宫颈口略开张，有时仍弯曲。

(2) 发情中期 阴道检查较易。阴道黏液变稀，阴道黏膜充血、有光泽。子宫颈变软，子宫颈口开张，可容 1 指。

(3) 发情高潮期 母驴阴道检查极易。黏液稀润光滑，阴道黏膜潮红充血、有光泽，子宫颈口开张，可容 2～3 指。此期为配种或输精的适期。

(4) 发情后期 阴道黏液量减少，黏膜呈粉红色，光泽较差。子宫颈开始收缩变硬，子宫颈口可容一指。

(5) 静止期 阴道被黏稠浆状分泌物黏结，阴道检查困难。阴道黏膜灰白色，无光泽。子宫颈细硬呈弯钩状，子宫颈口紧闭。

96. 怎样通过直肠检查鉴定驴的发情？

直肠检查。即用手臂通过直肠，触摸两侧卵巢上卵泡的发育情况，来选择最适宜的配种期。

(1) 检查的主要内容

①卵泡发育初期。两侧卵巢中有一侧卵巢出现卵泡，初期体积小，触之形如硬球，突出于卵巢表面，弹性强，无波动，排卵窝深。此期一般持续时间 1～3 天。

②卵泡发育期。卵泡发育增大，呈球形。卵泡液继续增多。卵泡柔软而有弹性，以手触摸有微波动感。排卵窝由深变浅。此期一般持续 1～3 天。

③卵泡生长期。卵泡继续增大，触摸柔软，弹性增强，波动明显。卵泡壁较前期变薄，排卵窝较平。此期一般持续1～2天。

④卵泡成熟期。此时卵泡体积发育到最大程度。卵泡壁甚薄而紧张，有明显波动感。排卵窝浅。此期持续时间1～1.5天。母驴的配种或输精宜在这一时期进行。

⑤排卵期。卵泡壁紧张，弹性减弱，泡壁菲薄，有一触即破的感觉。触摸时，部分母驴有不安和回头看腹的表现。此期一般持续2～8小时。有时在触摸的瞬间里卵泡破裂，卵子排出，直检时则可明显摸到排卵窝及卵泡膜。此期宜配种或输精。

⑥黄体形成期。卵巢体积显著缩小，在卵泡破裂的地方形成黄体。黄体初期扁平、呈球形、稍硬。因其周围有渗出血液的凝块，故触摸有面团感。

⑦休情期。卵巢上无卵泡发育，卵巢表面光滑，排卵窝深而明显。

直肠检查是鉴定母驴发情较准确的方法，也是早期妊娠诊断较准确的方法，同时也是诊断母驴生殖器官疾病，进而消除不孕症的重要手段之一。这项检查要由技术熟练的专业人员操作，初学者要在专业人员指导下进行。

（2）检查的注意事项 触摸时，应用手指肚触摸，严禁用手指抠、揪，以防止抠破直肠，造成死亡；触摸卵巢时，用手指肚轻稳细致地检查触摸，深刻体会卵泡的大小、形态、质地及发育部位等情况，尤其不可捏破发育成熟的卵泡，否则会造成"手中排"不妊。此外，还应注意卵泡与黄体的区别、大卵泡与卵泡囊肿的区别，以免发生误诊；卵巢发炎时，应注意区分卵巢在休情期、发情期及发炎时的不同特点；触摸子宫角时，注意其形状、粗细、长短和弹性，若子宫角发炎时，要区别子宫角休情期、发情期及发炎时的不同特点。

（3）检查的操作方法

①保定好母驴。防止母驴蹶踢，要将其保定在防护栏内。

②检查者准备。事先将指甲剪短磨光，以防划伤母驴肠道。并要做好手臂的消毒，然后涂上肥皂或植物油作为润滑剂。

③消毒母驴的外阴部。先用无刺激的消毒液洗净，然后再用温开

水冲洗。

④排除粪便。检查者先以手轻轻按摩肛门括约肌，刺激驴努力排粪，或以手推压停在直肠后部的粪便，以压力刺激使其自然排粪。然后右手五指并拢握成喙形缓缓进入直肠，掏出直肠前部的粪便。掏粪时应保持粪球的完整，避免捏碎，以防未被消化的草秸划破肠道。

⑤触摸卵巢子宫。检查者应以左手检查右侧卵巢，右手检查左侧卵巢。右手进入直肠，手心向下，轻缓前进，当发现母驴努责时，应暂缓，待伸到直肠狭窄部时，以四指进入狭窄部，拇指在外。此时检查有两种方法：一为下滑法。手进入狭窄部，四指向上翻，在三、四腰椎处摸到卵巢韧带，随韧带向下捋，就可以摸到卵巢，由卵巢向下就可以摸到子宫角、子宫体。二为托底法。手进入直肠狭窄部，四指向下摸，就可以摸到子宫底部，顺着子宫底向左上方移动，便可摸到子宫角。到子宫角上部，轻轻向后拉就可摸到左侧卵巢。

97. 怎样为驴配种？

(1) 人工授精　人工授精是以人工的方法利用器械采集公驴的精液，经检查预处理后，再输入到母驴生殖道内，达到妊娠的目的，目前这一方法已在生产中广泛应用。采用人工授精配种技术，可以超过自然交配配种母驴数十倍，特别是采用冷冻精液配种的，一头公驴一年可配数百头。不仅使优秀的公驴得以充分利用，而且由于优胜劣汰，扩大了优秀公驴的选配，加速了驴种品质的提高，从而也降低了种公驴的饲养成本。母驴通过发情鉴定和适时的人工配种，提高了配种的受胎率，同时也防止了生殖疾病及传染病的传播。精液经过处理后，尤其实开展精液冷冻后，可以使精液不受时间地点、种公驴寿命的限制，扩大了优良种驴的覆盖面。人工授精包括直肠检查、采精、精液稀释、冻精解冻、输精和妊娠检查等环节，整个工作要求有较高的技术操作水平，在有条件的专业育种场和家畜改良站实施。

(2) 自然交配—人工辅助交配　这是在农村和不具备人工授精条件的地区普遍采用的方法。大群放牧的驴为自然交配，而农区则只是在母驴发情时才牵至公驴处，进行人工辅助交配，这样可以节省公驴的精力，提高母驴受胎率。

因母驴多在晚上和黎明排卵，因而交配时间最好放在早晨或傍晚。

配种前，先将母驴保定好，用布条将尾巴缠好并拉于一侧，洗净、消毒、擦干外阴。公驴的阴茎最好也要用温开水擦洗。配种时，先牵公驴转 1～2 周，促进性欲，然后使公驴靠近母驴后躯，让它嗅闻母驴阴部，待公驴性欲高涨，阴茎充分勃起后，人要及时放松缰绳，让它爬到母驴背上，辅助人员迅速而准确地把公驴阴茎轻轻导入母驴阴道，使其交配。当观察到公驴尾根上下翘起，臀部肌肉颤抖，表明在射精，交配时间一般 1～1.5 分钟，射完精后公驴一般伏在母驴背上不动，可慢慢将它拉下，用温开水冲洗阴茎，慢慢牵回厩舍休息。

如不进行卵泡直肠检查，人工辅助交配要在母驴外观发情旺盛时配种，可采用隔日配种的方法，配种 2～3 次即可。

98. 怎样做好驴的妊娠诊断？

妊娠诊断尤其是早期妊娠诊断是提高受胎率、减少空怀和流产的一项重要方法。妊娠检查采用外部观察、阴道检查和直肠检查三种方法。

（1）**外部观察** 母驴的外部表现是：配种后下一个情期不再发情。随妊娠日期的增加，母驴食欲增强，被毛光亮，肯上膘，行动迟缓，出粗气，腹围加大，后期看到胎动（特别是饮水后），依外部表现鉴定早期妊娠准确性差，只能作为判断妊娠的参考。

（2）**阴道检查** 母驴妊娠后，阴道被黏稠的分泌物黏结，手不易插入。阴道黏膜呈苍白色，无光泽。子宫颈收缩呈弯曲状，子宫颈口被脂状物（称子宫栓）堵塞。

（3）**直肠检查** 同发情鉴定一样，用手通过直肠检查卵巢、子宫状况来判断妊娠与否。这是判断母驴是否妊娠的最简单而又可靠的一种方法。检查时将母驴保定，按上述直肠检查程序进行。判断妊娠的主要依据是：子宫角形状、弹力和软硬度；子宫角的位置和角间沟的出现；卵巢的位置、卵巢韧带的紧张度和黄体的出现；胎动；子宫中动脉的出现。

①妊娠18～25天。空怀时，子宫角呈带状。妊娠后子宫角呈柱状或两子宫角均为腊肠状，空角发生弯曲，孕侧子宫角基部出现柔软如乒乓球大小的胎泡，泡液波动明显，子宫角基部形成"小沟"此时在卵巢排卵的侧面，可摸到黄体。

②妊娠35～45天。左右子宫角无太大变化。可摸到的胎泡继续增大，形如拳头大小。角间沟沿明显，妊娠子宫角短而尖，后期角间沟逐渐消失，卵巢黄体明显，子宫颈开始弯向妊娠一侧的子宫角。

③妊娠55～65天。胚泡继续增大，形如婴儿头。妊娠子宫角下沉，卵巢韧带紧张，两卵巢距离逐渐靠近，角间沟消失，胚泡内有液体。此时妊检易发生误检，应予注意。

④妊娠80～90天。胚泡大如篮球，两子宫角全被胚胎占据，子宫由耻骨前缘向腹腔下沉，摸不到子宫角和胚泡整体。卵巢韧带更加紧张，两卵巢更靠近。直肠检查时，要区分胚泡和膀胱，前者表面布满了血管呈蛛网状，后者表面光滑充满尿液。

⑤妊娠4个月以上。子宫顺耻骨前缘呈袋状向前沉向腹腔，此时可摸到子宫中动脉轻微跳动。该动脉位于直肠背侧，术者手臂上翻，沿髂后动脉可摸到一个分支，即子宫中动脉。若其特异的搏动如水管喷水状，即说明驴已妊娠。妊娠5个月以上时，可摸到胎儿跳动。

99. 怎样做好驴的接产？

（1）怀孕母驴的产前准备工作

①产房准备。产房要向阳、宽敞、明亮，房内干燥，既要通风，又能保温和防贼风。产前应进行消毒，备好新鲜垫草。如无专门产房，也可将厩舍的一头辟为产房。

②接产器械和消毒药物的准备。事先应备好剪刀、镊子、毛巾、脱脂棉、5％碘酒、75％酒精、脸盆、棉垫、结扎绳等。

③助产人员要准备。助产人员要经过专门的助产培训，并有一定处理难产的经验，并做到随叫随到。

（2）母驴产前表现　母驴产前1个多月时乳房迅速膨大，分娩前乳头基部开始涨大，并向乳头尖端发展。临产前，乳头成为长而粗的圆锥状，充满液体，越临近分娩，液体越多，胀得越大。乳汁先是清亮的，后来变为白色。此外，母驴分娩前几天或十几天，外阴部潮红、肿大、松软，并流出少量稀薄黏液。尾根两侧肌肉出现松弛塌陷现象，分娩前数小时，母驴开始不安静，来回走动，转圈，呼吸加快，气喘，回头看腹部，时起时卧，出汗和前蹄刨地，食欲减退或不食。此时应专人守候，随时做好接产准备。

（3）正常分娩的助产　当孕驴出现分娩表现时，助产人员应消毒手臂做好接产准备。铺平垫草，使孕驴侧卧，将棉垫垫在驴的头部，防止擦伤头部和眼睛。正常分娩时，胎膜破裂，胎水流出。如幼驹产出胎衣（羊膜）未破，应立即撕破羊膜，便于幼驹呼吸，防止窒息。正生时，幼驹的前两肢伸出阴门之外，且蹄底向下；倒生时，两后肢蹄底向上，产道检查时可摸到驴驹的臀部，助产时切忌用手向外拉，以防幼驹骨折。助产者应特别注意初产驴和老龄驴的助产。

100. 怎样处理驴的难产？

分娩过程是否顺利进行，取决于幼驹姿势、大小及母驴的产力、产道是否正常。如果它们发生异常，不能相互适应，幼驹的排出受阻，就会发生难产。难产发生后，如果处理不当或者治疗不及时，可能造成母驴及幼驹的死亡。因此，临床正确处理难产，对保护幼驹健康和提高繁殖成活率有重要意义。常见的难产表现和相应的助产方法有以下几种：

（1）胎头过大　由于幼驹头部过大难以娩出，造成难产。助产方法：首先润滑产道，然后将幼驹两前肢处在一前一后的位置，缓慢牵引，若不行则考虑截去一肢后牵引，或实行剖腹产。

（2）头颈姿势异常　头颈侧弯即幼驹两前肢已伸入产道，而头弯向身体一侧所造成的难产。助产方法：母驴尚能站立时，应前低后高；不能站立时，应使母驴横卧，幼驹弯曲的头颈置于上方，这样有利于矫正或截胎；弯曲程度大，不仅头部弯曲，同时母驴骨盆入口之间空间较大，可用手握着唇部，即能把头扳正。如幼驹尚未死亡，助产者用拇、中二指捏住眼眶，可以引起幼驹的反抗活动，有时能使胎头自动矫正；弯曲严重不能以手矫正时，必须先推动幼驹，使入骨盆之前腾出空间，才能把头拉直。可用中间三指将单绳套带入子宫，套住下颌骨体，并拉紧。在术者用产科榥顶在胸前和对侧前腿之间推动幼驹的同时，由助手拉绳，往往可将胎头矫正；当幼驹死亡时，无论轻度或重度头颈侧弯，均可用锐钩钩住眼眶，在术者的保护下，由助手牵拉矫正之。同时也须配合推动幼驹，此时要严防锐钩滑脱，以免损伤子宫、产道或术者的手臂。

（3）**前肢姿势异常**　前腿姿势异常是由于幼驹的一前肢或两前肢姿势不正而发生的难产。

①腕部前置。这种异常是前肢腕关节屈曲、增大幼驹肩胛围的体积而发生的难产。助产方法：如系左侧腕关节屈曲，则用右手，右侧屈曲就用左手，现将幼驹送回产道，用手握住屈曲肢掌部，向上方高举，然后将手放于下方球关节暂时将球关节屈曲，再用力将球关节向产道内伸直，即可整复。

②肩部前置。即幼驹的一侧或两侧肩关节向后屈曲，前肢弯向自身的腹下或躯干的侧面，使胸部截面面积增大而不能将幼驹排出。助产方法：幼驹个体不大，一侧或两侧肩关节前置时，可不加矫正，在充分润滑产道之后，拉正常前肢及胎头或单拉胎头，一般可望拉出。对于幼驹较大或估计不矫正不能拉出时，先将幼驹推回子宫，术者手伸入产道，用手握住屈曲的臂部或腕关节，将腕关节导入骨盆入口，使腕关节屈曲，再按整复腕关节屈曲方法处理，即可整复。

（4）**后肢姿势异常**　跗部、坐骨前置倒生时，一侧或两侧跗关节、髋关节屈曲，而发生难产。助产方法和前肢的胸部前置和肩部前置时基本相同。无法矫正的则采用绞断器绞断屈曲的后肢，分别拉出。

无论发生何种难产，矫正或截胎困难时，应立即进行剖腹产手术取出幼驹。

101. 怎样做好新生幼驹的护理?

新生驴驹出生以后,由母体进入外界环境,生活条件骤然发生变化,由通过胎盘进行气体交换转变为自由呼吸,由原来通过胎盘获得营养和排泄废物变为自行摄食、消化及排泄。此外,驴驹在母体子宫内时,环境温度相当稳定,不受外界有害条件的影响。而新生幼驹各部分生理机能还不很完全,为了使其逐渐适应外界环境,必须做好护理。

(1) **防止窒息** 当幼驹产出后,应立即擦掉嘴唇和鼻孔上的黏液和污物。如黏液较多可将幼驹两后腿提起,使头向下,轻拍胸壁,然后用纱布擦净口鼻中的黏液。亦可用胶管插入鼻孔或气管,用注射器吸取黏液以防窒息。发生窒息时,可进行人工呼吸。即有节律地按压新生驹腹部,使胸腔容积交替扩张和缩小。紧急情况时,可注射尼可刹米,或用 0.1%肾上腺素 1 毫升直接向心脏内注射。

(2) **断脐** 新生驹的断脐主要有徒手断脐和结扎断脐。因徒手断脐干涸快,不易感染,常多采用。其方法是:在靠近驴驹腹部 3~4 指处用手握住脐带,另一只手捏住脐带向幼驹方向捋几下,使脐带里的血液流入新生驴驹体内。待脐动脉搏动停止后,在距离腹壁 3 指处,用手指掐断脐带。再用 5%碘酒充分消毒残留于腹壁的脐带余端。过 7~8 小时,再用 5%碘酒消毒 1~2 次即可。只有当脐带流血难止时,才用消毒绳结扎。其方法是:在距幼驹腹壁 3~5 厘米处,用消毒棉线结扎脐带后,再剪断消毒。该方法由于脐带断端被结扎,干涸慢,若消毒不严,容易被感染而发炎,故应尽可能采用徒手断脐法。

(3) **保温** 冬季及早春应特别注意新生驹的保温。因其体温调节中枢尚未发育完全,同时皮肤的调温机能也很差,而且外界环境温度又比母体低,生后新生驹极易受凉,甚至发生冻伤,因此应注意保温。母驴产后多不像马、牛那样舔幼驹体上黏液,可用软布或毛巾擦干幼驹体上的黏液,以防受冻。

(4) **哺乳** 幼驹哺乳在前面已经介绍过,在此不再赘述。但有一个问题要注意，就是驴产骡时，常出现因吃初乳而发生的骡驹溶血症。为防止这一疾病的发生，一是在哺乳前要检测初乳抗体效价；二是在未事先检查的情况下，为慎重起见，应将骡驹暂时隔开或带上笼头，并喂以牛乳、糖水等，同时每隔1～2小时后，将母驴初乳挤去，1天后，即可使骡驹吸食母乳。

102. 怎样做好产后母驴的护理？

正在分娩和产后期，母驴的整个机体，特别是生殖器官发生着迅速而激烈的变化，机体抵抗力降低。产出幼驹时，子宫颈开张，产道黏膜表层可能有损伤，产后子宫内又积存大量恶露，这些都为病原微生物的侵入和繁殖创造了条件。因此对产后母驴应给以妥善护理，以促进其机体尽快恢复健康。首先，产后母驴的外阴部和后躯要进行清洗，并用2%来苏儿消毒；褥草要经常更换，搞好厩床卫生；其次，产后6小时内，可给母驴喂些稀的麦麸粥或小米粥，并加上盐，然后投给优质干草或青草。产后头几天，应给予少量质量好、易消化的饲料，此后日粮中可逐渐加料直至正常，母驴约需1周；最后应注意产后半个月内停止使役，1个月后方可开始使役。

103. 怎样预防驴的难产？

（1）勿过早配种 若进入初情期或成熟之后便开始配种，由于母驴尚未发育成熟，所以分娩时容易发生骨盆狭窄等。因此，应防止未达体成熟的母驴过早配种。

（2）供给妊娠母驴全价饲料 母驴妊娠期所摄取的营养物质，除维持自身代谢需要外，还要供应幼驹的发育。故应该供给母驴全价饲料，以保证幼驹发育和母驴健康，减少分娩时难产现象的发生。

（3）适当使役或运动 适当的运动不但可以提高母驴对营养物质的利用，同时亦可使全身及子宫肌肉的紧张性提高。分娩时有利于幼驹的转位以减少难产的发生，还可防止胎衣不下及子宫复原不全等疾病。

（4）早期诊断是否难产 尿囊膜破裂、尿水排出之后这一时期正是幼驹的前置部分进入骨盆腔的时间。此时触摸幼驹，如果前置部分正常，可自然出生；如果发现幼驹有反常，就立即进行矫正。此时由于幼驹的躯体尚未楔入骨盆腔，难产的程度不大，胎水尚未流尽，矫正比较容易，可避免难产的发生。

104. 怎样提高驴的繁殖能力？

提高驴的繁殖力，从根本上说就是要使繁殖公母驴保持旺盛的生育能力，保持良好的繁育体况；从管理上说就是注意尽可能地提高母驴的受配率。防止母驴的不孕和流产，防治难产；技术上说就是要提高受胎率等。

（1）繁殖母驴应保持旺盛的生育能力 从母驴初次繁殖起，随胎次和年龄的增长而繁殖力逐年升高，至壮龄时生育力最强。无论公驴母驴，当营养好时，均可繁育到 20 岁以上，所以有"老驴少牛"之说。营养差的，到 15～16 岁便失去了繁殖力。在繁殖群中，要注意保持 65%～70%进入旺盛生育期的母驴。

（2）繁殖驴群应保持良好的体况 繁殖公母驴均要经过系统选择，达到繁殖性能良好，身体健壮，营养状况中上等水平。为此，对繁殖用的公母驴，必须按饲养标准饲喂，供给品质良好的饲草、全价混合精料、适量食盐和充足的饮水。

（3）提高母驴的受配率

①优化畜群结构。增加繁殖母驴的比例，要使繁殖母驴在蓄群中达到 50%～70%。

②建立配种网络。合理布局，建设驴的配种站，推行人工授精，使尽可能多的母驴参加配种。

③增膘复壮。草料不足，饲草单一，日粮不全价，尤其是缺乏蛋白质和维生素，是饲养上造成母驴不发情的主要原因。为此，母驴配种前 1 个月要增加精料；参加劳役的要延长母驴的采食时间，对膘情不好的要减轻使役量，增喂青绿多汁饲料。

④加强发情观察。饲养人员要熟悉每一母驴的规律和个体特点，

注意观察母驴的发情表现,一旦发现,及时牵到人工配种站进行发情鉴定。并随时记录发情、配种情况。

⑤抓好产后"血配"。母驴分娩后的子宫恢复和产后发情的时间,是判定母驴生殖机能的重要标志。加快产后母驴子宫恢复,及时配种,可以提高繁殖率。

⑥及时排查不发情的母驴。役用母驴中,有 $10\% \sim 15\%$ 的适龄母驴因有生殖道疾患而不发情的,应及时诊断和治疗。已失去繁殖能力的母驴,应淘汰后育肥出栏。

(4)提高母驴受胎率

①维持母驴适度膘情。

②保障公驴精液质量。

③适时输精。准确掌握发情鉴定,掌握适宜的输精时间,同时熟练掌握输精技术。

④严格遵守操作规范。在人工授精的环节,要严格无菌操作,防止生殖疾病的发生,若不注意无菌操作,开展人工授精越普遍的地方,往往也是母驴生殖疾患蔓延越严重的地方。

⑤实行早期妊娠检查,抓紧复配。

(5)防治母驴的不孕和流产 母驴常因繁殖障碍造成不孕,常占空怀母驴的 40% 以上,给母驴的繁殖造成很大的损失。流产也是影响母驴繁殖的另一个因素,约占 5% 以上。所以繁殖疾病要加强预防,饲养管理不当,也会造成流产和不孕。

(6)提高驴驹的成活率

①要管护好新生驴驹。

②要注意保暖,防贼风,尤其气候突变时更应注意。

③要让驴驹出生后 2 小时及时吃上初乳。

④母驴的泌乳力对幼驹的成活和发育很重要,尤其前 3 个月的泌乳月。

⑤对驴驹要早补饲,生后 1 周就开始诱食,给以柔软、易消化的草、料,随体重增加而渐增草、料量。对驴驹要单槽饲喂较好。

六、驴的饲养与管理

105. 驴主要摄食哪些饲料？

驴主要摄食以下几种饲料：

（1）青绿饲料 即各种野草、人工栽培的牧草、农作物新鲜秸秆和胡萝卜等块根、块茎的青绿饲料。

（2）粗饲料 指含粗纤维较多、容积大、营养价值较低的一类饲料，主要包括：野干草、栽培牧草干草、秸秆、谷草、稻草、玉米秸、麦秸、豆秸及豆荚皮等。

（3）精饲料 包括农作物的子实、糠麸类（也叫能量饲料）和各种饼粕类（也叫蛋白质饲料）。常用的主要有：玉米、高粱、麸皮、大麦、燕麦、谷子、大豆、黑豆、豌豆、蚕豆、豆饼、豆粕、花生饼、棉籽饼、向日葵饼等。

（4）矿物质饲料 即对促进驴的骨骼生长和维持正常代谢有重要作用，必须保证正常供给的矿物质饲料，主要是食盐和含钙的无机盐。

106. 驴与马的饲养有何区别？

（1）驴比马的采食量少 进食比马少 30%～40%。驴的神经活动较马均衡稳定，采食慢，能沉着地细嚼，不贪食且能耐饥，有的驴数日不进食也可耐过。

（2）驴比马的饮水量小 进水比马少 20%～30%。驴抗脱水能力强，冬季耗水量约占体重的 2.5%，夏季耗水量约占体重的 5%，当失水量达体重的 20% 时，仅表现食欲略有下降；当脱水量达体重的 25%～30%时，无显著不良表现。在通常情况下，一次饮水可补足所失去的水分，最多饮水量为体重的 30%～33%。

(3) 驴比马的消化能力强 特别是对粗纤维的消化能力比马高约 30%，故驴较马更耐粗饲料且粪球小而光滑。当饲料充足，营养水平较高时，身体局部如颈脊、前胸、背部、腹部等处，有贮存脂肪的能力，所以掉膘也慢。

107. 驴与牛羊的饲养有何区别？

驴和牛羊一样都属于驯养的草食动物，但它又不同于牛羊等其他草食动物，其生物学特点与牛羊有本质的区别。

①牛羊是复胃反刍动物，依赖功能强大的瘤胃来消化食物的；而驴是单胃盲肠动物，是依赖粗大的盲肠来消化食物的，所以，相比较而言，驴特别容易发生肠胃疾病。

②驴胃容积不及牛胃的 1/10（大约是 7%，合 1/15），且胃排空速度快，大约 4 小时胃内容物全部转移到肠道，所以驴是易饱易饿的动物，也就是说是少食多餐的动物。

③牛的采食动作是卷、裹、吞，驴的采食动作是挫、嚼、咽，所以驴的采食速度慢。

④由于牛的瘤胃功能强大，能合成足够的 B 族维生素满足自身的需要，而驴的盲肠虽有合成能力，但不能满足快速育肥的需要。

⑤驴对常量和微量矿物质元素的需求比牛高，仅对磷要求不高。

⑥调整瘤胃一般用的是"双效瘤胃宝"，而调整盲肠只能依赖盲肠微生态制剂。

⑦驴对蛋白原料转化率比牛高，对草料里的蛋白质转化比牛要低，所以对精料的营养要求比牛高很多，配料上也有很大的区别。

综上所述，驴的消化系统和牛羊有本质上的区别，所以，驴不可以用牛羊的饲料或预混料来饲养，更不能使用猪鸡饲料或预混料来饲养。

108. 怎样为驴分槽定位？

为了保证驴的健康生长发育和合理利用，饲养时，应依驴的用途、性别、老幼、体重、个性、采食快慢分槽定位，保证每个驴都能采食到足够饲料，以免争食。临产母驴、种公驴和当年幼驹要用单槽。哺乳母驴的槽位要适当宽些，以便于驴驹吃奶和休息。

109. 怎样掌握驴每天的饲喂次数？

依不同季节，确定不同饲喂次数，做到定时定量。冬季寒冷夜长，可分早、中、晚、夜喂 4 次；春、夏季可增加到 5 次，秋季天气凉爽，每日可减少到喂 3 次。每次饲喂的时间和数量都要固定，使驴建立正常的条件反射。驴每日饲喂总的时间不应少于 9～10 小时。要加强夜饲，前半夜以草为主，后半夜加喂精料。

110. 怎样做好驴的依槽细喂？

根据定位的槽内饲料采食情况，确定饲喂量。喂驴的草要铡短，喂前要筛去尘土，挑出长草，拣出杂物。料粒不宜过大。每次饲喂要掌握先给草，后喂料；先喂干草，后拌湿草的原则。拌草的水量不宜过多，使草粘住料即可。每一顿草料要分多次投放，每顿至少 5 次。这些方法的目的是为了增强驴的食欲，多吃草，不剩残渣。群众说的好"头遍草，二遍料，最后再饮到""薄草薄料，牲口上膘"。

111. 怎样掌握驴饲料的更换变化？

饲喂中，凡增减喂量、变换饲料种类及引进新饲料，都要采取逐渐更换的办法进行，绝不可骤然打乱采食习惯。不可骤减骤增，这样轻则不安、倒槽、消化功能紊乱，引起便秘或腹泻，重则胃扩张、肠炎，甚至死亡。

换料一般有两种情况：一是驴的生理需要。如分娩前后，干奶与为奶过程、肉驴催肥、种畜配种的初、末期；二是饲料来源发生变化引起日粮结构的根本改变或局部调整。全年按饲料供应可分为青饲期与干草期（也可说是牧饲期或舍饲期）。即使是全舍期，也存在干换青（春季）与青换干（秋季）的两个过程。这就需要防止贪青、拒青、吃不饱、泻肚或收牧时停食。所以，在草料变换时需多加小心，防止突变造成不良后果。

112. 怎样做好给驴充足饮水？

饮水对驴的生理起着重要作用，群众讲"草膘，料力，水精神"。应做到自由饮水，渴了就饮。驴的饮水要清洁、新鲜，冬季水温 8～12℃ 为宜。切忌役后马上饮冷水，可稍事休息后，再饮一些水，要避免"暴饮和急饮"，要做到"饮水三提缰"，因为剧烈运动后立即饮入大量冷水，使体温骤然降低，易引发驴的胃肠过度收缩，发生腹痛，容易造成"伤水"即肠痉挛。喂饲中可通过拌草补充水分。每次吃完干草后也可饮些水，但饲喂中间或吃饱之后，不宜大量饮水，因为这样会冲乱胃内分层消化饲料的状态，影响胃的消化。待吃饱后过一段时间或至下槽干活前，再使其饮足。一般每天饮水 4 次，天热时可增加到 5 次。

113. 怎样做好厩舍卫生管理？

应保持厩舍内干燥，适宜湿度为 50%～70%。适宜温度为 20℃，即使在冬季，厩舍温度也应在 8～12℃，炎热季节应在露天凉棚下喂饲。厩舍的通风换气要良好。粪、尿、褥草分解产生的氨气和硫化氢，会影响驴体的健康。此外，厩舍的采光与厩舍的干燥相关，因此厩舍要有良好的采光，要及时打扫卫生，更换褥草。

114. 怎样为驴刷拭驴体？

每天 2 次用扫帚、鬃刷或铁刷刷拭驴体。常刷拭皮肤，可清除皮垢、灰尘和体外寄生虫，促进皮肤的血液循环、呼吸代谢，使发汗排泄机能畅通，能增进健康。刷拭还可以增强人驴亲和，同时可及时发现外伤，对预防破伤风有很重要的意义。刷拭应按由前往后，由上到下的顺序进行。

115. 怎样为驴护理驴蹄？

要经常保持驴蹄的清洁和有适当的湿度。要求厩床平坦、干燥。要每 1.5～2 个月修蹄一次，役用驴还需要钉掌，良好的蹄形可提高驴的工作性能和使用年限。通过蹄的护理，可以及时发现蹄病，及时治疗。

116. 怎样做好驴的运动？

运动，是重要的日常工作，它可促进代谢，增强驴的体质。尤其是种公驴，适当的运动可提高精液的品质；也可使母驴顺产和避免产前不吃、妊娠浮肿等。运动的量以驴体微微出汗为宜。在此注意，驴驹拴系过早，不利于自由活动，妨碍其生长发育，应给予适当的运动锻炼。

117. 怎样饲养管理种公驴？

种公驴必须经常保持种用体况，不能过肥过瘦，具有旺盛的性欲和量多质优的精液，以保证较高的受胎率。种公驴除遵循驴的一般饲养管理原则外，还应抓好以下几项工作。

（1）满足种公驴的营养需要 在配合种公驴的日粮时，要减少粗料比例，加大精料比例，控制能量饲料，使精料在日粮中占总量的1/3～1/2。配种任务大时，还需增加鸡蛋、牛奶、鱼粉、石粉、磷酸二氢钙等动物性和矿物质饲料。此外，每头驴每日喂给食盐 30～50克，贝壳粉、石粉或磷酸二氢钙 40～60 克，使日粮中钙、磷的比例维持在 1.5∶1～2.0∶1。为使精液品质在配种时能达到要求，应在配种开始前 1~1.5 个月，加强饲养，改善饲料品质。一般大型公驴在非配种期，日喂谷草或优质干草 5~6 千克，精料 1.5~2 千克；中型公驴日喂干草 3~4 千克，精料 1~1.5 千克。进入配种期前 1 个月，开始减草加料，达到配种期日粮标准：大型驴谷草 3.5~4 千克，精料 2.3~3.5 千克，其中豆饼或豆类不少于 25%~30%，早春缺乏优质青干草时，每天应补给胡萝卜 1 千克或大麦芽 0.5 千克。如宁河县种驴场驴种的日粮搭配：豆饼 30%、高粱 20%、玉米 28%、麸皮 22%、骨粉 40 克、食盐 50 克。精料日喂量：配种季节 3.5 千克，非配种季节 2.5 千克。早春每日补饲胡萝卜 2.5 千克，饲草以谷草、青干草为主，早春喂以少部分青贮玉米或苏丹草。

（2）掌握种公驴适宜的运动强度，增强体质 要处理好种公驴的营养、运动和配种三者之间互相制约而又平衡的关系。配种任务重，可减轻运动，增加营养（蛋白质饲料）；配种任务轻，则可增加运动或适当减少精料，防止种公驴过肥。运动一般采用轻度使役或骑乘均可，也可在转盘式运动架上驱赶运动，时间 1.5~2 小时。运动可提高精子活力，但配种（采精）前后 1 小时，要避免剧烈运动，配种后要牵遛 20 分钟。种公驴除饲喂时间外，其他的时间可在运动场小范围内自由活动，不要拴系。

（3）合理配种 在一个配种期内，一头公驴平均负担 75~80 头的配种任务，一般配种（采精）每天 1 次，每周休息 1 天，偶尔 1 天 2 次，须间隔 8 小时以上，青年公驴的配种频率要比壮龄公驴少。总之，配种次数要依精液品质检查的结果而定。配种过度，会降低精液质量，影响繁殖力，造成不育，同时也会缩短种公驴的利用年限。

118. 怎样饲养管理繁殖母驴？

繁殖母驴是指能正常繁殖后代的母驴，它们一般兼有使役和繁殖双重任务。养好繁殖母驴的标志是：膘情中等；空怀母驴能按时发情，发情规律正常，配种容易受胎；怀孕后胎儿发育正常，不流产；产后泌乳力强。繁殖母驴从早春发情配种到明年分娩，正好是一个年度，在不同季节有不同的饲养管理和营养需要，应区别对待，满足需要。如宁河县种驴场的全舍饲母驴，以供给精料为例：配种期间（即每年 3—10 月）每日每头驴 1.5 千克，非配种期，每日每头驴 1 千克。具体各阶段的管理要点为：

（1）空怀母驴 春季母驴一般膘情差，只有加强营养，减轻使役强度，使母驴保持中等膘情，才有利于发情，配种和受胎。舍饲的种用母驴，不使役，不运动，营养过剩，脂肪沉积在卵巢外，不利于繁殖，应加强运动和限食，使其恢复繁殖能力。配种前 1 个月，对空怀的母驴应进行普查，发现有生殖疾患者要及时治疗。

（2）妊娠母驴 防止流产，保证胎儿的正常发育和产后泌乳，是这一生理阶段的重要任务。

除疾病可引起流产，驴的流产容易发生在妊娠后 1 个月，这一时期胚胎游离于子宫，对孕驴要停止使役，给予全价的营养。而妊娠后期的流产，多因天气变化、吃霜草、吃霉变饲料，或因使役不当造成，所以应加强饲养管理。

妊娠前 6 个月，胎儿增重慢，营养要重视质量，数量上增加不大。从 7 个月后，胎儿增重很快，营养要质量和数量并重，都要加强。增加蛋白质饲料，选喂优质饲草，尽量放牧饲养，既加强了运动，又摄取了各种必需的营养。妊娠后半期，日粮种类要多样化，要满足胎儿对大量的蛋白质、矿物质和维生素的需要，要补充青绿多汁饲料，减少玉米能量饲料，使日粮饲料质地松软、轻泻易消化。繁育场的母驴，妊娠后期缺少优质饲草和青绿饲料，精料单纯，加上不使役、不运动，易患产前不食症，其实质是因肝脏机能失调，形成高血脂、脂肪肝，有毒的代谢产物排泄不出去，往往会造成死亡。

产前 15 天，母驴应停止使役，移入产房，专人守候，单独喂养。饲料总量应减少 1/3，每天喂 4～5 次。母驴每天仍要适当运动，以促进其消化。

母驴分娩后，多不舔新生驴驹身上的黏液，接产人员首先应掐断脐带，用碘酊消毒，然后擦干驴驹身上的黏液，待驴驹站起，马上辅助它吃上初乳。产后母驴胎衣 1 小时即可完全排出，要及时消毒外阴，此时的母驴体弱口渴，可先饮麸皮水或小米粥（30～35℃），外加 0.5%～1% 的食盐。产后 1～2 周内，要控制母驴的草料喂量，做到逐渐增加，10 天左右恢复正常。母驴产后 1 个月内要停止使役，其产房要有良好的条件，要求要保暖、防寒，褥草要厚，要干净，做到及时更换。

（3）哺乳母驴　营养需要上，既要满足泌乳，又要保证及时发情、排卵、受胎所必备的体况。根据母驴泌乳所需，产后头 3 个月的精料和蛋白质占总日粮的比例，要比产后 4～6 个月要高。哺乳母驴饮水要充足。哺乳母驴宜使轻役、跑短途，途中多休息，以便让驴驹吃好奶。

繁殖上，要抓住第一个情期的配种工作，否则受哺乳影响，发情不好，母驴不易配上。

119.　怎样饲养管理哺乳期幼驹？

（1）尽早吃上初乳　幼驹出生半小时站起来后就让它吃上初乳，先将母驴奶挤在手指上给幼驴驹舔吃，后移到母驴乳头上，引导其吃上初乳。如果长时间站不起来，超过 2 小时不能站立，就应挤出初乳，用奶瓶饲喂，每隔 2 小时 1 次，每次 300 毫升。母驴产后 3 天以内分泌的乳汁叫做初乳。乳汁浓稠，颜色淡黄，蛋白质含量多，具有增强幼驴驹体质、增强抗病免疫力及促进排出胎粪的特殊作用，所以，尽早吃上初乳是大有益处的。但是骡驹千万不能给初乳吃，因为马与驴交配受胎后，母驴或母马产生一种抗体主要存在初乳中，骡驹吃后会使红细胞被溶解、破坏，使骡驹患溶血症。新生骡驹溶血症发病率达 30% 以上，发病迅速，病情严重，死亡率达 100%。所以，骡驹生后要先进行人工哺乳，喂鲜牛奶 250 克或奶粉 20 克，要将鲜奶煮沸、加糖，再加 1/3 沸水，晾温后喂给，每隔 2 小时喂 250 毫升。或与其他母马（驴）交换哺乳，或找其他母马（驴）代养。一般经 3～9 天后，这种抗体消失，再吃自己母亲的奶就不会发病了。

（2）注意管护幼驴驹　刚出生的幼驴驹行动不灵活，易摔倒、跌伤，所以要精心照料。注意幼驹胎粪是否排出，并使其及时多吃初乳。如果 1 天没有排出胎粪，可给幼驹服用油脂或找兽医诊治。要经常观察幼驹尾根或厩舍墙壁是否有粪便污染。要看脐带是否发炎，精神状态如何，母驴乳房是否有水肿等，做到早发现问题，及时治疗。

（3）**无乳驴驹的哺育** 在幼驴出生后，遇上母驴死亡或母驴没奶时，要做好人工哺乳工作。最好是找产期相近的母驴代养。方法是在代养的母驴和寄养的幼驴驹身上涂洒相同气味的水剂，人工辅助诱导幼驴驹吃奶。如果没有条件，可用奶粉或鲜牛奶、羊奶进行人工哺乳。牛、羊奶的脂肪和蛋白质均比驴奶含量高，而乳糖含量少。各种奶的营养成分见表6-1。

表6-1　各种奶的营养成分

奶类	水分	干物质	总蛋白质	酪蛋白	白蛋白和球蛋白	乳糖	脂肪	灰分
人奶	87.6	12.4	1.2	—	—	7.0	3.8	0.21
马奶	89.0	11.0	2.0	1.01	0.99	6.7	2.0	0.30
驴奶	90.1	9.9	1.9	0.68	1.22	6.2	1.4	0.40
牛奶	87.5	12.5	3.3	2.81	0.50	4.7	3.7	0.70
牦牛奶	82.0	18.0	5.0	—	—	5.6	6.5	0.90
绵羊奶	82.1	17.9	5.8	4.47	1.33	4.6	6.7	0.80
山羊奶	87.0	13.0	3.4	2.56	0.84	4.6	4.1	0.90

喂奶前，要撇去上层一些脂肪，2升牛奶加1升水稀释，再加2汤匙左右白糖；或1升羊奶加500毫升水和少量白糖。煮沸后晾至35℃左右，再用婴儿哺乳瓶喂给幼驴驹。初生至7日龄内每小时哺乳1次，每次150～250毫升。8～14日龄白天每2小时喂1次，夜间3～4小时喂一次每次250～400毫升。15～30日龄时，每日喂4～5次，每次1升。30日龄至断奶，每日3～4次，每次1升。要酌情饲喂，每次不要太饱，保持八成饱即可。要根据情况不同，灵活运用上述的大致数据，不能教条。

（4）**幼驴驹的提早补饲** 幼驹出生后半个月，就应开始训练吃草料，这对促进幼驹消化道发育，缓解母驴泌乳量逐渐下降和幼驹生长迅速的矛盾，都十分有利。补饲的草料要用优质禾本科干草和苜蓿干草，任其自由采食。进料可用压扁的燕麦及麦麸、豆饼、高粱、玉米、小米等。精料要破碎或浸泡，以利于消化。幼驴驹补饲的时间要

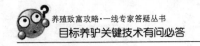

与母驴饲喂时间一致，应单设小槽，与母驴分开饲喂。

具体补饲量要根据母驴的泌乳量、幼驹的营养状况、食欲和消化情况灵活掌握。喂量由少到多，开始可由 50～100 克逐渐增加；2～3 个月龄时每日喂量 500～600 克；5～6 个月龄时每日喂 1～2 千克。一般在 3 月龄前每日补饲 1 次，3 月龄以后每日补饲 2 次。如果每日喂给 2～2.5 千克乳熟期的玉米果穗（切碎后喂），效果更好。每日要喂食盐 15 克、骨粉 15 克。如果母驴出去放牧，最好让驴驹随母驴一同出牧，使驴驹吃到青草，又可得到运动的锻炼。

120. 怎样饲养管理断奶期驴驹？

驴驹的断奶也是养驴生产的一个重要环节，在断奶后经过的第一个寒冬就是驴驹生活中的最大转折，如果饲养管理跟不上去，就会造成幼驹生活中的最大转折，如果饲养管理跟不上去，就会造成幼驹营养不良生长发育迟缓或造成其他损失和疾病。因此，幼驹的安全过冬加强饲养管理是非常重要的技术环节，绝不能草率、粗心。

（1）**适时断奶**　一般情况下，哺乳母驴多在产后第一情期时再次配种妊娠，泌乳量逐渐减少。而幼驹长到 4～5 月龄时，已能独立采食，所以，一般在 5～6 月龄时断奶。在断奶时要观察母驴的健康状况和驴驹的发育情况，灵活掌握断奶时间。如果断奶过早，驴驹吃奶不足，会影响发育；断奶过晚，又会影响母驴的膘情和妊娠中的胎儿发育。

（2）**断奶方法**　选择晴好天气，把母驴和驴驹牵到事先准备好的断奶驴驹舍内饲喂，到傍晚时将母驴牵走，幼驹留在原处，第二天将母驴圈养 1 天，第三天开始放牧或干轻活运动。为减小幼驹因思念母亲而烦躁不安，可选择性情温顺、母性良好的老母驴或骟驴来陪伴幼驹，将幼驹关在舍内 2～3 天后，即逐渐安定下来，每日可放入运动场自由活动 1～2 小时，以后可逐渐延长活动时间。为了安抚幼驹，防止逃跑或跳圈，必须让母驴远离幼驹，这样经过 6～7 天后，就可以进行正常的饲养管理了。

（3）断奶后的饲养管理 驴驹断奶后即开始独立生活。第一周实行圈养，每日补4次草料。要喂给适口性好的、易消化的饲料，饲料配合要多样化，最好用淡盐水浸草焖料。每日可喂混合精料1.5～3千克，干草4～8千克，饮水要充足，有条件可放牧或在田间放留茬地。

断奶后很快就进入冬季。生活环境的改变、气候的寒冷给幼驴生活带来很大困难，因此对幼驴要加强护理，备好防寒保温的圈舍、圈棚，精心饲养，抓好幼驴秋膘。备好优质的饲草、饲料。同时，要加强幼驴的运动，千万不可"蹲圈"。饲养人员要多接近它们，抚摸它们，建立人、畜亲和关系。我国北方早春季节气温多变，幼驴容易患感冒、消化不良等疾病，要做到喂饱、饮足、运动适量，防止疾病发生。驴驹满周岁后，要公、母分群。对不能用作种的公驴要去势。开春至晚秋，各进行1次驱虫和修蹄。要抓好放牧、补喂青草工作，并适当补给精料。

驴驹的调教也是断奶之后的一项细致、科学性很强的工作，饲养人员通过饲养、刷拭、抚摸建立人、畜亲和感情，避免驴见人害怕、恐惧，对幼驹要温和，不要使驴养成踢伤人的恶癖。对待牲畜要耐心、细致，不能施暴乱打，伤害牲畜。

121. 养驴过程中为什么要做记录?

在驴产业生产不断发展的形势下，饲养模式逐步实现规模化、集约化、标准化。随着人们生活水平的日益提高，对食品质量要求也逐步提升。实现驴的健康养殖，是保证驴产品质量安全的有效措施。为促进驴产业健康发展，顺利实施驴产品质量可追溯制度，确保人民身体健康，吃上放心的驴肉、驴奶等，必须建立、健全驴养殖档案。

122. 日常记录主要包括哪些内容?

从近年来的实践中总结出建立规范的驴养殖档案，主要应当做好以下几方面的记录。

(1) 生产记录 内容主要包括驴饲养的圈、舍、栏的编号或名称；出生、调入、调出、死淘的时间和数量；存栏总数；配种及分娩等。

①栋舍。记录好哪栋、哪舍、哪栏，最好明确到个体号(耳标号)。

②时间。出生、调入、调出、死淘、配种的日期。

③变动情况。出生、调入、调出、死淘的数量。

④存栏数。填写存栏总数，为上次存栏数与变动数之和。

⑤其他。另外母驴还要记录配种、分娩、驴驹出生体重等情况，公驴记录采精情况；肉驴记录入栏体重、出栏体重等。

(2) 饲料、饲料添加剂使用记录 内容主要包括饲料、饲料添加剂名称、生产厂家、生产批号、生产日期、使用数量、开始和停止使用时间等。

①饲料、饲料添加剂名称。如全价料、预混料、浓缩料等；公驴料、母驴料、育成驴料，驴驹料、育肥料等；氨基酸、维生素、矿物质、抗氧化剂等。

②生产厂家、生产批号、生产日期外购的填写厂家名称，生产批号、生产日期、购买的品种、数量等；自己加工的要记录好原料来源、加工日期、加工数量等。

③使用情况。记录好开始使用时间、使用的品种、停止使用时间、日使用量等。

(3) 兽药使用记录 主要包括兽药名称、生产厂家、生产批号、生产日期、使用数量、开始和停止使用时间等。

①兽药名称：如青霉素、链霉素、磺胺脒、阿莫西林、黄芪多糖、白术散、五白散等。

②生产厂家、生产批号、生产日期填写厂家名称，生产批号、生产日期、购买的品种、数量等。

③使用情况：记录好开始使用时间、使用的品种、停止使用时间，要严格执行休药期制度。使用方法如饮水、拌料，使用剂量等。

(4) 消毒记录 内容主要包括消毒日期、场所、消毒药名称、剂量、方法。

①时间：填写实施消毒的时间。

②消毒场所：填写圈舍、人员出入通道和附属设施等场所。

③消毒药名称：填写消毒药的化学名称。

④用药剂量：填写消毒药的使用量和使用浓度。

⑤消毒方法：填写熏蒸、喷洒、浸泡、焚烧等。

（5）免疫记录　内容主要包括时间、圈舍号、存栏数量、免疫数量、疫苗名称、疫苗生产厂、批号、免疫方法、免疫剂量、免疫人员等。

根据防疫主管部门的要求和驴的来源情况结合本场实际制定科学的免疫程序。做好如下记录：

①时间：填写实施免疫的时间。

②圈舍号：填写动物饲养的圈、舍、栏的编号或名称。不分圈、舍、栏的此栏不填。

③疫苗填写：疫苗名称、疫苗生产厂、疫苗的批号。

④数量：存栏数量、免疫数量、免疫剂量。

⑤免疫方法：填写免疫的具体方法，如喷雾、饮水、滴鼻点眼、注射部位等。

（6）诊疗记录　内容主要包括时间、圈舍号、日龄、发病数、病因、诊疗人员、用药名称、用药方法、诊疗结果。

①时间：填写驴发病诊疗的日期。

②日龄：填写发病驴的日龄或周龄、月龄和年龄。

③发病数：同一圈舍内的发病驴数。

④诊疗人员：填写诊疗执业兽医的姓名。

⑤用药名称：填写使用药物的名称。

⑥用药方法：填写药物使用的具体方法，如口服、肌内注射、静脉注射等。

⑦诊疗结果：填写好转、康复、淘汰或死亡。

（7）防疫监测记录　内容主要包括采样日期、圈舍号、采样数量、监测项目、监测单位、监测结果、处理情况等。

①监测项目：填写具体的内容如布氏杆菌病监测、口蹄疫免疫抗体监测。

②监测单位：填写实施监测的单位名称，例如，某某动物疫病预

防控制中心。企业自行监测的填写自检。企业委托社会检测机构监测的填写受委托机构的名称。

③监测结果：填写具体的监测结果，如阴性、阳性、抗体效价数等。

④处理情况：填写针对监测结果对畜禽采取的处理方法。如针对结核病监测阳性驴的处理情况，可填写：对阳性驴全部予以扑杀。针对抗体效价低于正常保护水平，可填写：对畜禽进行重新免疫。

将监测部门出具的检验报告妥善保管，以备查验。

(8) 病死驴无害化处理记录 内容主要包括日期、数量、处理或死亡原因、处理方法、处理单位等。

①日期：填写病死驴无害化处理的日期。

②数量：填写同批次处理的病死驴的数量，单位为头、只。

③处理或死亡原因：填写实施无害化处理的原因，如染疫、正常死亡、死因不明等。

④处理方法：填写《畜禽病害肉尸及其产品无害化处理规程》。按照国家标准 GB 16548—2006 规定的无害化处理方法，深埋或焚烧，避免疫病扩散，造成疫病流行。防止污染环境和水源。

⑤处理单位：委托无害化处理场实施无害化处理的填写处理单位名称；由本厂自行实施无害化处理的由实施无害化处理的人员签字。

123. 驴场的粪污等废弃物怎样进行资源化利用或无害化处理？

规模化养殖场的粪便排量比较大，是废弃物中的主要部分，如果处置管理不当，可变成重要的环境污染源。但如果经过无害化处理，并加以科学合理利用，则可以变为宝贵的资源。所以，当今的现代化、规模化养殖生产中废弃物处理和利用是不容忽视的、最迫切的问题。况且，养殖场废弃物利用的前景广阔，资源丰富，而途径较多。

(1) 粪污还田，用作肥料 当今世界各国对畜禽粪便利用的主要途径是用作肥料，也是生态农业的一种方法，经过腐熟后用作肥田，有的国家也用作草场肥料等，驴粪当然是其中之一。粪污还田模式是一种既传统又经济的粪污处理方式，实现了畜禽粪尿零排放。首先，人工将干粪或者吸收粪尿的垫草清扫出来，将干粪堆沤后形成有机复合肥。采取少量的水将畜舍中残留的粪尿冲出，并储存在粪池中，在施肥季节时向农田施用。这种粪污处理方式在养殖小型饲养场中较为常见。在经济不发达地区，由于土地资源比较丰富，农田消纳粪污面积较大，在蔬菜以及经济作物基地中也可以采取粪污还田模式，简单经济。

（2）用作肥田和沼气原料 草食动物的粪尿可以发酵，腐熟后可用作肥田和生产沼气的原料。

（3）用作培养料 部分废弃物可用为食用菌的培养基料，生产食用菌。

我国过去几千年来都是以畜禽粪便作为肥料被农田消纳，今后，随着农区畜牧业的不断发展，养殖废弃物的消纳应更有作为。它可以减少排放，减轻污染，增加农牧业的生态效应和养殖业的经济效益。

废弃物在科学合理利用前需要进行无害化处理，目前常用的处理方式有：

（1）自然发酵 厌氧自然发酵是一种固体制肥、液体发酵的固液分离处理方式，通过人工对畜舍进行干粪清除，冲洗粪水在格栅的过滤后进入到厌氧处理系统中。在厌氧系统中，颗粒状的有机物或者无机物被降解，病原菌和寄生虫被杀死，经过厌氧处理而产生的沼气可以作为燃料，过滤而产生的沼渣能应用于鱼塘中。厌氧出水后进入到自然处理系统中，当农田面积足够大时，厌氧出水可以直接作为农田肥料。在土地广阔，荒地以及林地地区都可以作为自然处理地区。

（2）废水固液分离

①粪污是在格栅过滤环节中进入到贮粪池中，污水中带有一些块状杂质，粗格栅的作用就是将杂物阻拦在贮粪池外部，防止对进料泵阻塞。

②粪污水的流动状态对分理机有直接影响，因此，进料泵的输送量要大于分离机的处理量。

③粪污水被泵输送到分离机中进行固液分离。

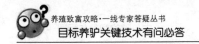

　　④贮粪池的粪污混合物在固液分离机汇中被过滤，最后进行物料分流。其中第一部分在脱水机中进行脱水处理；第二部分在酸化调节池中进行厌氧处理；第三部分，场内垃圾处理。

　　规模化、集约化养殖是驴养殖的发展方向，现代化、规模化驴养殖场的粪污处理模式可借鉴重庆市奶牛梦工场巴南生态牧场粪污处理工程。奶牛梦工场巴南生态牧场位于重庆市农业科技示范园，位置远离城市，地势平坦。该园区养殖规模5 000头乳牛，占地面积2 000亩*。该基地中建设粪便污水处理设施，处理对象为奶牛粪便和养殖区污水两部分。养殖区污水主要包括畜舍清洗水、生活污水以及冲洗水三方面。资料表明，养殖区规模5 000头奶牛，平均每头牛一周产粪175千克，尿量210千克，则周产排粪量为875 000千克，约875吨，排尿1 050 000千克，约1 050吨。本工程中，按照达标排放模式进行设计，进行粪污分类，将固体粪污简易堆沤后形成牛床垫，奶牛粪水经过厌氧处理达标排放，厌氧消化中产生沼气，对沼气进行脱硫脱水梳理后用来发电，从而能够实现粪水资源利用。

---

　　* 亩为非法定计量单位，1亩≈667米^2。——编者注

七、驴的育肥与运输

124. 什么叫肉用驴育肥?

肉用育肥驴,就是科学地应用饲草饲料和管理技术,以较少的饲料和较低的成本,在较短的时间内获得较高的产肉量和高质量的育肥肉驴。要使驴尽快育肥,给驴的营养物质必须高于正常生长发育需要,所以育肥又叫过量饲养。

125. 肉用驴育肥的方式有哪些?

肉驴育肥由于各地具体的饲养、饲料条件不同,肉驴育肥的方式很多,但都不是单一采用、而是有所交叉、生产实践中可以采用的方式主要有如下几种:舍饲育肥,半放牧、半舍饲育肥,农户的小规模化育肥,集约化育肥,自繁自养式育肥,异地育肥。

126. 怎样利用舍饲育肥?

在舍饲的条件下,应用不同类型的饲料对驴进行育肥。这种育肥方式由于育肥驴类型和采用饲料类型不同,育肥效果也不同。例如,对老龄凉州驴用单一的豆科干草育肥 60 天,平均日增重 247 克。对老龄关中驴、凉州驴采用麦草——精料型的日粮育肥 25 天,平均日增重 435 克,育 35 天平均日增重为 299 克;而对老龄驴占 60% 的晋南驴进行 70 天的优质豆科、禾本科干草——精料型日粮育肥,头 30 天平均日增重为 700 克,31～50 天的平均日增重为 630 克,而 51～70 天的平均日增重为 327 克,全程 70 天平均日增重为 574 克。相比

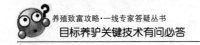

而言，干草——精料型日粮较为优越。

为了使耗料增重比经济合理，驴的舍饲育肥不宜积累过多的脂肪，达到一级膘度就应停止育肥。优质干草——精料型的日粮以育肥 50～80 天为好。高中档驴肉育肥的时间要长、肉的售价也高。驴在正式进入肥育期之前，都要达到一定的基础膘度。

127.　怎样利用半放牧、半舍饲育肥?

在马属动物中，驴的放牧能力较差。但是，如有良好的豆科——禾本科人工牧地，驴能进行短期的强度放牧育肥，使其达到中等的膘度，那么再经过短期的 30～50 天的舍饲肥育，这样不仅节约了成本，而且可以取得良好的育肥效果。

128.　怎样利用农户的小规模化育肥?

在农村有些地方以出售老残和架子驴居多。对于有条件的养殖户可就地收购育肥，这样可减少外来驴由于条件的改变而产生的应激和换料的不适，缩短育肥时间、提高经济效益。驴群可大可小，一年可分批育肥几批驴。

129.　怎样利用集约化育肥?

集约化育肥是肉用驴育肥的发展方向。其特点是要建设专门化的养驴场，进行大规模集约化生产，通过机械化饲喂和清粪，大大提高劳动生产率。这种育肥方式，要求在厩舍内将不同类型的驴分成若干小群，进行散放式管理，小群间的挡板为移动式的，有利于适应驴群数量的变化和机械清理粪便。炎热季节育肥驴可在敞圈或带棚的圈里，冬季应在厩舍里。育肥场和厩舍小圈内都设有自动饮水器和饲槽。厩舍地面硬化，给料由移动式粗料分送机和粉状配合饲料分送机完成。出粪由悬挂在拖拉机上的推土铲完成。要求同批育肥的驴（50～100 头），且有一致的膘度。驴胸的育肥应单独组群。接受育肥前，要对驴进行检查、驱虫、称重确定膘度，然后对驴号、性别、年龄和膘度进行登记。把育肥效果差的驴（如老龄、胃肠疾病和伤残等）在预饲期开始的10～15天中查明原因，剔出育肥群，再进行集中育肥。剔出育肥群的驴经合理饲养后屠宰。

130. 怎样利用自繁自养式育肥？

集驴的繁育和育肥为一体。小规模的零星养殖户采用这种方式，现代化大规模生产也可采用。现代化大规模生产需要形成一个完整的体系，要有肉驴的育种场、繁殖场、育肥场等，各负其责，不仅便于肉用驴专门化品系的选择、提高，也利于驴肉的高质量的标准化生产和效益进一步提高。

131. 怎样利用异地育肥？

异地育肥是指在自然和经济条件不同地区分别进行驴驹的生产、培育和架子驴的专业化育肥。这可以使驴在半牧区或产驴集中而经济条件较差的地区，充分利用当地的饲草、饲料条件，将驴驹饲养到断奶或1岁以后，再转移到精饲料条件好的农区进行短期强度育肥后出售或屠宰。

异地育肥驴的选购，要坚持就近的原则，可减少驴的应激反应，减少体重消耗和运输费用，异地育肥驴的运输要注意安全，可根据不同的远近距离确定运输工具（即汽车、火车及船等）。对于近距离可以赶运。

132. 肉用驴产肉性能常用指标有哪些？

肉用驴产肉性能主要考虑以下屠宰指标。

（1）**宰前活重** 指绝食24小时后临宰的实际体重。

（2）**胴体重** 实测重量。指宰后除去血、皮、内脏（不含肾脏和肾脂肪）、头、腕跗关节以下的四肢、尾和生殖器官及脂肪后的冷却胴体重。

（3）**屠宰率** 指胴体重占宰前活重的比例。

（4）**净肉重** 胴体剔骨后全部肉重（包括肾脏等胴体脂肪）。

（5）**眼肌面积** 指 12 肋骨后缘眼肌的面积。

（6）**熟肉率** 取腿部肌肉 1 千克，在沸水中煮沸 2 小时，测定生熟肉之比。

133. 影响肉用驴育肥效果的因素有哪些?

（1）**品种** 不同品种的驴，在育肥期对营养的需要有较大差别。一般说，重型品种的驴得到相同日增重，所需要的营养物质低于非肉用品种。

（2）**年龄** 不同生长阶段的驴，在育肥期间所要求的营养水平也不同。通常，单位增重所需的营养物质总量以幼驹最少、老龄驴最多。年龄越小，育肥期越长，如幼驹需 1 年以上。年龄越大，则育肥期越短，如成年驴仅需 3～4 个月。

（3）**环境温度** 环境温度对育肥驴的营养需要和日增重影响大。驴在低温环境中，饲料利用率下降。当在高温环境中时，驴的呼吸次数增加，采食量减少，温度过高会导致停食，特别是育肥期后期的驴膘较肥，高温危害更为严重。根据驴的生理特点，适宜的温度为16～24℃。

（4）**饲料种类** 饲料种类的不同，会直接影响到驴肉的品质，饲养调控是提高肉产量和品质量重要的手段。饲料种类对肉的色泽、味道有重要影响。如以黄玉米育肥的驴，肉及脂肪呈黄色，香味浓，喂颗粒状的干草粉及精饲料，能迅速在肌肉纤维中沉积脂肪，并提高肉品质；多喂含铁量多的饲料则肉色浓；多喂荞麦则肉色淡。

134. 怎样掌握肉用驴育肥的要点?

（1）**育肥的各类饲料比例** 饲喂肉驴日粮中粗料和精料的比例为：育肥前期，粗料占 55%～65%，精料相应为 45%～35%；育肥中期，粗料占 45％，精料相应为 55％；育肥后期，粗料占 15％～25％，精料相应为 85％～75％。

（2）肉驴育肥的营养模式 肉驴在育肥全过程中，按营养水平，可分为以下 5 种模式：

①高高型。从育肥开始至结束，全程高营养水平。

②中高型。育肥前期中等营养水平，后期高营养水平。

③低高型。育肥前期低营养水平，后期高营养水平。

④高低型。育肥前期高营养水平，后期低营养水平。

⑤高中型。育肥前期高营养水平，后期中等营养水平。

一般情况下，肉驴育肥采用前三种模式，特殊情况时才采用后两种模式。

（3）出栏体重与饲料利用率 出栏体重由市场需求而确定。出栏体重不同，饲料消耗量和利用率也不同。一般规律是，驴的出栏体重越大，饲料利用率就越低。

（4）出栏体重与肉品质 同一品种中，肉品质与出栏体重有密切的关系。出栏体重小的驴，肉品质不如出栏体重大的。

（5）补偿生长 驴在生长发育过程中，在某一阶段因某种原因，如饲料供应不足、饮水量不足、生活环境条件突变等，造成驴生长受阻。当驴的营养水平和环境条件适合或满足其生长发育条件时，则驴的生长速度在一定时期内会超过正常水平，把生长发育阶段损失的体重弥补回来，并能追上或超过正常生长的水平，这种特性称之为补偿生长。

能否利用补偿生长的原理达到节约饲料、节省饲养成本的目的，取决于驴生长受阻的阶段、程度等，即补偿生长是有条件的，运用得当可以大获利益，运用不当时，则会受到较大损失。补偿的条件为：生长受阻时间 3～6 个月；幼驹及胚胎期的生长受阻，补偿生长效果较差；初生至 3 月龄时所致的生长受阻，补偿生长效果不好。

（6）最佳育肥结束期 判断肉驴育肥最佳结束期，不仅对养驴者节约投入，降低成本等有利，而且对保证肉品质有极重要的意义。一般有以下几种方法：

①从采食量判断。在正常育肥期，肉驴的饲料采食量是有规律可

循的，即绝对日采食量随育肥期的增重而下降，如下降量达到正常量的 1/3 或更少，或按活重计算，日采食量（以干物质为基础）为体重的 1.5% 或更少时，这时已达到育肥的最佳结束期。

②用育肥肥度指数来判断。可参考肉牛的指标，即利用活驴体重与体高的比例关系来判断，指数越大，肥育度越好，但不是无止境的。据报道，以 526 为最佳。指数计算方法：（体重/体高）×100。

③从肉驴体型外貌来判断。检查判断的标准为：必须有脂肪沉积的部位是否有脂肪及脂肪量的多少；脂肪不多的部位的沉积脂肪是否厚实、均衡。

135. 怎样掌握幼驹育肥技术？

（1）**幼驹育肥的影响因素**　影响幼驹育肥获得成功的因素有以下几点：对育肥驴本身生产性能的选择，育肥期的饲养管理技术，饲养和环境条件。

（2）**育肥饲料**　育肥前期，日粮以优质精料、干粗料、青贮饲料、糟渣类饲料为主。育肥后期，增加精料喂量，以生产优质品和产肉量为主要目标，提高胴体重量，增加瘦肉产量。在育肥生产时，要考虑三个方面，即胴体脂肪沉积适量、胴体重较大和饲养成本低。

（3）**育肥管理**　采用群养，不设运动场，自由采食、饮水，圈舍每日清理粪便 1～2 次；使用无公害的增重剂和促生长剂；定期驱虫保健和进行防疫注射；采用有顶棚、大敞口的圈舍，或采用塑料薄膜暖棚圈技术；及时分群饲养，保证驴均匀生长发育；根据不同育肥期和增重效果，及时调整日粮；对个别贪食的驴限制采食，防止脂肪沉积过度，降低驴肉品质。

136. 怎样掌握阉驴育肥技术？

（1）**精料型模式**　以精料为主，粗料为辅。该模式育肥规模大，便于多养，可满足市场不同档次的需要，同时要克服饲料价格、架子驴价格、技术水平和屠宰分割技术等限制因素。

（2）**前粗后精模式** 前期多喂粗饲料，精料相对集中在育肥后期。这种育肥方式常常在生产中被采用。前粗后精的育肥模式，可以充分发挥驴补偿生产的特点和优势，获得满意的育肥效果。在前粗后精型日粮中，粗饲料是肉驴的主要营养来源之一，因此，要特别重视粗饲料的饲喂。将多种粗饲料和多汁饲料混合饲喂，效果较好。前粗后精育肥模式中，前期一般为150～180天，粗饲料占30%～50%；后期为8～9个月，粗饲料占20%。

（3）**糟渣类饲料育肥模式** 糟渣类饲料是肉驴饲养中粗饲料的重要来源，合理地进行利用，可以大大降低肉驴的生产成本。糟渣类饲料可以占日粮总营养物质的35%～45%。利用糟渣类饲料喂肉驴时应注意以下事项：不宜把糟渣类饲料作为日粮的唯一粗饲料，应和干粗料、青贮料配合；长期使用白酒糟时应在日粮中补充维生素A，每日每头1万～10万国际单位；糟渣类饲料与其他饲料要搅拌均匀后饲喂；糟渣类饲料应新鲜，发霉变质的糟渣类饲料不能使用；各种糟渣因原料不同、生产工艺不同、水分不同，营养价值差异很大，长期固定饲喂某种糟渣时，应对其所含主要营养物质进行测定。

（4）**放牧育肥模式** 在有可利用草场的地区采用放牧育肥，也可收到良好的育肥效果，但要合理组织，做好技术工作。一是合理利用草场资源。南方可全年放牧，北方可在5—11月放牧，11月至翌年4月舍饲；二是合理分群，以草定群，依草场资源性质合理分群，中等天然草场，每头驴应平均占有1～2公顷的轮牧面积；三是定期驱虫、防疫。放牧期间夜间补饲混合饲料，每匹每日补饲混合精料量为肉驴活重的1%～1.5%，补饲后要保证充足饮水。

137. 怎样掌握成年架子驴的育肥技术？

成年架子驴指的是年龄超过3～4岁、淘汰的公母驴和役用老残驴。这种驴肥育后肉质不如青年驴肥育后的肉质，脂肪含量高。饲料报酬和经济效益也较青年驴差，但经过肥育后，经济价值和食用价值还是得到了很大的提高。成年架子驴的快速肥育分为两个阶段，时间为65～80天。

（1）成熟育肥期 此期 45～60 天。这一时期是驴育肥的关键时期，要限制运动，增喂精料（粗蛋白质含量要高些），增加饲喂次数，促进增膘。

（2）强度催肥期 一般为 20 天左右。目的是通过增加肌肉纤维间脂肪沉积的量来改善驴肉的品质，使之形成大理石状瘦肉。此期日粮浓度可适当再提高，尽量设法增加驴的采食量。

成年架子驴的肥育一定要加强饲养管理，公驴要去势，待肥育的驴要驱虫，饲喂优质饲草饲料，减少运动，注意厩舍和驴体卫生。若是从市场新购回的驴，为减少应激，要有一个 15 天左右的适应期。刚购回的驴应多饮水，多给草，少给料，3 天后再开始饲喂少量精料。

138. 怎样掌握青年架子驴的育肥技术？

青年架子驴的育肥年龄为 1.5～2.5 岁，2.5 岁以前育肥应当结束，形成大理石状或雪花状的瘦肉。饲养要点为：

（1）适应期 除自繁自养的外，对新引进的青年架子驴，因长途运输和应激强烈，体内严重缺水，所以要注意水的补充，投以优质干草，2 周后恢复正常。对这些驴要根据强弱大小分群，注意驱虫和日常的管理工作。

（2）饲喂方法 分自由采食和限制饲喂两种。前者工作效率高，适合于机械化管理，但不易控制驴的生长速度；后者饲料浪费少，能有效控制驴的生长，但因受制约，影响驴的生长速度。总的说，自由采食比限制采食法理想。

（3）生长肥育期 重点是促进架子驴的骨骼、内脏、肌肉的生长。要饲喂富含蛋白质、矿物质和维生素的优质饲料，使青年驴在保持良好生长发育的同时，消化器官得到锻炼。此阶段能量饲料要限制饲喂。肥育时间为 2～3 个月。

（4）成熟肥育期 这一阶段的饲养任务主要是驴肉的品质，增加肌肉纤维间脂肪的沉积量。因此，日粮中粗饲料的比例不宜超过 30%～40%；饲料要充分供给，以自由采食效果较好。肥育时间为

3~4个月。

139. 如何提高育肥驴的生长速度？

肉驴的生长速度主要受品种、管理、环境和饲料等多方面的影响。在饲料方面，应选择易消化吸收的饲料原料，并且保证各种营养成分的平衡，还可以综合使用各种饲料生物技术来提高肉用动物的生长速度。

（1）微生态制剂 微生态制剂可通过饲料或饮水添加（如产酶为主的芽胞杆菌），其进入畜禽肠道后，与肠道内有益菌一起形成强有力的优势菌群，抑制和消灭致病菌群，同时可分泌与合成各种消化酶、维生素和促生长因子等物质，改善消化功能，提高饲料转化率，对畜禽产生免疫、营养和生长刺激等多种作用，达到防病、提高成活率和促进畜禽生长的目的。

（2）酶制剂 针对不同的畜禽品种、日龄内源酶分泌不足和日粮类型而选择适当的酶制剂可提高肉用动物的生长速度。如幼龄动物内源酶分泌不足，可添加淀粉酶、蛋白酶和脂肪酶等；针对饲料中抗营养因子可添加非淀粉多糖酶和植酸酶等，如小麦豆粕型日粮可添加木聚糖酶和β-葡聚糖酶等，添加量应随着小麦添加比例的增加而提高。

（3）功能性肽蛋白 在日粮中添加功能性肽蛋白可明显提高畜禽对蛋白质的消化吸收，还能提高机体的抗氧化能力、免疫功能和促进肠道有益菌的增殖、抑制有害菌的增殖等，从而可提高肉用动物的生长速度、瘦肉率和屠宰率。

在实际生产中，可根据具体情况（动物、饲料及环境）综合使用微生态制剂、酶制剂、功能肽蛋白等，从而产生1+1+1>3的效果，最大限度地提高肉用动物的生长速度。

140. 选购育肥驴有哪些工作程序？

选购育肥驴，要加强与产地的联系，在市场经济逐步建立的新形势下，要注意市场的调控，但仍要有组织，有领导地开展工作，大致工作程序如下：

第一，与当地政府及职能部门联系，争取支持。

第二，共同商定育肥驴交易中的价格，防止投机商哄抬驴价。

第三，共同协商育肥驴的收购标准，包括品种、年龄、性别、最低体重要求、健康状况。

第四，协商收购办法，如称重计价或按头计价。收购后驴的中途转运也应考虑在内。

第五，商定收购数量。

第六，商定付款方法。

第七，商定收购程序，如火车运输时，需要逐头采血、化验。若组织人力赶运时，签订合同，规范有关问题的处理方法，如赶运人员报酬、饲草费用、死亡的处理、途中损坏农作物、技术的处理、赶运人员伤亡的处理、赶运途中驴的丢失处理等。

141. 怎样确定选购育肥驴的价格？

（1）费用组成 收购育肥驴的价格是由 9 项费用组成的，即驴价、预收、手续费、兽医检疫费、运输费用、运输过程中损失的体重、运输中意外死亡、资金的利息和公关费用。

在收购育肥驴时，可先通过了解和估算，计算一头驴的价格。在此基础上再进一步测算育肥全过程的费用，以及产品出售后的收入，对生产的效益做到胸中有数。

（2）育肥期费用 主要包括精饲料费用、粗饲料费用、添加剂费用、人工工资、饲料运输费用、兽医医疗费用、驴舍折旧费用和水电费用。

（3）屠宰产品市场 主要有主产品价格、高档产品价格、副产品价格。

只有在以上情况和费用作了详尽的了解和测算后，才能定出收购育肥驴的价格标准。

142. 运输育肥驴需办好哪些手续和证件？

国家对异地育肥家畜有规定，必须照章办事。主要包括有：

（1）准运证 由县（市）工商局签发，持证方可通行。

（2）税收证据 税的种类有交易税，税率5％；产品率，税率3％；工商管理费，税率2％，双方各交1％；城建税，税率为产品税税额的3％；教育附加税，税率为产品税税额的2％；教育基金税，税率为5％。

（3）兽医卫生健康证件 主要有：非疫区证明、防疫证和检疫证明（铁路运输时必用）。

（4）车辆消毒证件

（5）技术改进费

（6）自产证件（证明畜方产权）

上述证件，必须由赶运人员持证。办理好各种手续，以减少运输途中不必要的麻烦。

143. 运输育肥驴过程中应注意哪些问题？

育肥驴在运输过程中，不论是赶运，还是车辆运输，都会因生活条件及规律的剧烈改变而造成应激反应，即驴的生理活动的改变。减少运输过程中的应激，育肥驴运输的主要环节，必须予以重视。常用的措施有如下几点：

第一，口服或注射维生素A。运输前2～3天开始，每头驴每天口服或注射维生素A 25万～100万国际单位。

第二，装运前合理饲喂。装运前3～4小时应停止饲喂具有轻泻性的饲料。装运前2～3小时，不要过量饮水。

第三，赶运或装运过程中，切忌任何粗暴行为或鞭打。

第四，合理装载。用汽车装载，每头驴根据体重大小应占一定面积，为0.5～1.2 米^2。

第五，运输到目的地后，饮水要限量，补喂人工盐。逐渐更换饲料。

144. 什么时间运输驴比较合适？

驴的长途运输，特别是引种，一般在春秋两季。特别是从北方向南方转运驴，多在秋季（9—11月）进行；运驴时，最好选择天气状况良好，无风或微风，温度≥20℃，风速≤1.2米/秒时进行；确定运输的驴，要集中饲养，待驴状态稳定，建立起新的群体关系后，方可运输。

145. 运输前为驴做哪些准备工作？

（1）常规检查 外伤、皮肤病、肢蹄病、发烧、流涕、咳嗽、呆滞、食欲不佳和精神沉郁等毛驴均不推荐运输。

（2）饲草料准备 干净、新鲜、无发霉变质的优质饲草料。其中，需要注意的有：日粮中补充钾的含量。驴运输应激反应，会对钾的需要量提高20～30倍。因此，在运输驴前应提高日粮中钾的含量，比如每天每100千克体重供给驴氯化钾20～30克。日粮中补充维生素C。运输应激反应，合成维生素C的能力降低，而机体的需要量却增加；同时，补充维生素C还能促进食欲、提高抗病力、抑制应激时体温升高的作用，因而可在日粮中添加0.06%～0.1%的维生素C，或饮水中添加0.02%～0.05%的维生素C。日粮中补充镁的含量。供给镁制剂可使镁离子与钙离子交换，从而降低驴的兴奋性。在驴转运前3天内饲喂镁含量较高的日粮，能有效地减少运输途中的损失。饲喂/注射银黄颗粒和黄芪多糖，提高驴免疫力。

（3）饮料准备 长距离运输时，运输前给驴充足饮水，有条件的备足补液盐（每千克含NaCl 3.5克、KCl 1.5克、$NaHCO_3$ 2.5克、葡萄糖10克）、中药粉（藿香正气散加苦参、黄连、金银花），1吨水内加入口服补液盐17.5千克、中药粉5千克。

146. 运输时对车辆有哪些要求？

（1）清洗消毒 运输车辆必须清洗干净并消毒（如 3％～5％来苏儿）。铺垫 5～7 厘米干草，有条件的可铺垫草帘子。

（2）增加装车密度 适当增加装车密度可以限制驴的活动范围，减轻车辆颠簸和振荡，降低毛驴摇晃和相互剧烈碰撞，从而降低应激反应。如果驴数量较少，可用绳索捆绑限制驴的活动范围。并确保驴头部面向车辆两侧。

（3）单层运输 尽量避免双层运输，双层运输时上层驴震动幅度大，应激反应更加强烈。

（4）平缓驾驶 车辆行驶要平稳，不可急刹和提速太快，运输时速控制在 60 千米/小时左右。

（5）设有挡篷 车辆要设有挡篷，特别是车的前部，最好把车厢内风速控制在 3 米/秒内。遇到雨雪必须躲避或盖上遮篷。

147. 运输到达后应做哪些工作？

（1）接驴准备 ①圈舍准备：圈舍加强通风换气，及时清洁消毒，降低舍内氨臭味，减少蚊蝇。②抗菌药物准备：抗生素对早期治疗有一定效果，最好选用针对支原体与细菌高敏的药物，如环丙沙星、四环素、泰乐菌素类、替米考星和泰妙菌素类抗菌药等。

（2）应激处理 卸载后，让驴自由活动，休息 2 小时左右，再给予清洁水饮用（冬季给予干净温水），有条件的可以在饮水中添加电解多维和高剂量的维生素 C 等，也可熬煮板蓝根水加少量的糖盐给予饮用。5 小时后可以给予优质的干草，在一个星期内不要饲喂具有轻泻性的青贮饲料、酒渣、鲜草和易发酵饲料，少喂精料，多喂干草，使驴吃六成饱即可。

（3）隔离观察 驴到场后，须隔离观察 15 天。在隔离期间，每天要深入驴群观察驴群精神状态，刚到场的驴可能会出现因环境不适出现感冒等其他症状，需要及时单独隔离。在衡量经济和饲养价值后做出治疗或淘汰的处理，及时淘汰治疗价值不大的驴，以减少经济损失，要记得驱虫和粪便无害化处理！

（4）加强饲养管理 配备足够的人力、物力、设施设备，做好兽医卫生防疫工作，丰富饲草料类别，按时按量投料，保障清洁饮水。

八、驴的饲料与配制

148. 驴生长发育所需要的营养物质有哪些?

营养物质是指能被家畜采食、消化、利用的物质。驴生长发育所需要的营养物质包括以下六类:

(1) 水分 是驴体中最多、最重要的成分。水对驴体正常代谢有特殊作用,营养物质的消化、吸收一系列复杂过程,都是以水为媒介,在水中进行的。机体代谢的废物也是通过水而排出体外。水还能调节体温、润滑关节和保持体形。缺水比缺饲料更难维持生命。驴必须每天饮水,每100千克体重需饮水5~10千克,饮水量是风干饲草摄入量的2~3倍。多饮水有利于减少消化道疾病,有利于肉驴肥育。

(2) 蛋白质 是组成驴体所有细胞、酶、激素、免疫体的原料,机体的物质代谢也靠蛋白质维持,所以蛋白质是其他营养物质所不可代替的。不仅是对驴驹和种用公母驴,就是肉用驴的肥育,其较高的日增重,大多来自肌肉的增长,而根本的是靠蛋白质的摄入、消化、吸收和转化。

(3) 碳水化合物 是饲料的主要成分,包括粗纤维、淀粉和糖类。前者主要存在于粗饲料中,它虽不易被消化利用,但它能填充胃肠,使驴有饱感,还能刺激胃肠蠕动,因此是重要的物质。淀粉和糖主要存在于粮食及其副产品中,碳水化合物是驴体组织、器官不可缺少的成分,又是驴体热能的主要来源,剩余的还能转化成体脂肪,以备饥饿时利用。饲料营养成分表中"无氮浸出物",是指碳水化合物中除去粗纤维部分的营养物质。

(4) 脂肪 是供给驴体的重要能源。脂肪在体内产生的热量是同等数量的碳水化合物产生热量的2.25倍。脂肪贮存于各器官的细胞和组织中，同时它也是母驴乳汁的主要成分之一。脂肪还是维生素A、维生素D、维生素E、维生素K和激素的溶剂，它们需借助于脂肪才能被吸收、利用。驴对脂肪的消化利用不如其他反刍家畜，因此含脂肪多的饲料（如大豆）不可多喂。

（5）矿物质 是一类无机的营养物质。占驴体矿物质元素总量 99.95％的钙、磷、钾、钠、氯、镁和硫等称之为常量元素；占驴体矿物质元素总量 0.05％以下的铁、锌、铜、锰、钴、碘、钼和铬等称之为微量元素。矿物质占驴体重的比例很小，但因它参与机体所有的生理过程，而且也是驴体骨骼的组成成分。这些物质只能从饲料中摄取，不会在体内合成，供给不足或比例失调，就会发生矿物质缺乏症或中毒症。

（6）维生素 是机体维持生命代谢不可缺少的物质，植物中的含量和驴体的需要都很少。它也是酶的组成成分，在生理活动中起"催化剂"的作用，以保证驴正常的生活、生长、繁殖和生产，维生素分维生素A、维生素C、维生素D、维生素E、维生素K和B族维生素等多种，如果缺乏会引起各种维生素缺乏症。由于植物性饲料中维生素含量较多，有的在体内还可以合成，散养放牧的驴一般不会发生维生素缺乏症，但在集约化密集饲养的情况下要注意日粮中维生素的补充。

149. 驴的消化生理有哪些特点？

（1）采食慢 驴采食慢，但咀嚼细，这与它有坚硬发达的牙齿和灵活的上下唇有关，适宜咀嚼粗硬的饲料，但要有充足的采食时间。驴的唾液腺发达，每1千克草料可由4倍的唾液泡软消化。

（2）驴胃小 驴的胃只相当于同样大小牛的 1/15。驴胃的贲门括约肌发达，而呕吐神经不发达，故不宜喂易溶解产气的饲料。以免造成胃扩张。食糜在胃中停留的时间很短，当胃容量达 2/3 时，随不断的采食，胃内容物就不断排至肠中。驴胃中的食糜是分层消化，故不宜在采食中大量饮水，以免打破分层状态，让未充分消化的食物冲进小肠，不利于消化。这就要求喂驴要定时定量和少喂勤添。如喂量过多，易造成胃扩张，甚至胃破裂。同时要求，驴的饲料疏松、易消化、便于转移、不致在胃内黏结。从以上也可以看出，驴的夜间饲喂也很重要，特别是对于饲养水平低、粗料多精料少的，更有必要。

（3）肠道容积大，但口径粗细不均　驴的肠道容积大，食物在肠道中滞留时间长，但肠道口径粗细不一，如回盲口和盲结口较小，饲养不当或饮水不足会引起肠梗塞，发生便秘，因此要求给其正确调制草料和供给充足的饮水。正常情况下。食糜在小肠接受胆汁、胰液和肠液多种消化酶的分解，营养物质被肠黏膜吸收，通过血液输往全身。而大肠尤其是盲肠有着牛瘤胃的作用，是纤维素被大量的细菌、微生物发酵、分解、消化的地方，但由于它位于消化道的中、下段。因而对纤维素的消化利用远远赶不上牛、羊的瘤胃。

150. 驴对饲料利用有什么特点？常用饲料有哪些？

驴对饲料的利用具有马属家畜的共性。一是对粗纤维的利用率不如反刍家畜，二者相差 1 倍以上，但驴比马粗纤维消化能力高 30%，因而相对来说驴较耐粗饲。二是对饲料中脂肪的消化能力差，仅相当于反刍家畜的 60%，因而驴应选择脂肪含量较低的饲料。三是对饲料中蛋白质的利用与反刍家畜接近。如对玉米蛋白质，驴可消化 76%。对粗饲料中的蛋白质，驴的消化率略低于反刍动物，例如苜蓿蛋白质的消化率，驴为 68%，牛为 74%，这是因为反刍家畜对非蛋白氮的利用率高于驴。日粮中纤维素含量超过 30%～40%，则影响蛋白质的消化。与马、骡相比，驴的消化能力要高 20%～30%。对生长中的驴驹和代谢较高的种驴应注意蛋白质的供应。

根据饲料营养成分的特点，可将饲料分为青饲料、粗饲料、青贮饲料、能量饲料、蛋白质饲料、矿物质饲料、维生素饲料、添加剂饲料 8 种。

151. 什么是青饲料？有何特点？怎样调制？

青饲料含水量都在 60% 以上，富含叶绿素，以青绿颜色而得名。

各种野草、栽培牧草、农作物新鲜秸秆，都属青饲料。

(1) 营养特点　优质的青饲料粗蛋白质含量高，品质也好，必需氨基酸全面，维生素种类丰富，尤其是胡萝卜素、维生素 C 和 B 族维生素。优质的青饲料中钙、磷含量多，且比例合适，易被机体吸收，尤其是豆科牧草的叶片含钙更多。青饲料粗纤维含量少，适口性好，容易消化，有防止便秘的作用。

(2) 调制　夏秋季节，除抓紧放牧外，刈割青草或青作物秸秆，铡碎后与其他干草、秸秆掺和喂驴。同时，也应尽量采收青饲料晒制干草或制作青贮饲料。青草的刈割时间对于草质量的好坏影响很大，禾本科青草应在抽穗期刈割，而豆科青草则应在初花期刈割。

刈割后的青草主要用自然干燥的办法调制成干草，分两个阶段晒制：第一阶段，将青草铺成薄层，让太阳暴晒，使其含水量迅速下降到 38% 左右；第二阶段，将半干的青草堆成小堆，尽量减少暴晒的面积和时间，主要是风干，当含水量降为 14%～17% 时，堆垛储存，草垛要有防雨设施。调制好的青干草色泽青绿，气味芳香，植株完整且含叶片量高，无杂质、无霉烂和变质，鲜草调制为青干草后，就归入了粗饲料的种类中。

152. 什么是粗饲料？有何特点？怎样调制？

粗饲料是含粗纤维较多，容积大，营养价值较低的一类饲料。它包括干草、秸秆、干蔓藤、秕壳等。

(1) 营养特点　粗饲料的特点是粗纤维含量高，消化率低。粗蛋白质的含量差异很大，豆科干草含粗蛋白质为 10%～19%，禾本科干草含 6%～10%，而禾本科的秸秆和秕壳含 3%～5%；粗蛋白质的消化率也明显不同，依次为 71%、50% 和 15%～20%。粗饲料中一般含钙较多，含磷较少，豆科干草和秸秆含钙高（1.5%），相比禾本科干草和秸秆含钙少（仅为 0.2%～0.4%）。粗饲料中含磷低，仅为 0.1%～0.3%，秸秆甚至低于 0.1%。粗饲料中维生素含量差异也大，除优质干草特别是豆科干草中胡萝卜素和维生素 D 含量较高外，各种秸秆、秕壳几乎不含胡萝卜素和 B 族维生素。

（2）几种秸秆类粗饲料的调制　秸秆类粗饲料的处理主要有物理和机械处理、碱化氨化处理及微生物处理。

①物理和机械处理：是把秸秆切短、撕裂或粉碎、浸湿或蒸煮软化等。常用的方法有：一是用铡草机将秸秆切短（2～3厘米）直接喂驴，此法吃净率低、浪费大。二是将秸秆用盐水浸湿软化，提高适口性，增加采食量。三是将秸秆或优质干草粉碎后制成大小适中、质地硬脆、适口性好、浪费少的颗粒饲料，这是一种先进的方法。四是使用揉搓机将秸秆搓成丝条状直接喂驴，此法吃净率将会大幅提高，如果再将其氨化效果会更好。

②碱化处理：碱化即是将铡短的秸秆装入水池或木槽中，再倒入3倍秸秆重量的石灰水（3％熟石灰水或1％生石灰水）将草浸透压实，经过一昼夜，秸秆黄软，即可饲喂。沥下的石灰水可再次使用，每100升水仅需再加0.5千克的石灰。碱化秸秆以当天喂完为宜。另一种碱化方法是利用氢氧化钠处理秸秆，效果虽好，但处理成本高，对环境有污染，在此不作介绍。

③氨化处理：利用液氨、碳氨或氨水等，在密闭的条件下对秸秆进行氨化处理。被处理的秸秆应含15％～20％的水分，放在密闭的容器或大塑料罩中通入氨气或均匀洒入氨水，氨量占秸秆干重的3％～3.5％为宜。时间1～8周不等，根据处理温度而定，温度高所需时间短。取用前要摊开使氨气逸净后再喂。工作中要注意个人防护，佩戴眼镜、手套和口罩。用尿素氨化不仅效果好，操作简单安全，也无需任何特殊设备。尿素用量占秸秆重量的3％，即将3千克尿素溶解在60千克水中，再均匀地喷洒到100千克秸秆上，逐层堆放、密封。

④微生物处理：用纤维素分解酶活性强的菌株培养，分离出纤维素酶或将发酵产物连同培养基制成含酶添加剂，用来处理秸秆或加入日粮中饲喂，能有效提高秸秆的利用率。这是秸秆处理的最佳方式，但存在一些问题有待解决完善。

153. 什么是青贮饲料？有何特点？怎样调制？

青贮饲料是将新鲜青饲料，如玉米秆、青草铡短、压实、密封在青贮窖（塔）中，经发酵使其保持青绿、多汁、芬芳的饲料。

(1) 营养特点 青贮饲料可有效地保持青饲料中的绝大部分营养成分；适口性和消化率好；延长青饲季节，可以弥补冬、春季节驴的青饲料来源的不足；调制方便，耐久藏；利于消灭作物害虫及田间杂草。

(2) 调制 青贮饲料的含糖量不应少于 $1.0\%\sim1.5\%$，以青玉米秸、青高粱秸、甘薯蔓等青绿多汁类秸秆为好，含水量应在$65\%\sim$75%。无论青贮塔、青贮窖、青贮壕等，都应将原料及时收运、铡短、踩实、压紧，保持适宜水分，密封发酵。使用时要逐层或逐段取用。

154. 什么是能量饲料？有何特点？怎样调制？

能量饲料是指干物质中粗纤维低于 18%，粗蛋白低于 20% 的那部分精料，如玉米、高粱、大麦、燕麦及其加工副产品的米糠、麦麸、玉米粉渣等。

(1) 营养特点 谷实类饲料，总体讲无氮浸出物含量较高，可占干物质的 $70\%\sim80\%$，其中主要是淀粉，其体积小，消化率高，适口性好。粗蛋白质一般只含 $8\%\sim13\%$，且色氨酸、赖氨酸较少，脂肪含量较低，一般为 $2\%\sim5\%$，多由不饱和脂肪酸组成。钙含量少。有机磷虽较多，但主要以磷酸盐形式存在，故不易被吸收。维生素 B_1 和维生素 D 含量丰富，维生素 D 缺乏。其加工的副产品，因大量淀粉提出，相应增加了粗纤维、粗蛋白质、矿物质和脂肪的含量，体积增大，适口性略差。麦麸中含镁盐较多，有轻泻作用。

(2) 调制 调制方法主要有：

①磨碎与压扁：禾谷类籽实经磨碎与压扁后采食，易被消化酶和微生物作用，可提高消化率及增重速度。

②湿润：对磨碎或粉碎的饲料，喂前应湿润一下，以利于采食和防止呛入气管。

③发芽：禾谷类籽实大多缺乏维生素，但经发芽后可成为良好

的维生素补充料。最常用于发芽的有大麦、青稞、燕麦和谷子等。

④制粒：即将各种粉状饲料按一定比例混合后压制颗粒，属于全价配合饲料。

155. 什么是蛋白质饲料？有何特点？怎样调制？

凡干物质中粗蛋白质含量在 20% 以上，粗纤维在 18% 以下的饲料，均属蛋白质饲料。驴的蛋白质饲料主要是豆科籽实和榨油后的副产品——饼粕类。

(1) 营养特点 这类饲料蛋白质含量丰富，比能量饲料高 1～3 倍；品质好，必需氨基酸全面，特别是赖氨酸比能量饲料多。钙含量高，钙、磷比例仍不适宜。豆科籽实中含有不良物质，如抗胰蛋白酶，须加热（110℃，3 分钟）处理后才可利用。

(2) 调制 豆科籽实喂前通过焙炒或烘烤、破碎与压扁、浸泡或膨化的方法调制，以提高其营养价值及消化率。饼粕类常含有抗营养因子，应通过蒸煮、发酵的方法脱毒，棉籽饼也可用加硫酸亚铁的方法脱毒（100 千克棉子饼加硫酸亚铁 1 千克）。

156. 什么是矿物质饲料？有何特点？怎样调制？

矿物质饲料包括天然和化工合成的产品，诸如食盐、石粉、磷酸氢钙、氯化钾、硫黄、氧化镁等都是钙、磷、钠、钾、硫、镁、氯等常量元素的原料，而铜、铁、镍、锰的磷酸盐、碘化钾、亚硝酸钠、氯化钴等是提供各种相应的微量元素的原料。

(1) 营养特点

①在配合饲料中添加量（比例）很小，尤其是微量元素，用量极小，如硒、碘、钴等。

②有的微量元素和营养需要量与中毒剂量相差很小，多了中毒，少了出现缺乏症。需精心调配。

③用量比例虽小，但作用特别大。

（2）**调制**　矿物质饲料在用前（配料前）要注意各种矿物质元素间的拮抗和协同关系，注意之间的比例关系，如食盐添加量应占精料的 1%，每头驴每日喂 20～30 克即可。

对于微量元素必须在用前将其原料稀释后到安全量时再用，一般像亚硒酸钠要稀释成 1% 后，再按需要量去添加（需多次稀释），否则混合不匀，容易出问题。在选择载体时，也要选择比重相近，稳定性好的无机物，如沸石等。

157.　什么是维生素饲料？有何特点？怎样调制？

维生素饲料是指提供动物各种维生素为目的的一类饲料。包括化学合成、生物工程生产或由动、植物原料提纯精制而成的各种维生素制品。

在用前，要将各种维生素按不同驴种的不同需要量进行配方设计，形成单一或复合维生素添加剂后，与饲粮经多次混匀配合成混合精料，再与一定比例的粗饲料混合喂驴。

（1）**营养特点**　用量小，作用大，是动物健康所必须得物质，缺乏会引起疾病、生理失调，给生产造成严重损失。

（2）**调制**　维生素饲料用前必须配成复合维生素添加剂，在混合前一定要进行多次稀释，使其充分混合均匀（同微量元素一样），使其均匀度符合技术要求。

158.　什么是饲料添加剂？

饲料添加剂是为了满足驴的营养需要，强化饲料的饲养效果，完善日粮的全价性，提高畜产品品质，促生长，预防疾病，增加日粮的适口性，提高驴的食欲和保证饲料的质量。可分为营养性添加剂（如氨基酸、微量元素、维生素等）和非营养性添加剂（如防霉剂、抗氧化剂、保健剂、黏合剂、分散剂、着色剂、调味剂、促生长剂、杀虫剂、酶制剂等）。我国现在已把一部分中草药作为添加剂应用于饲料中。

159. 驴的营养需要和饲养标准有哪些？

驴的营养需要是指每头驴每天对能量、蛋白质、矿物质和维生素等营养物质的总需要量，可分为维持需要和生产需要。

驴的维持需要，是指在休闲中不从事任何生产，体重不增不减，只维持其正常的生命活动，即维持体温、心脏跳动、呼吸、消化和神经等系统的正常生理机能和必要的起、卧、站和走时的肌肉活动所需要的热能。此外，还要补充组织更新毛、蹄正常生长所消耗的蛋白质、矿物质和维生素。这种营养是驴所必需的最低需要，必须满足。否则，驴就会表现消瘦、掉膘、健康恶化。只有在这种最低需要得到满足后，剩余的那部分营养才被驴用于生产。所以为了保障驴的配种繁殖、生长发育、增膘长肉和使役，还必须支付另一部分能量和营养物质，这部分需要就是生产需要。在一定限度内，喂给的饲料营养超过维持需要的营养部分越大，其生产效果就越好；反之，超过维持需要的营养部分越小，其生产效果也越小。当喂给的饲料不能满足其生产需要，而又迫使增加使役量时，它们只好以消耗自身脂肪、肌肉组织来维持其生产需要。这就是我们常见的农忙季节后，驴膘情下降、躯体消瘦的原因。这部分的生产需要，通常是按其生产目的和生产水平分别计算而确定的。例如按种公驴的配种次数、每次射精量，或妊娠时驴的胎儿日增重，或哺乳母驴的日泌乳量、乳汁成分等，或役畜的作业强度等分别计算而确定的。

迄今为止，国内外还没有为驴制定出专用的饲养标准。国内有关专家根据马的饲养标准拟定了我国 200 千克驴的饲养标准（表 8-1）。对于其他大型或小型驴可参考（表 8-2）。

表 8-1　成年体重 200 千克驴的营养需要

生长生产阶段	体重（千克）	日增重（千克）	日采食干物质（千克）	消化能（兆焦）	可消化粗蛋白（克）	钙（克）	磷（克）	胡萝卜素（毫克）
成年驴维持营养	200	—	3.0	27.63	112.0	7.2	4.8	10.0
妊娠后 90 天	—	0.27	3.0	30.89	116.0	11.2	7.2	20.0

（续）

生长生产阶段	体重（千克）	日增重（千克）	日采食干物质（千克）	消化能（兆焦）	可消化粗蛋白（克）	钙（克）	磷（克）	胡萝卜素（毫克）
泌乳前3个月母驴	—	—	4.0	43.49	272.0	16.0	10.4	22.0
哺乳驹3月龄	60	0.7	1.8	24.61	304.0	14.4	8.8	4.8
除母乳外需要			1.0	12.52	160.0	8.0	5.6	7.6
断奶驹（6月龄）	—	0.5	2.3	29.47	248.0	15.2	1.2	11.0
1岁	140	0.2	2.4	27.29	160.0	9.6	7.2	12.4
1.5岁	170	0.1	2.5	27.13	136.0	8.8	5.6	11.0
2岁	185	0.05	2.6	27.13	120.0	8.8	5.6	12.4
成年驴轻役	200	—	3.4	34.95	112.0	7.2	4.8	10.0
成年驴中役	200	—	3.4	44.08	112.0	7.2	4.8	10.0
成年驴重役	200	—	3.4	53.16	112.0	7.2	4.8	10.0

注：食盐每头每天15～20克。

表8-2　驴以90%干物质为基础的日粮养分组成

项目	粗饲料占日粮（%）	每千克日粮含消化能（兆焦）	可消化粗蛋白质（%）	钙（%）	磷（%）	胡萝卜素（毫克）
成年驴维持日粮	90～100	8.37	7.7	0.27	0.18	3.7
妊娠末90天母驴日粮	65～75	11.51	10.0	0.45	0.30	7.5
泌乳前3个月母驴日粮	45～55	0.88	12.5	0.45	0.30	6.3
泌乳后3个月母驴日粮	60～70	9.63	11.0	0.40	0.25	5.5
幼驹补料	—	13.19	16.0	0.80	0.55	
3月龄驴驹补料	20～25	12.14	16.0	0.80	0.55	—
6月龄断奶驴驹日粮	30～35	11.72	14.5	0.60	0.45	4.5
1岁驴驹日粮	45～55	10.88	12.0	0.40	0.35	4.5
1.5岁驴驹日粮	60～70	9.63	10.0	0.40	0.30	3.7
轻役成年驴日粮	65～75	9.42	7.7	0.27	0.18	3.7
中役成年驴日粮	40～50	10.88	7.7	0.27	0.18	3.7

（续）

项目	粗饲料占日粮（%）	每千克日粮含消化能（兆焦）	可消化粗蛋白质（%）	钙（%）	磷（%）	胡萝卜素（毫克）
重役成年驴日粮	30～35	11.72	7.7	0.27	0.18	3.7

注：①食盐每头每天 15～20 克。
②此表引自侯文通、侯宝申编著的《肉驴的养殖与肉用》。

160. 什么是日粮配合？配合中应注意哪些问题？

日粮是指一昼夜内一头驴所采食的饲料量。它是根据驴不同生理状态和生产性能的营养需要，将不同种类和数量的饲料合理搭配而成。这种选择、搭配的过程叫日粮配合。凡能全面满足驴的生活、生长、使役、繁殖、肥育等营养需要的日粮叫全价日粮。只有配合出合理日粮，才能做到科学饲养，提高经济效益。日粮配合应注意以下几点：

（1）**灵活应用标准** 标准配合日粮必须以驴的需要或饲养标准为基础，并根据具体情况，适当增减。

（2）**严格无公害要求** 选用饲料原料时，必须遵照无公害饲料的要求，凡具"三致"（致癌、致畸、致突变）可能性的饲料不能使用，使用的兽药、添加剂的用量和使用期限要符合安全法规。

（3）**就地选择** 力求多样化，充分利用本地资源，以廉价易得的自产秸秆和农副产品，适当补充野草或栽培的优质牧草如苜蓿，使日粮组成多样化。多种饲料配合能使其营养价值更全面，提高适口性，发挥各种营养物质特别是氨基酸的互补作用。

（4）**合理搭配** 确定草料喂量，要适应驴的消化特点，根据（下表）控制粗饲料的比例，使其达到既能满足营养要求，又吃饱的目的。对于种公驴和重役驴，要适当限制粗饲料喂量，增加蛋白质饲料和能量饲料，以满足其特殊的营养需要。

（5）**科学配合** 配合方法可以按饲养标准要求和饲料成分表，选用饲料进行搭配计算，也可依现有实际草料喂量为基础，分别计算其消化能和可消化蛋白质、钙磷、胡萝卜素的总量，对照标准，适当增减。特别要注意钙磷量是否符合 1∶1～1.5∶1 的比例要求，如果不足要给予调整。

（6）及时调整 草料搭配和日粮组成是否合适，应在实际饲养实践中检验。根据检验结果，随时调整。

161. 怎样进行驴的日粮配合？

● 日粮配合的步骤

（1）根据驴的性别、年龄、体重和生产性能查出相应的饲养标准

（2）确定所用原料种类

（3）根据原料的数量、质量和价格等，确定或限制一些原料的用量 用量较多的原料玉米、燕麦和豆粕等可不限量，其他原料的用量尽可能的加以限制，以便以后的计算。矿物质总用量（主要是骨粉、石粉、食盐等）可控制在 1%～2%，小麦麸适口性好，具有蓬松和适度的倾泻作用，一般占日粮的 5%～20%。鱼粉价格较高，一般用量有限。大麦单独饲喂可引起马属动物的急性腹痛，应与其他原料搭配并限制用量。亚麻籽粉加热处理后喂驴毛色光亮，可少量饲喂。另外，注意肉驴赖氨酸的供给，特别是在日粮中使用含赖氨酸量少的原料较多时，如玉米、向日葵粉等。

（4）初拟配方 只考虑能量或粗蛋白质的需要而建立配方。

（5）在初拟配方的基础上，进一步调整钙、磷、氨基酸的需要 首先用含磷高的饲料（骨粉、脱氟磷酸钙）调整磷的含量，再用不含磷的钙（石粉或贝壳粉）调整钙的含量。

（6）主要矿物质饲料的用量确定后，再调整初拟配方的百分含量

（7）最后补加（不考虑饲料的百分数）微量元素和多种维生素

● 日粮配合举例

驴驹年龄 1.5 岁，体重 170 千克，预计日增重为 0.1 千克，为其设计日粮配方，步骤如下：

（1）查饲养标准 根据驴驹的年龄、体重和日增重查饲养标准获得该驴的饲养标准见表 8-3。

表 8-3　驴的饲养标准

项目	体重（千克）	日增重（千克）	干物质采食量（千克）	消化能（兆焦）	可消化粗蛋白（克）	钙（克）	磷（克）	胡萝卜素（毫克）
标准	170	0.1	2.5	27.13	136	8.8	5.6	11.0

（2）选用饲料原料　假如可以选用的饲料原料有苜蓿干草、玉米秸、谷草、玉米、麦麸、大豆饼、磷酸氢钙、石粉、食盐及添加剂等。

（3）查所选各种饲料原料的营养物质含量　由驴常用饲料及其营养价值表查出所选各原料营养价值见表 8-4。

表 8-4　选用原料饲料营养价值表

饲料	干物质（%）	消化能（兆焦）	可消化粗蛋白（%）	可消化粗蛋白（克）	钙（%）	钙（克）	磷（%）	磷（克）	胡萝卜素（毫克）
苜蓿干草	91.1	5.57	12.7	127.26	1.70	17.40	0.22	2.20	45.0
玉米秸	79.4	3.77	1.7	17.00	0.80	8.20	0.50	5.00	5.0
谷草	86.5	4.10	1.2	11.95	0.40	3.50	0.20	1.80	2.0
玉米	88.4	16.28	6.33	63.30	0.09	0.90	0.24	2.40	4.7
麦麸	86.5	8.87	14.00	140.43	0.13	1.30	1.00	0.07	4.0
大豆饼	86.5	13.98	38.9	389.87	0.50	4.90	0.78	7.80	0.2
磷酸氢钙（风干）					23.2	232.0	18.6	186	
石灰石粉	92.1				33.89	338.9			

（4）初拟配方　第一步，初拟配方时，只考虑满足能量和粗蛋白质的需要，初步确定各原料的比例。在初步确定各原料所占的比例时，为了最后日粮平衡的需要，一般为矿物质饲料和维生素补充料预留 1%～2%。本例预留 1% 的比例。初步确定各原料所用比例及其能量和蛋白质含量见表 8-5。

表 8-5　初拟配方的能量和蛋白质营养含量

原料	干物质比例（%）	干物质采食量（千克）	风干物采食量（千克）	消化能（兆焦）	可消化粗蛋白质（克）
苜蓿干草	2	2.5×2%=0.05	0.05÷0.911≈0.06	0.33	7.64
玉米秸	24	2.5×24%=0.6	0.6÷0.794≈0.76	2.87	12.92
谷草	22	2.5×22%=0.55	0.55÷0.865≈0.64	2.62	7.65
玉米	44	2.5×44%=1.1	1.1÷0.884≈1.24	20.19	78.49
麦麸	2	2.5×2%=0.05	0.05÷0.865≈0.06	0.53	8.43
大豆饼	5	2.5×5%=0.125	0.125÷0.865≈0.15	2.10	58.48
预留	1	2.5×1%=0.025			
合计	100	2.5		28.64	173.61
标准	100	2.5		27.13	136
盈亏	0	0		+1.51	+37.61

注：表中各原料的比例是根据其营养特性、产地来源、价格和驴的消化生理特点人为确定的，其是否合理，应根据后续配出的配方各营养物质是否平衡，尤其该配方在实际应用中的效果进行判断。

第二步，基本调平配方中能量和蛋白质的需要。从表 8-5 可以看出，消化能和可消化粗蛋白质都已超过了标准，但可消化粗蛋白质超出较多，应调低蛋白质含量多的原料用量，同时调高蛋白质含量低，而能量不能太低的原料，使配方的消化能和可消化粗蛋白质基本与标准相符，如果相差太大可再进行调整，直到与标准基本相符为止。初调后配方的能量和蛋白质营养含量见表 8-6。

表 8-6　初调后配方能量和蛋白质营养含量

原料	干物质比例（%）	干物质采食量（千克）	风干物采食量（千克）	消化能（兆焦）	可消化粗蛋白质（克）
苜蓿干草	2	2.5×2%=0.05	0.05÷0.911≈0.06	0.33	7.64
玉米秸	24	2.5×24%=0.6	0.6÷0.794≈0.76	2.87	12.92
谷草	25	2.5×25%=0.625	0.625÷0.865≈0.72	2.95	8.60
玉米	44	2.5×44%=1.1	1.1÷0.884≈1.24	20.19	78.49
麦麸	2	2.5×2%=0.05	0.05÷0.865≈0.06	0.53	8.43

（续）

原料	干物质比例（%）	干物质采食量（千克）	风干物采食量（千克）	消化能（兆焦）	可消化粗蛋白质（克）
大豆饼	2	2.5×2%=0.05	0.125÷0.865≈0.06	0.84	23.39
预留	1	2.5×1%=0.025			
合计	100	2.5		27.74	139.47
标准	100	2.5		27.13	136
盈亏	0	0		+0.61	+3.47

（5）计算磷、钙、盐、胡萝卜素的添加量 初调配方各营养物质含量见表 8-7，由表 8-7 可以看出矿物质元素钙和磷不需要再添加磷酸氢钙和石粉就可满足需要。

食盐添加量一般 10～20 克，本配方添加 18 克，根据不同饲料和不同季节，需调整盐量。这只是个参考范围数。

一般饲料中维生素含量不计算在内，所以日粮中应添加 11 毫克的胡萝卜素。

表 8-7 初调后配方各营养物质的含量

原料	干物质比例（%）	干物质采食量（千克）	风干物采食量（千克）	消化能（兆焦）	可消化粗蛋白质（克）	钙（克）	磷（克）	胡萝卜素（毫克）
苜蓿干草	2	0.05	0.06	0.33	7.64	1.04	0.13	—
玉米秸	24	0.6	0.76	2.87	12.92	6.23	3.8	—
谷草	25	0.625	0.72	2.95	8.60	2.52	1.30	—
玉米	44	1.1	1.24	20.19	78.49	1.12	2.98	—
麦麸	2	0.05	0.06	0.53	8.43	0.08	0.06	—
大豆饼	2	0.05	0.06	0.84	23.39	0.29	0.47	—
食盐	—	—	0.018	—	—	—	—	—
维生素添加剂	—	—	0.007	—	—	—	—	—
合计	100	2.5	—	27.74	139.47	11.28	8.74	0
标准	100	2.5	—	23.17	136	8.8	5.6	11.0
盈亏	0	0	—	+0.61	+3.47	+2.48	+3.14	-11.0

（6）日粮组成及配方　详见表 8-8。

表 8-8　日粮组成及配方表

原料		干物质采食量（千克）	日粮配方（%）		精料补充料		粗饲料	
					原料数	配方（%）	原料数	配方（%）
粗饲料	苜蓿干草	0.06	2.05	52.65			2.05	3.89
	玉米秸	0.76	25.98				25.98	49.35
	谷草	0.72	24.62				24.62	46.76
精饲料	玉米	1.24	42.39	47.35	43.29	89.52		
	麦麸	0.06	2.05		2.05	4.33		
	大豆饼	0.06	2.05		2.05	4.33		
	食盐	0.018	0.62		0.62	1.31		
	维生素添加剂	0.007	0.24		0.24	0.51		
合计		2.925	100		47.35	100	52.65	100

（7）日粮分析　该日粮各营养物质含量基本上满足 170 千克体重的 1.5 岁生长驴每日增重 0.1 千克的营养需要。但应注意以下问题：

①日粮的精料比例偏高（粗：精料比为 53：47），具体使用时应注意驴是否适应。

②矿物质元素中，钙的含量有点少（钙和磷的比例为 1.3：1），如需完善可适当调低磷的含量（钙和磷的含量都能达到标准，但磷超出更多，钙磷比例不协调），也可适当提高钙的含量。

③应用该日粮组方饲喂驴时，首先将粗饲料（即苜蓿干草、玉米秸和谷草）按表 8-8 组方铡短混匀，然后按日需要量将 52.65% 粗饲料与 47.35% 精料补充料混成日粮喂驴。

162. 怎样为育肥肉驴进行日粮配合？

目前，我国肉驴饲养没有明确的标准，各地肉驴育肥配方大都是经验配方，下面介绍的肉驴精料补充料参考配方占日粮的 30%，具体效果要通过生产实践验证。由于各地饲草资源、气候条件以及驴本身体况不同，下面介绍的配方仅供参考。

（1）1.5 岁生长肉驴精料补充料参考配方　详见表 8-9。

表 8-9　1.5 岁生长肉驴精料补充料参考配方

原料料号	肉驴精料补充料参考配方（%）				
	1	2	3	4	5
玉米	57.18	67.00	67.0	61.00	56.67
麦麸	15.00	3.20	2.2	12.00	14.00
豆粕	19.00	20.00	20.0	16.00	13.00
棉籽粕	5.00	1.10	2.0	5.00	4.90
菜籽粕		3.00	2.0	2.80	3.00
酒糟蛋白饲料		2.00	3.0		5.00
磷酸氢钙	1.30	1.95	2.0	0.94	
石粉	1.20	0.45	0.48	1.00	1.10
食盐	0.32	0.30	0.32	0.32	0.33
预混料	1.00	1.00	1.0	1.00	1.00
合计	100.00	100.00	100.00	100.00	100.00
营养水平					
消化能（DE、兆焦/千克）	12.68	13.35	13.38	12.84	12.74
粗蛋白质（CP、%）	17.31	16.97	17.06	16.89	16.89
钙（Ca、%）	0.80	0.67	0.67	0.65	0.69
磷（P、%）	0.36	0.45	0.45	0.30	0.31
钠（Na、%）	0.15	0.13	0.15	0.14	0.15

注：参考配方中粗蛋白含量偏低，涉及时控制在 17%～19% 较好。

（2）2 岁生长肉驴精料补充料参考配方　详见表 8-10。

表 8-10　2 岁生长肉驴精料补充料参考配方

原料料号	肉驴精料补充料参考配方（%）				
	1	2	3	4	5
玉米	55.00	59.00	56.00	66.00	62.47
麦麸	20.00	15.00	20.00	10.35	11.00

（续）

原料料号	肉驴精料补充料参考配方（%）				
	1	2	3	4	5
豆粕	6.64	13.00	7.26	15.29	14.00
棉籽粕	5.00	4.76	5.00		5.00
菜籽粕	5.00		5.00	5.00	
酒糟蛋白饲料	5.00	4.62	3.38		4.00
磷酸氢钙	0.93	1.20	0.93	1.00	1.10
石粉	1.11	1.10	1.11	1.10	1.10
食盐	0.32	0.32	0.32	0.33	0.33
预混料	1.00	1.00	1.00	1.00	1.00
合计	100.00	100.00	100.00	100.00	100.00
营养水平					
消化能（DE、兆焦/千克）	12.44	12.76	12.44	13.10	12.93
粗蛋白质（CP、%）	15.80	16.10	0.69	15.70	16.13
钙（Ca、%）	0.68	0.72	0.68	0.69	0.70
磷（P、%）	0.31	0.33	0.31	0.31	0.32
钠（Na、%）	0.15	0.14	0.15	0.15	0.15

注：消化能控制在12.6兆焦/千克左右，粗蛋白质在16%～18%较宜。

（3）3岁成年驴育肥精料补充料参考配方　详见表8-11。

表8-11　3岁成年驴育肥精料补充料参考配方

原料料号	肉驴精料补充料参考配方（%）					
	1	2	3	4	5	6
玉米	42.12	51.52	74.00	70.49	65.30	69.00
麦麸	34.00	30.00		4.00	2.90	18.00
豆粕	2.60	4.88	4.60	1.50	3.00	7.00
棉籽粕			1.00	1.00	1.00	1.00
菜籽粕				1.33		
鱼粉			4.78	3.00		2.00
豌豆	18.00					

（续）

原料料号	肉驴精料补充料参考配方（%）					
	1	2	3	4	5	6
酒糟蛋白饲料		10.60	12.00	16.17	25.00	
磷酸氢钙	0.80	0.70	1.10	0.30	0.50	0.80
石粉	1.16	1.20	1.20	1.20	1.30	1.00
食盐	0.32	0.10	0.32	0.01		0.20
预混料	1.00	1.00	1.00	1.00		1.00
合计	100.00	100.00	100.00	100.00		100.00
营养水平						
消化能（DE、兆焦/千克）	12.13	12.30	13.60	13.13	13.68	12.84
粗蛋白质（CP、%）	13.90	14.20	15.16	14.69	14.86	13.45
钙（Ca、%）	0.60	0.65	0.90	0.70	0.64	0.65
磷（P、%）	0.30	0.33	0.51	0.36	0.35	0.33
钠（Na、%）	0.15	0.15	0.27	0.18	0.23	0.15

注：消化能在 13～14 兆焦/千克，粗蛋白质在 14%～16% 较宜。食盐可促进驴的食欲，提高饲料的利用率，但食盐添加量搭配要适当。否则将引起钠的含量超标，应用 3、4、5 号原料配方应特别注意，最好将钠的含量调到 0.15%。

九、驴的疾病与防治

163. 与马相比，驴病有什么特点？驴有哪些常见疾病？

驴与马是同属异种动物，因此驴的生物学特性及生理结构与马基本相似，但它们之间又有很大的差异，故在疾病的表现上也有不同。

驴所患疾病的种类，无论内科、外科、产科、传染病和寄生虫等病均与马相似，如常见的胃扩张、便秘、疝痛、腺疫等。由于驴的生物学特性所决定，其抗病能力、病理变化及症状等方面又独具某些特点。例如，疝痛的临床表现，马表现得十分明显，特别是轻型马，而驴则多表现缓和，甚至不显外部症状。驴对鼻疽敏感，感染后易引起败血症或脓毒败血症，而对传染型贫血有着较强的抵抗力。驴和马在相同情况下，驴不患日射病和热射病（而马不然）。当然，驴还有一些独特的易患的特异性疾病。因此，在诊断和治疗驴病时，必须加以注意，不能生搬硬套马病的治疗经验，而应针对驴的特性加以治疗。

由于驴的抗病能力很强，一般没有很严重的疾病，常见的就是拉稀、感冒、体内寄生虫、皮肤疥螨、脱毛、啃毛。治疗皮肤疥螨，可取1％敌百虫溶液喷涂或洗刷患部，每隔4天用1次，连用3次，用药液洗刷患部时若气温过低，驴舍应适当升温；也可用硫黄粉4份、凡士林10份配成软膏，涂擦患部，舍内用1.5％敌百虫溶液喷洒墙壁、地面以杀死虫体。治疗体内寄生虫可用肝虫净针剂，驴每50千克体重注射10~15毫升，连续注射2天就会明显见效。驴病的防治方法在后文中有更为详细的解答。

164. 怎样采取综合措施预防驴病的发生？

驴的防疫措施很多，但主要应做好以下几项：

(1) 圈舍及环境卫生 驴场的选址和圈舍的建设，要符合家畜环境卫生学的要求。良好的环境条件，才能减少传染病的侵袭，才能加强驴体对疾病的抵抗能力，有利于它本身的生长发育。因此，驴场应选在地势较高、干燥，水源清洁方便，远离屠宰场、牲畜市场、收购站、畜产品加工厂以及家畜运输往来频繁的道路、车站、码头，并与居民区保持一定的距离，以避免传染源的污染。

驴要有良好的圈舍和运动场，冬季能防寒，夏季能防暑。驴耐寒性较差，在寒冷地区，防寒显得格外重要。厩床要平坦、干燥，厩舍采光要好。运动场要宽敞、能排水，粪尿要能及时清除。

饲料要清洁卫生，品质优良（多种多样，精、粗、多汁饲料合理搭配，满足各种驴的营养需要）。水源要清洁，水质要好。

(2) 及时清扫和定期预防消毒 每天数次清扫粪尿，并堆积发酵，消灭寄生虫卵。对圈舍墙壁，每年用生石灰刷白，饲槽、水槽、用具、地面定期消毒，每年不少于2次。

(3) 做好检疫工作，以防传染源扩散 在引进种驴、采购饲料和畜产品时，一定要十分注意，不可从疫区输入。对外地新进的种驴，应在隔离厩舍内隔离饲养1个月左右，经检疫健康者，才可合群饲养。

(4) 实施预防接种，防止传染病流行 预防接种应有的放矢。要摸清疫情，选择有利时机进行。例如，春季对驴进行炭疽芽胞杆菌疫苗的预防注射，以预防炭疽病；用破伤风类毒素疫苗定期预防注射，以预防破伤风等。此外，还应向群众广泛宣传防疫的重要意义。

(5) 定期驱虫 目前大多采用伊维菌素注射液（即内外虫螨净）进行防治畜禽体内外寄生虫病，效果较好。①用法用量：皮下注射量为0.02～0.03毫升；口服量为0.03～0.04毫升；外用按口服剂量涂擦患部，治疗螨病、癣病等。②只注射一次长期维持驱虫效果。③孕畜可用，用量减半。④严禁大剂量使用。⑤含量规格为5毫升伊维菌素 50 毫克（5 万单位）。⑥休药期：肉 7 日，奶 7 日。⑦适应证：线虫、蛔虫、蛲虫、钩虫、旋毛虫、丝虫、肝片吸虫、姜片吸虫、脑多头蚴、鼻蝇虫等内寄生虫病和螨、蜱、虱、蝇类幼虫等外寄生虫病。

165. 驴疫情发生后的防疫措施有哪些？

（1）及时报告疫情 发生疫情应立即报告地方兽医机关。报告内容有：发病驴的性别、年龄、发病地区、头数、传播速度、一般症状、死亡情况、病理剖检变化等。

（2）隔离封锁 病驴要隔离安排饲养、治疗。隔离舍要在大群饲养舍的下风向。疫情发生后，应在上级兽医部门的指导下，对疫区道路实行严格封锁，关闭牲畜交易市场，严禁家畜流动。死驴要深埋，不得食用。

（3）彻底消毒、消灭病原 凡传染病污染的圈舍、运动场的地面、墙壁、用具、工作人员的工作衣帽、交通工具一律进行消毒。常用的消毒剂有 1%～3%烧碱水、10%～20%石灰水、草木灰水、1%漂白粉、2%来苏儿等进行喷雾或浸泡。

（4）积极治疗病驴 对病驴要准确用药，及时和良好的护理。如治疗无效死亡，应在指定地点深埋和烧毁做好无害化处理，以免疫情蔓延和传播。

166. 怎样判断驴的健康与异常？

（1）健康驴 不管平时还是放牧中，总是两耳竖立，活动自如，头颈高昂，精神抖擞。特别是公驴，相遇或发现远处有同类时，则昂头凝视，大声鸣叫，跳跃并试图接近。健康驴吃草时，咀嚼有力，"格格"发响。如有人从槽边走过，鸣叫不已。健康驴的口色鲜润，鼻、耳温和。粪球硬度适中，外表湿润光泽，新鲜时呈草黄色，时间稍久变为褐色。时而喷动鼻翼，即打呼噜。俗话说"驴打呼噜牛倒沫，有个小病也不多"。

（2）异常驴 驴对一般疾病有较强的耐受力，即使患了病也能吃些草，喝点水。若不注意观察，待其不吃不喝、饮食废绝时，病就比较严重了。判断驴是否正常，还可以从平时的吃草、饮水的精神状态和鼻、耳的温度变化等方面进行观察比较。驴低头耷耳，精神不振，鼻、耳发凉或过热，虽然吃点草，但不喝水，说明驴已患病，应及时治疗。

饮水的多少对判断驴是否有病具有重要的意义。驴吃草少而喝水不少，可知驴无病；若草的采食量不减，而连续数日饮水减少或不喝水，即可预知该驴就要发病。如果粪球干硬，外沾少量黏液，喝水减少，数日后可能要发生肠胃炎。饲喂中出现异嗜，时而啃咬木桩或槽边，喝水不多，精神不减，则可能发生急性胃炎。

驴虽一夜不吃，退槽而立，但只要鼻、耳温和，体温正常，可视无病。黎明或翌日即可采食，饲养人员称之为"瞪槽"。驴病发生常和天气、季节、饲草更换、草质、饲喂方式等因素密切相关。因此，一定要按照饲养管理的一般原则和不同生理状况对饲养管理的不同要求来仔细观察，才能做到"无病先防，有病早治，心中有数"。另外，驴病后卧地不起，或虽不卧地但精神委顿，依恋饲养员不离去，这些都是病重的表现，应引起特别的注意。

167. 怎样防治驴患破伤风？

破伤风又称强直症，俗称锁口风。是由破伤风梭菌经创伤感染后，产生的外毒素引起的人、畜共患的一种中毒性、急性传染病。其特征是驴对外界刺激兴奋性增高，全身或部分肌群呈现强直性痉挛。

破伤风梭菌的芽胞能长期存在于土壤和粪便中，当驴体受到创伤时，因泥土、粪便污染伤口，病原微生物就可能随之侵入，在其中繁殖并产生毒素，引发本病。潜伏期1～2周。驴体受到钉伤、鞍伤或去势消毒不严，以及新生驴驹断脐不消毒或消毒不严都极易传染此病；特别是小而深的伤口，而伤口又被泥土、粪便、痂皮封盖，造成无氧条件，则极适合破伤风芽胞的生长而发病。

（1）症状 由于运动神经中枢受病菌毒素的毒害，而引起全身肌肉持续的痉挛性的收缩。病初，肌肉强直常出现于头部，逐渐发展到其他部位。开始时两耳发直，鼻孔开张，颈部和四肢僵直，步态不稳，全身动作困难，高抬头或受惊时，瞬膜外露更加明显。随后咀嚼、吞咽困难，牙关紧闭，头颈伸直，四肢开张，关节不易弯曲。皮肤、背腰板硬，尾翘，姿势像木马一样。响声、强光、触摸等刺激都能使痉挛加重。呼吸快而浅，黏膜缺氧呈蓝红色，脉细而快，偶尔全身出汗，后期体温可上升到40℃以上。

如病势轻缓，还可站立，稍能饮水吃料。病程延长到2周以上时，经过适当治疗，常能痊愈。如在发病后2～3天牙关紧闭，全身痉挛，心脏衰竭，又有其他并发症者，多易死亡。

（2）治疗　消除病原，中和毒素，镇静解痉，强心补液，加强护理，为治疗本病的原则。

①消除病原。清除创伤内的脓汁及坏死组织，创伤深而创口小的需扩创，然后用3％过氧化氢溶液或2％高锰酸钾水洗涤，再涂5％～10％碘酊。肌内注射青霉素、链霉素各100万单位，每日2次，连续1周。

②中和毒素。尽早静脉注射破伤风抗毒素10万～15万单位，首次剂量宜大，每日1次，连用3～4次，血清可混在5％葡萄糖注射液中注入。

③镇静解痉。肌内注射氯丙嗪200～300毫克，也可用水合氯醛20～30克混于淀粉浆500～800毫升内灌肠，每日1～2次。如果病驴安静时，可停止使用。

④强心补液。每天适当静脉注射5％糖盐水，并加入复合维生素B和维生素C各10～15毫升。心脏衰弱时可注射维他康10～20毫升。

⑤加强护理。要做好静、养、防、遛4个方面的工作。要使病驴在僻静较暗的单厩里，保持安静。加强饲养，不能采食的，常喂以豆浆、料水、稀粥等。能采食的，则投以豆饼等优势草料，任其采食。

要防止病驴摔倒，造成碰伤、骨折，重病驴可吊起扶持。对停药观察的驴，要定时牵遛，经常刷拭、按摩四肢。

（3）预防　主要是抓好预防注射工作和防止外伤的发生。实践证明，坚持预防注射，完全能防止本病发生。每年定期注射破伤风类毒素，每头用量 2 毫升，注射 3 周后可产生免疫力。有外伤要及时治疗，同时可肌内注射破伤风抗毒素 1 万～3 万单位，同时注射破伤风类毒素 2 毫升。

168. 怎样防治驴腺疫？

驴腺疫，中兽医称槽结、喉骨肿。是由马腺疫链球菌引起的马、驴、骡的一种接触性的急性传染病。断奶至 3 岁的驴驹易发此病。

(1) 典型临床症状 为体温升高，上呼吸道及咽黏膜呈现表层黏膜的化脓性炎症，颌下淋巴结呈急性化脓性炎症，鼻腔流出黏液。病驴康复后可终身免疫。

病原为马腺疫链球菌。病菌随脓肿破溃和病驴喷鼻、咳嗽排出体外，污染空气、草料、饮水等，经上呼吸道黏膜、扁桃体或消化道感染健康驴。该病潜伏期平均 4～8 天，有的 1～2 天。由于驴体抵抗力强弱和细菌的毒力、数量不同，在临床上可出现 3 种病型。

①一过型。主要表现为鼻、咽黏膜发炎，有鼻液流出。颌下淋巴结有轻度肿胀，体温轻度升高。如加强饲养，增强体质，则驴常不治而愈。

②典型型。病初病驴精神沉郁，食欲减少，体温升高到 39～41℃。结膜潮红黄染，呼吸、脉搏增数，心跳加快。继而发生鼻黏膜炎症，并有大量脓性分泌物。咳嗽，咽部敏感，下咽困难，有时食物和饮水从鼻腔逆流而出。颌下淋巴脓肿破溃，流出大量脓汁，这时体温下降，炎性肿胀亦渐消退，病驴逐渐痊愈。病程为 2～3 周。

③恶性型。病驴由于抵抗力减弱，马腺疫链球菌可由颌下淋巴蔓延或转移而发生并发症，致使病情急剧恶化，预后不良。常见的并发症如体内各部位淋巴结的转移性脓肿，内部各器官的转移性脓肿以及肺炎等。如不及时治疗，病驴常因脓毒败血症而死亡。

(2) 治疗 本病轻者无须治疗，通过加强饲养管理即可自愈。重者可在脓肿化脓处擦 10% 的樟脑醋、10%～20% 松节油软膏、20% 鱼石脂软膏等。患部破溃后可按外科常规处理。如体温升高，有全身症状，可用青霉素、磺胺治疗，必要时静脉注射。

加强护理。治疗期间要给予富于营养、适口性好的青绿多汁饲料和清洁的饮水。并注意夏季防暑，冬季保温。

（3）预防　对断奶驴驹应加强饲养管理，加强运动锻炼，注意优质草料的补充，增进抵抗力。发病季节要勤检查，发现病驹立即隔离治疗，其他驴驹可第 1 天给 10 克，第 2、第 3 天给 5 克的磺胺（拌入料中）；也可以注射马腺疫灭活菌苗进行预防。

169. 怎样防治驴的流行性乙型脑炎？

流行性乙型脑炎，是由乙脑病毒引起的一种急性传染病。马属家畜（马、驴、骡）感染率虽高，但发病率低，一旦发病，死亡率较高。该病人、畜共患，其临床症状为中枢神经功能紊乱（沉郁或兴奋和意识障碍）。本病主要经蚊虫叮咬而传播。具有低洼地发病率高和在 7—9 月份气温高、日照长、多雨的季节流行的特点。3 岁以下幼驹发病多。

（1）症状　潜伏期 1～2 周。在起初的病毒血症期间，病驴体温升高达 39～41℃，精神沉郁，食欲减退，肠音多无异常。部分病驴经 1～2 天体温恢复正常，食欲增加，经过治疗，1 周左右可痊愈。部分病驴由于病毒侵害脑脊髓，出现明显神经症状，表现沉郁、兴奋或麻痹。临床可分为四型。

①沉郁型。病驴精神沉郁、呆立不动，低头耷耳，对周围的事物无反应，眼半睁半闭，呈睡眠状态。有时空嚼磨牙，以下颌抵槽或以头顶墙。常出现异常姿势，如前肢交叉、做圆圈运动或四肢失去平衡、走路歪斜、摇晃。后期卧地不起，昏迷不动，感觉功能消失。以沉郁型为主的病驴较多，病程也较长，可达 1～4 周。如早期治疗得当，注意护理，多数可以治愈。

②兴奋型。病驴表现兴奋不安，重则暴躁、乱冲、乱撞，攀爬饲槽，不知避开障碍物，低头前冲，甚至撞在墙上、坠入沟中。后期因衰弱无力，卧地不起，四肢前后划动如游泳状。以兴奋为主的病程较短，多经 1～2 天死亡。

③麻痹型。主要表现是后躯的不全麻痹症状。腰萎、视力减退或

消失、尾不驱蝇、衔草不嚼、嘴唇歪斜、不能站立等。这些病驴病程较短，多经 2～3 天死亡。

④混合型。沉郁和兴奋交替出现，同时出现不同程度的麻痹。

本病死亡率平均为 20%～50%。耐过此病驴常有后遗症，如腰萎、口唇麻痹、视力减退、精神迟钝等症状。

(2) 治疗 本病目前尚无特效疗法，主要是降低颅内压、调整大脑机能、解毒为主的综合性治疗措施，加强护理，提早治疗。

①加强护理。专人看护，防止褥疮发生。加强营养，及时补饲或注射葡萄糖，维持营养。

②降低颅内压。对重病或兴奋不安的病驴，可用采血针在颈静脉放血 800～1 000 毫升，然后静脉注射 25% 山梨醇或 20% 甘露醇注射液，每次用量按每千克体重 1～2 克计算。时间间隔 8～12 小时。再注射 1 次，可连用 3 天。间隔期内可静脉注射高渗葡萄糖液 500～1 000 毫升。在病的后期，血液黏稠时，还可注射 10% 的氯化钠注射液 100～300 毫升。

③调整大脑机能。有兴奋表现的病驴，可每次肌注氯丙嗪注射液 200～500 毫克，或 10% 溴化钠注射液 50～100 毫升。

④强心。心脏衰弱时，除注射 20%～50% 葡萄糖注射液外，还可用注射樟脑水或樟脑磺酸钠注射液。

⑤利尿解毒。可用 40% 乌洛托品注射液 50 毫升 1 次静注，每日 1 次。膀胱积尿时要及时导尿。为防止并发症，可配合链霉素和青霉素，或用 10% 磺胺嘧啶钠注射液静脉注射。

(3) 预防 对 4～12 月龄和新引入的外地驴可注射乙脑弱毒疫苗，每年 6 月至翌年 1 月，肌内注射 2 毫升。同时，要加强饲养管理，增强驴的体质。做好灭蚊工作。及时发现病驴，适时治疗，并实行隔离医治。无害化处理病死驴的尸体，严格消毒、深埋。

170. 怎样防治驴传染性胸膜肺炎（驴胸疫）？

驴传染性胸膜肺炎（驴胸疫）发病机制至今不清楚，可能是支原体或病毒感染引起。是马属动物的一种急性传染病。本病为直接或间接传染，多在 1 岁以上的驴驹和壮龄驴发生本病。多因驴舍潮湿、寒冷、通风不良、阳光不足和驴多拥挤而造成。全年发病，冬、春气候骤变较多发生。

(1) 症状　本病潜伏期为 10～60 天，临床表现有 2 种。

①典型胸疫。本型较少见，呈现纤维素性肺炎或胸膜炎症状。病初突发高热 40℃以上，稽留不退，持续 6～9 天或更长，以后体温突降或渐降。如发生胸膜炎时，体温反复，病驴精神沉郁、食欲废退、呼吸脉搏增加。结膜潮红水肿，微黄染。皮温不整，全身战栗。四肢乏力，运步强拘。腹前、腹下及四肢下部出现不同程度的水肿。

病驴呼吸困难，次数增多，呈腹式呼吸。病初流沙样鼻液，偶见痛咳，听诊肺泡音增强，有湿性啰音。中后期流红黄色或铁锈色鼻液，听诊肺泡音减弱、消失，到后期又可听见湿性啰音及捻发音。经 2～3 周恢复正常。炎症波及胸膜时，听诊有明显的胸膜擦音。

病驴口腔干燥，口腔黏膜潮红带黄，有少量灰白色舌苔。肠音减弱，粪球干小，并附有黏液，后期肠音增强，出现腹泻、粪便恶臭，甚至并发肠炎。

②非典型胸疫。表现为一过型，本型较常见。病驴突然发热，体温达 39～41℃。全身症状与典型胸疫初期同，但比较轻微。呼吸道、消化道往往只出现轻微炎症、咳嗽、流少量水样鼻液，肺泡音增强，有的出现啰音。若及时治疗，经 2～3 天后，很快恢复。有的仅表现短时体温升高，而无其他临床症状。非典型的恶性胸疫，多因发现太晚、治疗不当、护理不周所造成。

(2) 治疗　及时使用新胂凡纳明（914），按每千克体重 0.015克，用 5% 葡萄糖注射液稀释后静脉注射，间隔 2～3 日后，可行第二次注射。为防止继发感染，还可用青霉素、链霉素和磺胺类药物注射。此外，伴有胃肠、胸膜、肺部疾患的驴，可根据具体情况进行对症处理。

(3) 预防　平时要加强饲养管理，严守卫生制度，冬、春季要补料，给予充足饮水，提高驴抗病力。厩舍要清洁卫生，通风良好。发现病驴立即隔离治疗。被污染的厩舍、用具，用 2%～4% 氢氧化钠溶液或 3%来苏儿溶液消毒，粪便要进行发酵处理。

171. 怎样防治驴鼻疽?

驴鼻疽，是由鼻疽杆菌引起的马、驴、骡的一种传染病。临床表现为鼻黏膜、皮肤、肺脏、淋巴结和其他实质性器官形成特异的鼻疽结节、溃疡和瘢痕。人也易感此病。鼻疽是国家规定的二类传染病。开放性及活动性鼻疽病畜，是传染的主要来源。鼻疽杆菌随病驴的鼻液及溃疡分泌物排出体外，污染各种饲养工具、草料、饮水而引起传染。主要经消化道和损伤的皮肤感染，无季节性。

驴、骡感染性最强，多为急性，迅速死亡。马多为慢性。因侵害的部位不同，可分为鼻腔鼻疽、皮肤鼻疽和肺鼻疽。前两种经常向外排菌，故又称开放性鼻疽，但一般该病常以肺鼻疽开始。

（1）**症状** 分急性、开放性、慢性鼻疽 3 种。

①急性鼻疽。体温升高呈弛张热，常发生干性无力的咳嗽，当肺部病变范围较大，或蔓延至胸膜时，呈现支气管肺炎症状，公驴睾丸肿胀。病的末期，常见胸前、腹下、乳房、四肢下部等处水肿。

②开放性鼻疽。由慢性转来。除急性鼻疽症状外，还出现鼻腔或皮肤的鼻疽结节，前者称鼻鼻疽，后者称皮肤鼻疽。鼻鼻疽的鼻黏膜先红肿，周围绕以小米至高粱米粒大的结节。结节破损后形成溃疡，同时排出含大量鼻疽杆菌的鼻液，溃疡愈合后形成星芒状瘢痕。患病侧颌下淋巴结肿大变硬，无痛感也无发热。皮肤鼻疽以后肢多见，局部出现炎性肿胀，进而形成大小不一的硬固结节，结节破溃，形成溃疡，溃疡底呈黄白色，不易愈合。结节和附近淋巴肿大、硬固，粗如绳索，并沿着索状肿形成串珠状结节。发生于后肢的鼻疽皮厚，后肢变粗。

③慢性鼻疽。病驴瘦弱，病程达数月、数年。多由急性或开放性鼻疽转来，也有一开始就是慢性经过的。驴特少见。

（2）**诊断** 除临床症状外，主要采用鼻疽菌素点眼和皮内注射，必要时可做补体结合反应。

（3）**治疗** 目前尚无有效疫苗和彻底治愈的疗法。即使用土霉素疗法（土霉素 2～3 克，溶于 15～30 毫升 5‰氯化镁溶液中，充分溶解，分 3 处肌内注射，隔日 1 次），也仅可临床治愈，但仍是带菌者。

（4）预防 要做到每年春、秋季的检疫，检出的阳性病驴要及时扑杀、深埋。

172. 怎样防治驴流行性感冒（流感）？

驴的流行性感冒是由一种病毒引起的急性呼吸道传染病。主要表现为发热、咳嗽和流水样鼻液。驴的流感病毒分为 A1、A2 两个亚型，二者不能形成交叉免疫。本病毒对外界条件抵抗力较弱，加热至 56℃，数分钟即可丧失感染力。用一般消毒药物，如甲醛、乙醚、来苏儿、去污剂等都可使病毒灭活，但病毒对低温抵抗力较强，在 −20℃以下可存活数日，故冬、春季多发。

本病主要是经直接接触，或经过飞沫（咳嗽、喷嚏）经呼吸道传染。不分年龄、品种，但以生产母驴、劳役抵抗力降低和体质较差的驴易发病，且病情严重。临床表现有 3 种。

（1）症状 分为一过型、典型型和非典型型。

①一过型。比较多见，主要表现咳嗽，流清鼻涕，体温正常或稍高，过后很快下降。精神及全身变化多不明显，病驴 7 天左右可自愈。

②典型型。表现剧烈咳嗽，病初为干咳，后为湿咳，有的病驴咳嗽时，伸颈摇头，粪尿随咳嗽而排出，咳后疲乏不堪。有的病驴在运动时，或受冷空气、尘土刺激后咳嗽显著加重。病驴初期为沙样鼻液，后变为浓稠的灰白黏液，个别呈黄白色脓样鼻液。病驴精神沉郁，全身无力，体温高达 39.5～42℃，呼吸增加。心跳加快，每分钟可达 60～90 次。个别病驴在四肢或腹部出现水肿，如能精心饲养，加强护理，充分休息，适当治疗，经 2～3 天，即可体温正常，咳嗽减轻，2 周左右即可恢复。

③非典型型。病症多因对病驴护理不好，治疗不当造成，如继发支气管炎、肺炎、肠炎及肺气肿等。病驴除表现流感症状外，还表现继发症的相应症状。如不及时治疗，则引起败血、中毒、心力衰竭而

导致死亡。

（2）治疗 轻症一般不需药物治疗，即可自然耐过。重症应施以对症治疗，给予解热、止咳、通便的药物。降温可肌内注射安痛定10～20毫升，每日1～2次，连用2天。剧咳可用复方樟脑酊15～20毫升，或杏仁水20～40毫升，或远志酊25～50毫升。化痰可加氯化铵8～15克，也可用食醋熏蒸。

（3）预防 应做好日常的饲养管理工作，增强驴的体质，勿使过劳。注意疫情，及早做好隔离、检疫、消毒工作。出现疫情，舍饲驴可用食醋熏蒸进行预防，按3毫升/米^3，每日1～2次，直至疫情稳定。为配合治疗，一定要加强护理，给予充足的饮水和丰富的青绿饲料。让病驴充分休息。

173. 怎样防治驴的传染性贫血？

马传染性贫血（EIA，简称马传贫），是由反转录病毒科慢病毒属马传贫病毒引起的马属动物传染病。我国将其列为二类动物疫病。

（1）流行特点 本病只感染马属动物，其中，马最易感，骡、驴次之，且无品种、性别、年龄的差异。病马和带毒马是主要的传染源。主要通过虻、蚊、刺蝇及蠓等吸血昆虫的叮咬而传染，也可通过病毒污染的器械等传播。多呈地方性流行或散发，以7—9月发生较多。在流行初期多呈急性型经过，致死率较高，以后呈亚急性或慢性经过。

（2）特征 本病潜伏期长短不一，一般为20～40天，最长可达90天。根据临床特征，常分为急性、亚急性、慢性和隐性4种类型。

①急性型：呈高热稽留。发热初期，可视黏膜潮红，轻度黄染。随病程发展逐渐变为黄白至苍白，在舌底、口腔、阴道黏膜及眼结膜等处，常见鲜红色至暗红色出血点（斑）等。

②亚急性型：呈间歇热。一般发热39℃以上，持续3～5天退热至常温，经3～15天间歇期又复发。有的患病马属动物出现温差倒转现象。

③慢性型：不规则发热，但发热时间短。病程可达数月或数年。

④隐性型：无可见临床症状，体内长期带毒。是目前主要类型。

（3）病理变化

①急性型：主要表现败血性变化，可视黏膜、浆膜出现出血点（斑），尤其以舌下、齿龈、鼻腔、阴道黏膜、眼结膜、回肠、盲肠和大结肠的浆膜、黏膜以及心内外膜尤为明显。肝、脾肿大，肝切面呈现特征性槟榔状花纹。肾显著增大，实质浊肿，呈灰黄色，皮质有出血点。心肌脆弱，呈灰白色煮肉样，并有出血点。全身淋巴结肿大，切面多汁，并常有出血。

②亚急性和慢性型：主要表现贫血、黄染和细胞增生性反映。脾中（轻）度肿大，坚实，表面粗。

（4）实验室诊断　马传贫琼脂扩散试验（AGID）、马传贫酶联免疫吸附试验（ELISA）。

（5）防治　无特效疗法。每年定期检疫净化。外购马属动物调入后，必须隔离观察 30 天以上，并经当地动物防疫监督机构血清学检查，确认健康无病，方可混群饲养。

174.　怎样防治驴的胃蝇（咀）病？

本病是马、骡、驴常见的慢性寄生虫病。病原是马胃蝇蛆（幼虫）。主要寄生在驴胃内，感染率比较高。马胃蝇生命周期为 1 年。整个周期要经过虫卵、蛆、蝇、成虫 4 个阶段。成虫在自然界中只能生活数天，雌蝇与雄蝇交尾后，雄蝇很快死亡。雌蝇将卵产于驴体表毛被上，当驴啃咬皮肤时，幼虫经口腔侵入胃内而继续发育。翌年春末夏初第三期幼虫完全成熟，随粪便排出体外，在地表化为蛹和成虫。马胃蝇以口钩固着于黏膜上，刺激局部发炎，形成溃疡。

（1）症状　由于胃内寄生大量的马胃蝇刺激局部发炎形成溃疡，使驴食欲减退、消化不良、腹痛、消瘦。幼虫寄生在驴肠和肛门引起奇痒。

（2）治疗　常用精制敌百虫，按每千克体重用 0.03～0.05 克，配合 5％～10％水溶液内服，对敌百虫敏感的驴可出现腹痛、腹泻等副作用。也可皮下注射 1% 硫酸阿托品注射液 3～5 毫升，或肌内注射解磷啶，每千克体重用 20～30 毫克抢救。

(3) 预防 将排出带有蝇蛆的粪便，烧毁或堆积发酵；其次，应对新入群的驴先驱虫；此外，还要在每年的 7—8 月，马胃蝇活动季节，每隔 10 天用 2% 敌百虫溶液喷洒驴体 1 次。

175. 怎样防治疥螨病（疥癣）?

本病是由疥螨引起的一种高度接触性、传染性的皮肤病。病原为最常见的疥螨（穿孔疥虫）和痒螨（吮吸疥虫）。它们寄生在皮肤内，虫体很小，肉眼看不见。

(1) 症状 疥螨是寒冷地区冬季的常见病。病驴皮肤奇痒，出现脱皮、结痂现象。由于皮肤瘙痒，终日啃咬、摩墙擦柱、烦躁不安，影响驴的正常采食和休息，日渐消瘦。本病多发在冬、春两季。

(2) 治疗 圈舍要保暖，用 1% 敌百虫溶液喷洒或洗刷患部。5 日 1 次，连用 3 次。也可用硫黄粉和凡士林，按 2∶5 配成软膏，涤擦患部。病驴舍内用 1.5% 敌百虫喷洒墙壁、地面，杀死虫体。

(3) 预防 这是防止本病的关键。要经常性刷拭驴体，搞好卫生。发现病驴，立即隔离治疗，以免接触传染。

176. 怎样防治蛲虫病?

该病原为尖尾线虫，寄生在驴的大结肠内。雌虫在病驴的肛门口产卵。虫体为灰白色和黄白色，尾尖细，呈绿豆芽状。

(1) 症状 病驴肛门痒。不断摩擦肛门和尾部，尾毛蓬乱脱落，皮肤破溃感染。病驴经常不安，日渐消瘦和贫血。

(2) 治疗 敌百虫的用法同治疗胃蝇蛆。驱虫同时应用消毒液洗刷肛门周围，清除卵块，防止再感染。

(3) 预防 搞好驴体卫生，及时驱虫，对于用具和周围环境要进行经常性的消毒工作。

177. 怎样防治蟠（盘）尾丝虫病？

该病原有颈盘尾丝虫和网状盘尾丝虫 2 种。寄生在马属动物，特别是驴的颈部、鬐甲、背部，以及四肢的腱和韧带等部位。虫体细长呈乳白色。雄虫长 25～30 厘米，雌虫长达 1 米，胎生。微丝幼虫长 0.22～0.26 毫米，无囊鞘。本虫以吸血昆虫（库蠓或按蚊）作为中间寄生。

（1）症状　本病多为慢性经过，患部出现无痛性、坚硬的肿胀，或用手指按压时，留有指印。在良性经过中，肿胀常能经 1～2 个月慢慢消散。如因外伤和内源性感染，患部软化，久而久之，破溃形成瘘管，从中流出脓液，多见于肩和鬐甲部。四肢患病时，则可发生腱炎和跛行。诊断此病可在患处取样，经培养后可在低倍显微镜下镜检微丝幼虫。

（2）治疗　在皮下注射海群生，每千克体重 80 毫克，每日 1 次，连用 2 天；还可静脉注射稀碘液（1%鲁格氏液 25～30 毫升，生理盐水 150 毫升），每日 1 次，连续 4 天为 1 个疗程，间隔 5 天，进行第二个疗程。一般进行 3 个疗程。患部脓肿或瘘管除去病变组织，按外伤处理。

（3）预防　驴舍要求干燥，远离污水池，防止吸血昆虫叮咬。

178. 怎样防治驴口炎？

口炎是驴口腔黏膜表层或深层组织的炎症。

（1）症状　临床上以流涎和口腔黏膜潮红、肿胀或溃疡为特征。按炎症的性质分为卡他性、水疱性和溃疡性 3 种。卡他性和溃疡性口炎是驴的常发病。

卡他性（表现黏膜）口炎，是由于麦秸和麦糠饲料中的麦芒机械刺激而引起的。此外，如采食霉败饲料，饲料中维生素 B$_2$ 缺乏等也可导致发生此病。表现为口腔黏膜疼痛、发热，口腔流涎，不敢采食。检查口腔时，可见颊部、硬腭及舌等处有大量麦芒透过黏膜扎入肌肉。

溃疡性口炎主要发生在舌面，其次是颊部和齿龈。初期黏膜层肥厚粗糙，继而黏膜层多处脱落，呈现长条或块状溃疡面，流黏涎，食欲减退。多发生于秋季或冬季。幼驴多于成年驴。

(2) 治疗 首先应消除病因，拔去口腔黏膜上的麦芒等异物，更换柔软饲草，修整锐齿等。治疗时可用 1％盐水，或 2％～3％硼酸，或 2％～3％碳酸氢钠，或 0.1％高锰酸钾，或 1％明矾，或 2％龙胆紫，或 1％磺胺乳剂，或碘甘油（5％碘酊 1 份，甘油 9 份）等冲洗口腔或涂抹溃疡面。

179. 怎样防治驴咽炎？

咽炎是咽部黏膜及深层组织的炎症。临床上以吞咽障碍，咽部肿胀、敏感，流涎为特征。驴常见。引起咽炎的主要原因是机械性刺激，如粗硬的饲草、尖锐的异物，粗暴地插入胃管，或马胃蝇寄生。吸入刺激性气体以及寒冷的刺激，也能引发此病。另外，在腺疫、口炎和感冒等病程中，也往往继发咽炎。

(1) 症状 由于咽部敏感、疼痛，驴的头颈伸展，不愿活动。口内流涎，吞咽困难，饮水时常从鼻孔流出。触诊咽部敏感，并发咳嗽。

(2) 治疗 加强病驴护理。喂给柔软易消化的草料，饮用温水，圈舍通风保暖。咽部可用温水、白酒温敷，每次 20～30 分钟，每日 2～3 次。也可涂以 1％樟脑醑、鱼石脂软膏，或用复方醋酸铅散（醋酸铅 10 克，明矾 5 克，樟脑 2 克，薄荷 1 克，白陶土 80 克）外敷。重症可用抗生素或磺胺类药物。

(3) 预防 加强饲养管理，改善环境卫生，特别防止受寒感冒。避免给粗硬、带刺和发霉变质的饲料。投药时不可粗暴，发现病驴立即隔离。

180. 怎样防治驴食管梗塞？

食管梗塞是由于食管被粗硬草料或异物堵塞而引起。临床上以突然发病和咽下障碍为特征。本病多发于驴抢食或采食时突然被驱赶而吞咽过猛而造成，如采食胡萝卜、马铃薯、山芋等时易发生。

(1) 症状 驴突然停止采食，不安，摇头缩颈，不断有吞咽动作。由于食管梗塞，后送障碍，梗塞前部的饲料和唾液，不断从口鼻逆出，常伴有咳嗽。外部视诊，如颈部食管梗塞，可摸到硬物，并有疼痛反应。胸部食管梗塞，如有多量唾液蓄积于梗塞物前方食道内，则诊颈部食管有波动感，如以手顺次向上推压，则有大量泡沫状唾液由口、鼻流出。

(2) 治疗 迅速除去阻塞物。若能摸到，可向上挤压，并牵动驴舌，即可排出。也可插入胃管先抽出梗塞部上方的液体，然后灌服液状石蜡200～300毫升。或将胃管连接打气筒，有节奏打气，将梗塞物推入胃中。阻塞物小时，可灌适量温水，促使其进入胃中。民间治疗此病，是将缰绳短拴于驴的左前肢系部，然后驱赶驴往返运动20～30分钟，借颈肌的收缩，常将阻塞物送入胃中。

(3) 预防 饲喂要定时定量，勿因过饥抢食。如喂块根、块茎饲料，一是要在吃过草以后再添加；二是将块根、块茎切成碎块再喂。饼粕类饲料饲喂要先粉碎、泡透，方可饲喂。

181. 怎样诊治肠便秘？

肠便秘亦称结症。是由肠内容物阻塞肠道而发生的一种疝痛。因阻塞部位不同分为小肠积食和大肠便秘。驴以大肠便秘多见，占疝痛90%。多发生在小结肠、骨盆弯曲部，左下大结肠和右上大结肠有胃状膨大部，其他部位如右上大结肠、直肠、小肠阻塞则少见。

(1) 症状 小肠积食，常发生在采食中间或采食后4小时，患驴停食，精神沉郁，四肢发软欲卧，有时前肢刨地。若继发胃扩张，则疼痛明显。因驴吃草较细，临床少见此病。

大肠便秘，发病缓慢，病初排便干硬，后停止排便，食欲退废。病驴口腔干燥，舌面有苔，精神沉郁。严惩时，腹痛呈间歇状起伏，有时横卧，四肢伸直滚转。尿少或无尿，腹胀。小肠、胃状膨大部阻塞时，大都不胀气，腹围不大，但步态拘谨沉重。直肠便秘，病驴努责，但排不出粪，有时有少量黏液排出。尾上翘，行走摇摆。

本病多因饲养管理不当和气候变化所致，如长期喂单一麦秸，尤其是半干不湿的红薯藤、花生秧，最易发病。饮水不足也能引发此病。喂饮不及时，过饥过饱、饲喂前后重役，突然变更草料，加之天气突变等因素，使机体一时不能适应，引起消化功能紊乱，也常发生此病。

（2）治疗 首先应着眼于疏通肠道，排除阻塞物。其次是止痛止酵，恢复肠蠕动。还要兼顾由此而引起的腹痛、胃肠膨胀、脱水、自体中毒和心力衰竭等一系列问题。要根据病情灵活地应用通（疏通）、静（镇静）、减（减压）、补（补液和强心）、护（护理）的综合治疗措施。而实践中，从直肠入手，隔肠破结，是行之有效的方法。

①直肠减压法。采用按压、握压、切压、捶结等疏通肠道的办法，可直接取出阻塞物。该操作术者一定要有临床经验，否则易损伤肠管。

②内服泻剂。小肠积食可灌服液状石蜡 200～500 毫升，加水 200～500 毫升。大肠便秘可灌服硫酸钠 100～300 克，以清水配成 2%溶液 1 次灌服；或灌服食盐 100～300 克，亦配成 2%溶液；亦可服敌百虫 5～10 克，加水 500～1 000 毫升。在上述内服药物中加入大黄末 200 克，松节油 20 毫升，鱼石脂 20 克，可制酵并增强疗效。

③深部灌肠。用大量微温的生理盐水 5 000～10 000 毫升，直肠灌入。用于大肠便秘，可起软化粪便、兴奋肠管、利于粪便排出作用。对该病预防应针对以上的问题进行。

182. 怎样诊治急性胃扩张？

急性胃扩张是驴的常见继发肠便秘形成的胃扩张，因贪食过多难以消化和易于发酵草料而继发的急性胃扩张，极少见到。

（1）症状 发生胃扩张后，病驴表现不安，明显腹痛，呼吸迫促，有时出现逆呕动作或犬坐姿势。腹围一般不增大，肠音减弱或消失。初期排少量软粪，以后排便停止。胃破裂后，病驴忽然安静，头下垂，鼻孔开张，呼吸困难。全身冷汗如雨，脉搏细致，很快死亡。驴由于采食慢，一般很少发生胃破裂。本病的诊断以插入胃管后可排除不同数量的胃内容物为诊断特征。

(2) 治疗 采用以排除胃内容物、镇痛解痉为主，以强心补液、加强护理为辅的治疗原则。

先用胃管将胃内积滞的气体、液体导出，并用生理盐水反复洗胃。然后内服水合氯醛、酒精、甲醛温水合剂。在缺少药物的地方，可灌服醋、姜、盐合剂（分别为 100 毫升、40 克和 20 克）。因失水而血液浓稠、心脏衰弱时，可强心补液，输液 2000～3000 毫升。对病驴要专人护理。防止因疝痛而造成胃破裂或肠变位。适当牵遛有助于病体康复。治愈后要停喂 1 日，以后再恢复正常。

183. 怎样诊治驴胃肠炎？

胃肠炎是指胃肠黏膜及其深层组织的重剧炎症。驴的胃肠炎，各地四季均可发生。主要是饲养管理不当，过食精料，饮水不洁，长期饲喂发霉草料、粗质草料或有毒植物造成胃肠黏膜的损伤、胃肠功能的紊乱。用药不当，如大量应用广谱抗生素，尤其是大量使用泻剂，都易发生胃肠炎。此病的急性病例死亡率较高。

(1) 症状 病的初期，出现似急性胃肠卡他的症状，而后精神沉郁，食欲废退，饮欲增加。结膜发绀，齿龈出现不同程度的紫红色。舌面有苔，污秽不洁。剧烈的腹痛是其主要症状。粪便酸臭或恶臭，并带有血液和黏液。有的病驴呈间歇性腹痛。体温升高，一般为 39～40.5℃。脉弱而快。眼窝凹陷，有脱水现象，严重时发生自体中毒。

(2) 治疗 根本的环节是消炎。为排除炎症产物要先缓泻，才能止泻。为提高疗效，要做到早发现、早诊断、早治疗，加强护理，把握好补液、解毒、强心相结合的方法。治疗的原则是抑菌消炎，清理胃肠，保护胃肠黏膜，制止胃肠内容物的腐败发酵，维护心脏功能，解除中毒，预防脱水和增加病驴的抵抗力。病初用无刺激性的泻药，如液状石蜡 200～300 毫升缓泻；肠道制酵消毒，可用鱼石脂 20 克，克辽林 30 克；杀菌消炎用磺胺类或抗生素；保护肠黏膜可用淀粉糊、次硝酸铋、白陶土；强心可用樟脑；抗自体中毒，可用碳酸氢钠或乳酸钠，并大量输入糖盐水，以解决缺水和电解质失衡问题。

（3）预防　本病预防关键在于注意饲养管理，不喂变质发霉饲草、饲料。饮水要清洁。

184. 怎样防治新生驹胎粪秘结？

新生驹胎粪秘结为新生驴驹常发病。主要是由于母驴妊娠后期饲养管理不当、营养不良，致使新生驴驹体质衰弱，引起胎粪秘结。

（1）症状　病驹不安，拱背、举尾、肛门突出，频频努责，常呈排便动作。严重时疝痛明显，起卧打滚，回视腹部和拧尾。久之病驹精神不振，不吃奶，全身无力，卧地，直至死亡。

（2）治疗　可用软皂、温水、食油、液状石蜡等灌肠，在灌肠后内服少量双醋酚酊，效果更佳。也可给予泻剂或轻泻剂，如液状石蜡或硫酸钠（严格掌握用量）。

（3）预防　在预防上，应加强对妊娠驴的后期饲养管理。驴驹出生后，应尽早吃上初乳。

185. 怎样防治幼驹腹泻？

该病是一种常见病，多发生在驴驹出生 1～2 个月内。病驹由于长期不能治愈，造成营养不良，影响发育，甚至死亡，危害性大。本病病因多样，如给母驴过量蛋白质饲料，造成乳汁浓稠，引起驴驹消化不良而腹泻。驴驹急吃使役母驴的热奶，异食母驴粪便，以及母驴乳房污染或有炎症等原因，均可引起腹泻。

（1）症状　主要症状为腹泻，粪稀如浆。初期粪便黏稠色白，以后呈水样，并混有泡沫及未消化的食物。患驹精神不振、喜卧，食欲消失，而体温、脉搏、呼吸一般无明显变化，个别的体温升高。

如为细菌性腹泻，多数由致病性大肠杆菌所引起。病驹症状逐渐加重，腹泻剧烈，体温升高至 40℃ 以上，脉搏疾速，呼吸加快。结膜暗红，甚至发绀。肠音减弱，粪便腥臭，并混有黏膜及血液。由于剧烈腹泻使驹体脱水，眼窝凹陷，口腔干燥，排尿减少而尿液浓稠。随着病情加重，幼驹极度虚弱，反应迟钝，四肢末端发凉。

（2）治疗　对于轻症的腹泻，主要是调整胃肠功能。重症应着重于抗菌消炎和补液解毒。前者可选用胃蛋白酶、乳酶生、酵母、稀盐酸、0.1%的高锰酸钾和木炭末等内服。后者重症可选用磺胺脒或长效磺胺，每千克体重0.1~0.3克，黄连素每千克体重0.2克。必要时，可肌内注射庆大霉素。对重症幼驹还应适时补液解毒。

（3）预防　预防上要搞好厩舍卫生，及时消毒。驴驹每天应有充足的运动。就喂给母驴以丰富的多汁饲料，限制喂过多的豆类饲料。防治患病幼驹要做到勤观察、早发现、早治疗。

186. 怎样检查母驴不育症？

母驴的不育是指到配种年龄的母驴，暂时或永久地不能受胎，通常称为不孕症。母驴不育原因很多，其中母驴生殖器官功能紊乱和生殖器官疾病，是母驴最常见的不育原因。因此，必须对不孕母驴进行全面检查。要了解病史，包括年龄、饲养管理情况、过去繁殖情况、是否患生殖器官疾病或其他疾病，以及公驴情况等。对母驴进行全身检查，阴道检查，直肠检查，对症施治。

187. 怎样诊治驴的子宫内膜炎？

子宫内膜炎是母驴不孕的重要原因。造成炎性分泌物及细菌毒素危害精子，造成不孕和胚胎死亡。病原主要是大肠杆菌、葡萄球菌、双球菌、绿脓杆菌、副伤寒杆菌等。

（1）症状　母驴发情不正常，或是正常发情而不受胎。有时即使妊娠，也容易流产。母驴常从生殖道中排出炎性分泌物，发情时流出的更多。阴道检查时，可发现子宫颈阴道黏膜充血、水肿、松弛，子宫颈口略开张而下垂，子宫颈口周围或阴道底常积有炎性分泌物。重者有时伴有体温升高、食欲减退、精神不振等全身症状。慢性子宫内膜炎可分为黏液性、黏液脓性及化脓性子宫内膜炎。

（2）治疗 原则是提高母驴抵抗力，消除炎症及恢复子宫功能。

①改善饲养管理。平衡营养，加强管理，提高母驴身体抵抗力。

②子宫冲洗法。采用 45～50℃ 温热药液冲洗，从而引起子宫充血，加速炎症消散。冲洗药液不超过 500 毫升，采用双流导管进行冲洗。对轻度慢性黏液性子宫内膜炎可在配种前 1～2 小时用温度 40℃ 生理盐水、1% 碳酸氢钠溶液 250～500 毫升冲洗子宫 1 次。也可在配种及排卵后 24～48 小时，用上述溶液冲洗子宫，排净药液后，注入抗生素溶液。对慢性黏液性子宫内膜炎，常用 1% 盐水或 1%～2% 盐、碳酸氢钠等溶液反复冲洗子宫，直到排出透明液为止。排除药物后向子宫内注入抗生素药液。对慢性黏液脓性子宫内膜炎，除上述方法外，还可用碘盐水（1% 盐水 1 000 毫升加 2% 碘酊 20～30 毫升）3 000～5 000 毫升反复冲洗，效果较好。

③药物注入法。常用青霉素 120 万单位或青霉素 40 万单位及链霉素 100 万单位，溶剂为生理盐水或蒸馏水 20～30 毫升在子宫冲洗后注入。临床表明单纯向子宫内注入多种抗生素混悬油剂，而不冲洗子宫也有助于受胎。也可用碘制剂，即取 2% 碘酊 1 份，加入 2～4 份液状石蜡中，加温到 50～60℃，注入子宫。

④刮宫疗法。对慢性隐性子宫内膜炎较为理想。还可用中医针灸和中药疗法。

188. 怎样诊治驴卵巢功能减退?

本病包括卵巢发育异常、无卵泡发育和卵巢萎缩 3 种。常见的原因是饲养管理和使役不当。某些疾病也能并发此病。比如营养不良，生殖器官发育受到影响，卵巢功能自然减退，卵巢脂肪浸润，卵泡上皮脂肪变性，卵巢功能减退甚至萎缩，或者腐败油脂中毒，生殖功能遭受不良影响。饲料中缺乏维生素 A 和 B 族维生素，以及缺乏磷、碘、锰时，也对生殖功能影响较大。当母驴使役过度，可导致生殖器官供血不足，引起卵巢功能减退。母驴长期饲养在潮湿或寒冷厩舍内，并缺乏运动，早春天气变幻不定，外来母驴不适应当地气候等，都可以发生母驴卵巢功能降低，发情推迟，发情不正常或长期不发情。在配种季节里，气温突变，会使母驴卵泡发育受到影响，可能发生卵泡发育停滞及卵泡囊肿。生殖器官及全身疾病，均可引起卵巢功能减退及萎缩。

(1) 症状 卵巢功能减退可分为以下几种类型。

①卵泡萎缩。发情征候微弱或无。直检可能触到卵巢有中等卵泡，闭锁不排卵。数日后检查卵泡缩小或消失，不形成黄体。

②排卵延迟。母驴发情延长，虽有成熟卵泡，但数日不排卵，最后可能排卵和形成黄体。

③无卵泡发育。母驴产后饲养管理失宜，膘情太差，而出现长期不发情。直检可发现卵巢大小正常，但无卵泡和黄体。

④卵巢萎缩。母驴长期不发情。卵巢缩小并稍硬，无卵泡及黄体。

(2) 治疗 据病因和性质选择适当疗法。

①改善饲养管理。是本病治疗的根本。

②生物刺激法。将施行过办理精管结扎术或阴茎扭转术的公驴，放入驴群，刺激母驴的性反射，促进卵巢功能恢复正常。

③隔乳催情法。对产生不发情的母驴，半天隔离，半天与驴驹一起，隔乳 1 周左右，卵巢中就能有卵泡开始发育。

④物理疗法。一为子宫热浴法，可用 1% 盐水或 1%～2% 碳酸氢钠液 2 000～3 000 毫升，加热至 42～45℃，冲洗子宫，每日或隔日 1次。同时，配合以按摩卵巢法有较好效果，6 次以内即可见效。二为卵巢按摩法，隔直肠先从卵巢游离端开始，逐渐至卵巢系膜，如此反复按摩 3～5 分钟，连续数日，隔日 1 次，3～5 次收效较好。

⑤激素疗法。一为促黄体素又称黄体生成素，肌内注射 200～400单位，促进排卵。二为采孕马血清 1 000～2 000 单位，肌内注射，隔日 1 次，连续 3 次。三为垂体前叶激素，驴每日 1 次，肌内注射 1000～3000 单位，连续注射 1～3 次。四为促黄体释放激素类似物，每日肌内注射 50～60 毫克，可连续用 2～3 次。还有用电针、中草药疗法等。

189. 怎样诊治驴卵巢囊肿？

卵巢囊肿可分为卵泡囊肿和黄体囊肿 2 种。前者表现为不规律的频繁发情，或持续发情，后者则长期不表现发情。目前，此病因尚未清楚。初步认为与内分泌腺功能异常、饲料、运动、气候变化等有关。

（1）症状 持续发情和发情亢进。卵泡发育不正常。黄体囊肿，表现不发情，卵巢体积增大，囊肿直径可达5～7厘米，波动明显，触压有痛感。多次检查仍不发情可定为此病。

（2）治疗 早治早好，如果严重或两侧囊肿，发病时间长，囊肿数目多，治疗往往无效。治疗方法：

①改善饲养管理。改善饲养管理有利于驴恢复健康。

②激素治疗法。一是促黄体素，驴一次肌内注射200～400单位，一般在注射后4～65天囊肿即成黄体，15～30天恢复正常发情周期。若1周未见好转，第二次用药剂量应适当增加。二是促性腺激素释放激素，驴每次肌内注射0.5～1.5毫克。三是孕酮，驴每次肌内注射100毫克，隔日1次，可连用2～7次。四是地塞米松，驴每次肌内注射10毫克。还有中草药、电针和囊肿穿刺法等。

190. 怎样诊治驴的持久黄体？

系指于分娩、胚胎早期死亡或排卵（未受精）之后，妊娠黄体或发情周期黄体的作用超过正常时间而不消失。持久黄体多发生在母驴胚胎早期死亡之后所产生的假孕期。饲料不足、营养不平衡、过度使役，都会引起持久黄体。子宫疾病和早期胚胎死亡，而未被排出体外时，也会发生持久黄体。

（1）症状 主要是母驴发情周期中断，出现不发情。直检可发现一侧卵巢增大。如果母驴超过了应当发情时间而不发情，间隔5～7天的时间，经过2次以上的检查，在卵巢上触摸到同样的黄体，而子宫没有妊娠变化时，即可确诊为持久黄体。

（2）治疗 首先是加强饲养管理，适当加强运动。对子宫有疾病时应及时治疗。母驴早期妊娠中断时，应及时采用生理盐水冲洗子宫，及时排出死亡的胚胎及其残余组织，消除母驴胚胎早期死亡后发生的假孕现象。但禁止用孕马血清和促性腺激素。

前列腺素及其合成的类似物是疗效显著的黄体溶解剂。目前，应用较多的是其类似物 $PGF_{2\alpha}$，驴每次肌内注射 2.5～5 毫克。采用子宫内注入，效果更好，且可节省用量，每次用量为 1～2 毫克。一般注入 1 次后，2～3 天即可奏效。必要时可间隔 6～7 天，重复应用 1 次。前列腺素用量过大，易引起腹痛、腹泻、食欲减退和出汗等副作用，但大多数经数小时可自行消失。

191. 怎样诊治公驴不孕症？

公驴不育主要表现是不能授精，或精液质量低劣，不能使卵子受精。生殖器官疾病或全身性疾病，会导致公驴性欲不强或无性欲。公驴因感染病毒、细菌、原虫等，也能危害公驴繁殖力。引起公驴不育的主要疾病如下：

(1) 睾丸炎及附睾炎 本病多来自外伤，尤其是挫伤。临床表现为阴囊红肿、增大、运步拘谨、体温升高、触诊有疼痛感。有的精索也发炎变粗。由于睾丸和附睾发炎，精子生成遭破坏。配种时炎症可加剧病情。治疗可使用复方醋酸铅散或其他消炎软膏。化脓可采用外科处理。全身疗法可选用抗生素药物。

(2) 精囊炎 多继发于尿道炎，急性可出现全身症状，如行动小心、排便疼痛，并频做排尿姿势。直检可发现精液囊显著增大，有波动感，慢性的则囊壁变厚。其炎性分泌物在射精时混入精液内，使精液白颜色呈现浑浊黄色或含有脓液，并常有臭味，精子多数死亡。可采用磺胺类药物或抗生素治疗。

(3) 膀胱颈麻痹 本病通常是先天性的。当射精时膀胱颈闭锁不全，尿液随精液流出。所以精液中含有尿液，使精子迅速死亡。此病可试用士的宁制剂皮下注射 10～15 毫克进行治疗。

(4) 包皮炎 多由于包皮垢引起的炎症。影响采精，对患处要对症处理，定时用消毒液冲洗。

(5) 阳痿 即公驴配种时性欲不旺盛，阴茎不能勃起。是由饲养管理不佳引起本病。此外，由于采精技术不良，龟头及阴茎疾病，体质衰弱，持久疼痛，都可引起阳痿。

治疗时应查明原因，采取适当措施，如改善饲养管理，改进采精技术，注意公驴的条件反射等。可试用孕马血清，每次皮下注射4 000～6 000单位。

（6）竖阳不射精　本病特征为公驴性欲正常，阴茎也能勃起，而且也能交配，但不射精或不能完成射精过程。本病多因外界环境刺激（如母驴踢、鞭打、喧哗等）而中断交配，或因种公驴神经过度兴奋，均可产生不射精的现象。此外，尿道炎等造成射精管道阻塞，也会影响射精。

治疗时应消除外界环境的影响，以及在管理和采精技术方面的原因，对过于兴奋的公驴要在配种前牵到安静处遛动，也可应用镇静剂，由疾病引起的应及时早治。

（7）精液品质不良　主要表现为无精子、少精、死精、精子畸形、活力不强等。此外，还有精液有脓、血、尿等。精液品质不良是公驴不育最常见的原因。

根据上述原因，要加强饲养管理，饲料要营养全价，微量元素、维生素、蛋白质要满足需要。此外，还要在人工授精、运动等多方面查找原因，有针对性地解决。

192.　怎样诊治驴的外科创伤？

创伤是机械性外力作用驴体，致使驴的皮肤或黏膜的完整性发生破坏或组织形成缺损，而受伤部成为开放性损伤者，称为创伤。

（1）症状

①新鲜创。是创伤发生时间较短或在受伤时虽被污物、细菌污染，但还没有发生感染症状的创伤。其主要症状是出血、疼痛、创口哆开和技能障碍。急性大出血（超过总血量40%以上）可出现贫血症状（可视黏膜苍白，脉搏微弱，血压下降，呼吸促迫，四肢发凉甚至休克而死亡）。

②化脓性感染创。是指有大量细菌进入创口内，出现化脓性炎症的创伤。临床表现为创缘及创面肿胀、疼痛、充血、局部温度增高等炎症反应，同时不断地从创口流出浓汁。当创腔深，而创口小

或创口内存有异物时，则往往形成脓肿，或引起周围组织的蜂窝织炎。

（2）治疗

①新鲜创口的治疗步骤

a. 创伤止血。根据创伤发生的部位、种类及出血的程度，采用压迫、填塞、钳夹、结扎等止血方法，也可在创面撒布止血粉止血，必要时可以采用全身性止血剂，如维生素 K_3 注射液及安络血注射液等均可以。

b. 清洗创围和创面。先用灭菌纱布覆盖创口，剪去创围被毛，用温肥皂水将创围洗净，再以酒精棉球或稀碘酊棉球彻底清洁创围皮肤，然后用5%碘酊消毒。创围消毒后，除去覆盖纱布。处理创口的器械均须严格消毒。检查创内，用镊子除去浅表异物，用生理盐水或0.1%新洁尔灭液，反复洗涤创内，直至洗净为止，但不可强力冲灌，再用灭菌纱布轻轻地吸残存的药液和污物，但不可来回摩擦，以免引起疼痛、出血和损伤组织细胞。

c. 创伤外科处理。创口浅小，创面整齐，又无挫灭坏死组织的创伤，可不必进行外科处理；创口小而深，组织损伤严重的创伤，首先用外科剪扩大创口，修整创缘皮肤及皮下组织，消除创囊，再剪除破损肌肉组织，除去异物和凝血块。

d. 应用药物。对新鲜创口的治疗，主要是清除污染和预防感染。若外科处理彻底，创面整齐而又便于缝合时，可不必用药，也可撒布青霉素和链霉素粉，然后进行缝合。

e. 创口缝合。对无菌手术创或创伤发生后5小时以内，没有新鲜创，经外科处理后迅速缝合，争取一期愈合；对有感染可疑或有深创囊的创伤，通常在其下角留一排液口，并放入消毒纱布条引流；对有厌氧性及腐败性感染可疑的创伤，不缝合而任其开放，经4～7天后排除感染危险时，再做延期缝合；若创口裂开过大不能全部缝合时，可于创口两端，施以数个结节缝合，中央任其开放，用凡士林纱布覆盖，在肉芽组织生长后，再做后期缝合，或进行皮肤移植术；当组织损伤严重或不便于缝合时，可用开放疗法。

f. 外伤绷带包扎。用2层纱布中间夹有棉花的灭菌绷带覆盖全部创面，四肢用卷轴带或三角巾固定，其他部位可用胶绷带，也可用鱼石脂涂布创围以粘固纱布包扎。

②化脓性感染创的治疗步骤。清洗创围及创面同新鲜创。除去破碎的挫伤组织、凝血块及异物，扩大创口消除创囊，若创囊较大，而且囊底低下，应在其底部造一相对切口，以便引流。

当感染呈进行性发展，急性炎症现象明显，组织高度水肿，坏死组织被溶解，创间呈酸性反应，因毒素被吸收而呈全身中毒，这时应选用各种抗生素、磺胺制剂、高渗中性盐类（硫酸钠、硫酸镁、氯化钠）、奥氏液、碘仿醚合剂等。当坏死过程停止，创内出现健康肉芽组织、创伤进入组织修复期，这时主要是保护肉芽组织不受机械性损伤，并促进肉芽及上皮组织正常发育，加速创伤愈合，可选用磺胺乳剂（氨苯碘胺5克、鱼肝油30毫升、蒸馏水65毫升）、魏氏流膏（松馏油3克、碘仿5克、蓖麻油100毫升）、鱼肝油及凡士林的等份合剂，以及碘仿、鱼肝油等。

193. 怎样诊治驴蜂窝织炎？

蜂窝织炎是皮下、筋膜下或肌间等疏松结缔组织内发生的急性、弥漫性化脓性炎症。在疏松结缔组织中形成浆液性、化脓性或腐败性渗出物，病变易扩散，向深部组织蔓延，并伴有明显的全身症状。

本病主要致病是溶血性链球菌和葡萄球菌，较少见于腐败菌感染。一般可原发与皮肤和软组织损伤的感染，也可继发于邻近组织或器官化脓性感染的扩散，或经淋巴、血液的转移。有时疏松结缔组织内误注或漏入强刺激性药物也可引起。

（1）症状　蜂窝织炎的临床症状，一般是明显的局部增温，剧烈疼痛，大面积肿胀，严重的功能障碍，体温升高至39～40℃，精神沉郁，食欲减退。但由于发病部位不同，其临床特点亦不同。

①皮下蜂窝织炎。常发生在四肢或颈部皮下。

②筋膜下蜂窝织炎。常发生在鬐甲、背腰部、小腿部、股间筋膜和臂筋膜等处筋膜下的疏松结缔组织。

③肌间蜂窝织炎。常发生在前臂部及小腿以上，特别是臂部的肌间及疏松结缔组织。由于开放性骨折、火器伤、化脓性关节炎、化脓性腱鞘炎等所引起，多继发于皮下或筋膜下的蜂窝织炎，损伤肌组织、神经组织和血管。

（2）治疗 必须采取局部和全身疗法并重的原则。

①局部疗法。首先要彻底处理引起感染的创伤。病初未出现化脓时，采取药物温敷，局部脓肿不见消退且体温仍高时，应将患部切开，减轻内压，排出炎性物，未化脓前则在疼痛明显处动刀，要避开神经、血管、关节及腱鞘等。切开后排除脓汁、清洗创腔，选用适当药物引流，以后可按化脓感染创治疗。

②全身疗法。早用磺胺类药物、抗生素以及普鲁卡因封闭方法以控制感染。对动物加强饲养管理，给以全价饲料营养。

194. 怎样诊治驴外科脓肿？

在任何组织或器官内出现脓汁积聚，周围有完整的脓膜包裹者，称为脓肿。发病原因是葡萄球菌、链球菌、大肠杆菌、化脓棒状杆菌、绿脓杆菌等，它们经皮肤或黏膜的很小伤口进入机体而引起的脓肿；还可以从远处的原发感染灶，经血液、淋巴液转移而来；再就是注射时不遵守无菌操作或误注、漏注于组织内强刺激性药物引起脓肿。

（1）症状

①浅在性脓肿。发生在皮下结缔组织内，初期热、痛、肿明显。肿胀呈弥漫性，逐渐形成脓疱，破后排出脓汁。

②深在性脓肿。常发生与深筋膜下或深部组织中，由于有较厚的组织覆盖，局部肿胀常不明显，而患部的皮肤及皮下组织有轻微炎性水肿。触诊有指压痕及明显疼痛，穿刺可诊断。

（2）治疗 初期局部热敷疗法，涂布 5％碘酊、雄黄散等。必要时可应用抗生素、磺胺制剂疗法。当形成脓肿成熟后，应切开排脓。处理办法同前。

195. 怎样诊治驴的骨折？

骨的完整性和连续性遭到破坏，称为骨折。主要是由机械性外力而引起的。一是直接外力，如打、压、踢、撞、挤等。二是间接外力引起的。如滑倒、外力通过杠杆力等。三是肌肉突然收缩。四是某些疾病，如骨髓炎、骨疽、佝偻病、骨软症等。

（1）症状 病驴剧烈疼痛，肘后、股内侧常出汗，有压痛，患部肿胀，不能屈伸、移动，手触摸骨异样，X射线透视确诊。

（2）治疗 出血时要用绷带包扎止血，伤口涂碘酊，创内撒布碘仿磺胺粉（1∶9），并用绷带包扎。可用木板、竹片等物固定断端。可注射强心、镇痛剂或输液。要正确复位，进行合理固定，增加营养，保证功能尽快恢复。

196. 怎样诊治驴的关节扭伤？

关节扭伤是关切扭伤和关切挫伤的总称。是由于滑走、跌倒、急转弯、一肢踏嵌洞穴而急拔出，或因遭打击、冲撞等外力作用，使关切韧带和关切囊或关切周围软组织发生非开放性损伤。严重病例还可损伤关切软骨和骨端。

（1）症状

①球关节扭挫。转症时局部肿、痛均较轻，呈轻度肢跛。重症时站立检查，球节屈曲，系部直立，足尖着地。运步时球节屈曲不完全，以蹄尖着地前进，呈中度支跛或以支跛为主的混合跛行。触诊疼痛剧烈，肿胀明显。

②跗关节扭挫。站立时跗关节屈曲并以蹄尖轻轻着地。运动时呈轻度或中度混合跛行。压迫跗关节受伤韧带时，可发现疼痛或肿胀。重症时常在胫关节囊中出现浆液性渗出物，并发浆液性关节炎，有时可继发变形性关节炎或跗关节周围炎。

（2）治疗 受伤初期，可用压迫绷带或冷却疗法以缓和炎症。为了促淤血迅速消散，可改用温热疗法，若关节内积聚多量的血液不能吸收时，可行关节腔穿刺。疼痛剧烈者可肌内注射30％安乃近20～40毫升、安痛定20～50毫升等。为防感染可用青霉素和磺胺疗法。

若关节韧带断裂，特别有关节内骨折可疑时。应尽可能地安装固定绷带。当局部炎症转为慢性时，可用碘樟脑醚合剂（碘片20克、95％酒精100毫升、乙醚60毫升、精制樟脑20克、薄荷脑3克、蓖麻油25毫升），在患部涂擦5～10分钟，每日2次，连用5～7天。

197. 怎样诊治驴浆液性关节炎？

浆液性关节炎又称关节滑膜炎，是关节囊滑膜层的渗出性炎症。多见于跗关节、膝关节、球关节和腕关节。

（1）症状

①浆液性跗关节炎。关节变形，出现3个椭圆形的肿胀凸出的柔软而有波动的肿胀，分别位于跗关节的前内侧胫骨下端的后面和跟骨前方的内、外侧。交互压迫这3个肿胀时，其中的液体来回流动。急性期热、肿、痛显著，跛行明显。

②浆液性膝关节炎。站立时患肢提举并屈曲，或以蹄尖着地，中度跛行。发病关节粗大，轮廓不清，特别是三条膝直韧带之间的滑膜盲囊最为明显。触诊有热、痛和波动。当集聚黏液时而形成黏液囊肿，常波及股径关节腔。

③浆液性球关节炎。在第三掌骨（跖骨）下端与系韧带之间的沟内出现圆形肿胀。当屈曲球节时，因渗出物流入关节囊前部，肿胀缩小，患肢负重时肿胀紧张。急性经过时，肿胀有热痛，呈明显支跛。

（2）治疗 急性炎症初期应用冷却疗法，安装压迫绷带或石膏绷带，可以制止渗出。炎症缓和后，可用温热疗法，或安装着湿性绷带（如饱和盐水湿绷带、鱼石脂酒精绷带等），每日更换1次，对慢性炎症可反复涂擦碘樟脑醚合剂，涂药后随即温敷。

当渗出物不易吸收时，可用注射器抽出关节内液体，然后注入已加温的1％普鲁卡因注射液10～20毫升、青霉素20万～40万单位，并进行药敷。急、慢性炎症均可试用氢化可的松，在患部下数点注射或注入关节内。静脉注射10％氯化钙注射液100毫升，连用数日。

198. 怎样诊治驴的蹄叶炎？

蹄叶炎又称蹄壁真皮炎，是蹄前半部真皮的弥漫性非化脓性炎症。前、后蹄均有发病的可能，单蹄发病则少见。本病以突然发病，疼痛剧烈，症状明显为特征。其病因尚不十分清楚。初步分析与下列因素有关。一是突然食入大量精料或难消化的饲料，缺乏运动，引起消化障碍，产生的毒素被肠吸收，导致血液循环功能紊乱而致。二是长期休息，突然重役，又遇风寒感冒等。三是蹄形不正，或装、削蹄不适宜而诱发。四是驴患流感、肺炎、肠炎及产后疾病时也可继发本病。

（1）症状

①急性期。两前蹄发病，站立时，两前肢伸向前方，蹄尖翘起，以踵着地负重，同时头颈抬高，体重心后移，拱腰，后躯下蹲，两后肢前伸于腹下负重。常想卧地。强迫运动时，两前肢步幅急速而小，呈时走时停的步样。重病时，卧地不起。两后蹄发病，站立时，头颈低下，躯体重心前移，两前肢尽量后踏以分担后肢负重，同时拱腰，后躯下蹲两后肢伸向前方，蹄尖翘起，以蹄踵重地负重。强迫运动，两后肢步幅急速短小，呈紧张步样。四蹄发病，无法支持站立，终因不能站立而卧倒。重病者长期卧地不起，指（趾）动脉搏动亢进，蹄温升高，蹄尖壁疼痛剧烈，肌肉震颤，体温升高（39～40℃），心跳加快，呼吸促迫，结膜潮红。

②慢性期。急性蹄叶炎的典型经过，一般为6～8天，如不痊愈，则转为慢性。症状减缓。经久不愈的可出现蹄踵、蹄冠狭窄，有的则形成芜蹄，即蹄踵壁明显增高，蹄尖壁倾斜。整体变形。

（2）治疗 原则是消除病因，消炎镇痛，控制渗出，改善循环，防止蹄变形，采用普鲁卡因封闭疗法和脱敏疗法。清理胃肠，排除毒物，对消化障碍可服小剂量泻剂缓泻。

199. 怎样诊治驴的蹄叉腐烂？

蹄叉腐烂是蹄叉角质被分解、腐烂，同时引起蹄叉真皮层的炎症。发病原因是厩舍不清洁、粪尿腐蚀、蹄叉过削、蹄踵过高、狭窄、延长蹄以及运动不足等妨碍蹄的开闭功能，使蹄叉角质抵抗力降低时，易发生本病。一般后肢发病较多见。

(1) 症状 蹄叉角质腐烂，角质裂烂呈洞，并排出恶臭黑灰色液体。重者跛行，特别是在软地运动时跛行严重。当真皮暴露时，容易出血、感染，最后诱发蹄叉"癌"。

(2) 治疗 消除发病原因，对症治疗。去除腐烂物，用3%来苏儿或双氧水彻底洗净，填塞高锰酸钾粉或硫酸铜粉和浸渍松馏油的纱布条后，装以带底的蹄铁。防止污泥潮湿。笔者认为填塞高锰酸钾粉对一般脓肿效果最好。

十、驴病防治的科学用药

200. 怎样掌握病驴用药剂量的几个概念?

临床用药，该用多大的剂量合适有效，要掌握好用药剂量，应明确认识药品的药用量、常用量、极量、中毒量与致死量、突击量及维持量等概念;药物治疗中各种药量的数据是经过周密的药理学、药效学和毒理学实验，并经过反复的临床验证而确定的。

(1) 药用量 能产生治疗作用所需的药量为药用量，此量在医药学中也称治疗量或剂量。治疗量是有一定数量范围的，能产生治疗作用的最低量可称最低有效量，或称最小治疗量;药用量的最高量可称为最大治疗量，超过此量则易发生药物不良反应，甚至中毒，这是一个很关键的界限，一般不可逾越。例如:某种药物的有效量是 0.1～0.6克,那么,0.1克即最低有效量,小于 0.1 克则无治疗作用;0.6 克为最高治疗量,不可逾越,超过此量可能发生意外反应,具有一定危险性。

(2) 常用量 多指药物治疗量范围内的中间量，就是既有效又较安全这个范围的用量，有时也将这个量叫作常用剂量，实际上就是大多数成年驴能适应的用量，对于小驴，一般按每千克体重来计算药物的用量。

(3) 极量 指的是治疗量的最高剂量，极量是允许使用的量，但尽量不用到极量，因为安全系数小，容易发生不良反应。

(4) 中毒量与致死量 可引起中毒反应的量为中毒量，一般超过极量即可逐渐产生毒性，用量再大而引起死亡的量即为致死量。

(5) 突击量与维持量 在某种特定情况下，首先给较大剂量，这是为了使体内迅速达到较高的药物浓度，以尽快控制病情;然后经较

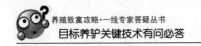

小剂量维持体内的有效浓度，这样，首剂为突击量，然后的较小剂量则为维持量。不过，这种给药方法必须在兽医指导下或经兽医允许方能采用，这种给药法仅限于个别病种与少数的药品，如磺胺类药物。

201. 驴养殖中怎样合理选用药?

在养驴实践中，选用药物必须注意如下原则：

(1) 根据具体情况选用药物

①年龄和性别。幼驹对药物的感受性要求要比成驴高，老龄驴对药物的耐受量降低，因此剂量要适当减少。母驴在怀孕期对某些药物比较敏感，如在怀孕后期应用毛果芸香碱等药物，则可能引起流产。

②个体差异。同种动物对同种药物，多数具有相近似的感受性和反应性，但个体对药物会出现特别的敏感性和反应性。具有敏感性的驴，应用小剂量机体也会产生强烈反应，甚至引起中毒。具有耐受性的机体对药物的敏感极低。甚至超过中毒量，也不会引起中毒。

③机体机能状态与病理状态。机体的机能状态不同，对药物的反应也有所不同。如呼吸中枢于抑制状态时，尼可刹米的兴奋作用就特别显著。解热药可使发热病畜的体温下降，但不会使正常动物的体温下降。肝、肾功能不全时，会影响到药物在体内前转化和排泄，而使某些药物对机体的作用显著加强或延长，甚至发生药物蓄积性中毒。

(2) 正确掌握用药剂量和疗程

①剂量。剂量一般由《兽药规范》规定作为标准。用药时，要根据性别、年龄、体重、病因等不同，在治疗剂量范围内适当增减，根据用药后疗效又适当加以调整，以充分发挥药物的治疗作用。

药物剂量常以每千克体重计算，如硫酸卡那霉素肌内注射，驴每千克体重10毫克。当以整个动物的个体来计算剂量（一般是指成年驴的用量）时，驴体重180千克为成年体重，小的则应减少用量。

②疗程。为了维护药物的有效深度，以达到治疗目的，需要在一定的时间内给药，一般以天来计算，称为疗程。在防治疾病，尤其对传染病和寄生虫，一定要有足够的疗程，才能达到预防治疗目的。在使用抗菌药物时，如果疗程不足，往往疗效或出现疾病复发，甚至使

病原菌产生耐药性。如果一个疗程后疾病未痊愈，则应继续第二个或第三个疗程。但是，有些动物反复应用时，可使病畜或病原体产生耐受性。经过一个疗程后不能达到预期疗效时，则应分析原因，改变方案；或者改用另一种药物，以达到预期的目的。

（3）合理合并用药

几种药物配合应用，会使药物的作用发生变化，有的表现为增强，有的表现为减弱，前者称为协同作用，后者称为颉颃作用。

①协同作用。合并用药主要就是得到协同作用，尤其希望得到增强作用。这样，一方面可提高疗效，另一方面还减少了药物的用量，从而减少了药物的副作用和毒性。如磺胺类药与抗菌增效剂的合用，可提高疗效几倍到几十倍。

②颉颃作用。常用于中毒病的治疗和防止药副作用的产生，如麻醉药中毒引起的中枢抑制，可用兴奋中枢药（如安钠咖等药物）进行治疗。

③配伍禁忌。两种或两种以上的药物配合在一起应用时，有的会产生理化性质的改变，使药物产生分解或沉淀，从而影响疗效，甚至对机体产生毒性。因此，在几种药物配合应用时，应注意配伍禁忌。

202. 目前我国有哪些兽药标准和兽药使用准则？

按照《兽药管理条例》的规定，兽药的标准可分国家标准、行业标准和地方标准。

（1）国家标准 国家标准是国家对兽药质量规格及检验方法所作的技术规定，是兽药生产、经营、使用检验和监督管理部门共同遵循的法定技术依据。它们为《中华人民共和国兽药典》《中华人民共和国兽药规范》和《兽用生物制品质量标准》。

国家标准对兽药的质量规格和检验方法等作了明确规定，详细记载了各种药物的名称、性状、鉴别方法、杂质限量及其检查法、含量范围和定量方法、作用与用途、剂型剂量、贮藏方法等。它是判断兽药质量的准则，具有法律的作用。凡不合兽药典要求的兽药，不能出厂销售和使用。

（2）行业标准 即《兽药暂行质量标准》，由中国兽医药品监察所制定、修订，农业部审批、颁布。

（3）地方标准 即各省、自治区、直辖市的《兽药制剂标准》。由省、自治区、直辖市兽医药品监察所制定，农业（畜牧）厅（局）审批、颁布。

驴生产中所使用的兽药主要有抗菌药、抗寄生虫药、疫苗、消毒防腐药和饲料药物添加剂。任何滥用兽药的行为都会遭受严重后果。养驴生产中特别要求正确使用兽药，防止兽药残留给人带来危害，为此专门制定了兽药使用准则。

（1）禁用药物 禁用有致畸、致癌、致突变作用的兽药。禁止使用未经国家畜牧兽医行政管理部门批准作为药物饲料添加剂的兽药及用基因工程方法生产的兽药。在驴饲料中禁用影响驴生殖的激素类药和具有雌激素样使用的物质，如玉米赤霉醇等；禁用麻醉药、镇痛药、中枢兴奋药、化学物保定药及骨骼肌松弛药。

禁用性激素类、β-受体兴奋剂、甲状腺素类和镇静剂类违禁药物。

（2）慎用药物 慎用农业部批准的拟肾上腺素药、平喘药、抗胆碱药、肾上腺皮质激素药和解热镇痛药。在驴饲养中，慎用作用于神经系统、循环系统、呼吸系统、内分泌系统的兽药。

（3）允许使用药物 对抗菌药、抗寄生虫药和生殖激素类药开列允许使用名录。允许使用国家标准中收载的畜用中药材和中药成分制剂，允许使用经国家兽药管理部门批准的微生态制剂。未经允许的药物不得使用。

203. 驴养殖中怎样把握兽药质量？

兽药的质量必须符合国家、行业或地方标准。合格的药品是指原料、辅料、包装材料等经过检验合格并严格按照药品生产工艺规程进行生产，经有关药检部门检验符合规定的药品。不合格药品包括假药和劣药。假药是指药品所含成分的名称和药品标准不符合的药品，以及禁用药品及未取得批准文号的药品。劣药是指药品质量不符合质量标准，包括包装不符合规定、超过有效期、变质不能使用等情况。

兽药的质量可以分为内在质量、外观质量和包装质量。内在质量是指标示的活性成分以及含量是否在标准规定的范围内。外观质量主要指药品有无变色、结块、潮解、析出结晶和沉淀。包装质量对药品的内在、外观质量也有影响，它可造成药品的有效期缩短，甚至失效。

药品的有效期是根据药品稳定性试验得出。药品稳定性却是指药品在其生产及贮藏过程中外观质量及内在质量保持程度。农业部于1999年颁发了《兽药稳定性试验技术规范（试行）》，是兽药稳定性考察项目和方法的基本依据。

药品化学变化的途径有多种，如氧化、水解、光解、脱水及异构化等。但依据化学反应动力学原理，降低温度、避光和防止吸湿等措施有利于减少分解。在药品的生产、贮藏、运输及使用过程中，一些人为因素和自然因素都可能影响药品质量的稳定。人为因素包括生产工艺与管理、包装材料的选择与包装方法、贮藏管理方法；自然因素有空气、光照、温度、湿度、微生物、虫鼠等因素。两者可以相互影响，彼此促进，使药品质量发生生物性质、理化性质改变。

药物的外观性状与包装质量是药物质量的重要表征，而兽药的内在质量检验一般由兽药检定机构负责。

检查的内容包括药物的包装检查、容器检查、标签或说明书的检查、原料药的检查及制剂的外观性状检查。

（1）包装 外包装应坚固、耐挤压，防潮湿。内包装应完整。包装破裂或已造成药品损失者，要进一步查询。包装必须注有兽药标签，并附有说明书。

（2）容器 易风化、易吸湿、易挥发的药品，应注意容器是否密封。遇光易变质的药品，应检查是否用遮光容器盛装。对于应防止空气、水分浸入与防止细菌污染的药品，要检查密封状况，如瓶盖是否松动，安瓿有无细小裂缝或渗漏等。

（3）标签或说明书 按兽药管理条例规定，标签或说明书上须注明商标、药品的名称、规格、生产企业、批准文号、产品批号、主要成分、含量、作用、用途、用法、用量、有效期和注意事项。采购与应用时，应对外层大包装、内层小包装及容器上三者的标签内容逐一检查，看是否一致。

（4）药品的出厂日期、批号、有效期与失效期 我国药厂生产的药品批号与出厂日期是合在一起的。批号是用来表示同一原料、同一次制造的产品，其内容包括日号和分号。日号用6位数字表示，前两位表示年份，中间两位表示月份，最后两位表示日期。若同一日期生产几批，则可加分号来表示不同的批次。如040521-3，表示2004年5月21日生产的第三批。

有效期是指在规定的贮藏条件下，能够保证药品质量的期限。标签上注明的有效期，表示期内有效，超过则失效。如注明有效期为2004年7月31日，7月31日起就过期了。也有在有效期药品标签上注明1年或几年的，这就需要根据批号来推算。如批号991207，注明有效期为2年，即指到2001年12月7日失效。

失效期是有效期的另一种表示方法。如注明失效期为2004年9月，即表明2004年8月30前有效，从9月1日起就过期失效了。

可根据批号和有效期有计划地采购药品，并在规定期限内使用，不仅可保证疗效，以减少不必要的损失。

（5）制剂的外观性状检查

①针剂（注射剂）：水针剂主要检查澄明度、色泽、裂瓶、漏气、浑浊、沉淀和装量差异。针剂主要检查色泽、粘瓶、溶化、结块、裂瓶、漏气、装量差异及溶解后的澄明度。

②片剂、丸剂、胶囊剂：主要检查色泽、斑点、潮解、发霉、溶化、粘瓶、裂片、片重差异，胶囊还应检查有无漏粉、漏油。

③酊剂、水剂、乳剂：主要检查不应有的沉淀、浑浊、渗漏、挥发、分层、发霉、酸败、变色和装量。

204. 驴养殖中怎样做好兽药的贮藏？

兽药典及标准对兽药的贮藏条件都有明确的规定。这些条件有光线、温度、湿度、包装形式等，各种规定条件如下：

（1）遮光 指用不透光的容器包装。

（2）密闭 指将药品置于容器密闭，不得被异物进入。

（3）密封 指容器封闭，防止风化、吸潮及挥发性气体的进入或逸出。

（4）阴凉处 指温度不超过 20℃。

（5）阴暗处 指避光且温度不超过 20℃。

（6）冷处 指温度为 2～10℃。

兽药在贮藏时一般要求温度不得超过 30℃，湿度不大于 75％，特殊药品按具体规定执行。要求防止霉变和虫蛀。平时要注意药品的养护，即为了达到贮藏条件要求，对药品所采取的避光、温度控制、湿度控制、防虫、防鼠措施，目的是减少和防止药品在贮藏过程中质量的变化。要求药品保管人员熟悉各种药品的理化性质和规定的贮藏条件；对药品进行分类管理；全面掌握药品进出库规律，按"先进先出，先产先出，近期（指失效期）先出"的原则，确定各批号药品的出库顺序，保证药品始终保存在良好状态。

205. 怎样安全为驴口服用药？

口服给药是治疗驴病最基本也最常用的方法。口服药物经胃肠吸收后作用于全身，或停留在胃肠道上发挥局部作用。其优点是操作比较简便，缺点是受胃肠内容物的影响较大，吸收不规则，显效慢。口服给药由于治疗药物有水剂、丸剂、舔剂之别，其投药方法亦有所不同，现分别介绍如下。

（1）水剂抽入法 将胃管经鼻腔或口腔缓慢准确地插入食管中。若经口腔插入时，需先给驴口腔内装上一只中央有一个圆孔的木制开口器，然后，将胃管由开口器中央的圆孔缓慢插入食管。为检验胃管是否插入食管，可将胃管的体外端浸入一盛满清水的盆中，若水中不见气泡即可证实胃管插入无误。若水中随着驴的呼吸动作而冒着大量气泡则说明胃管误插入气管，这时应将胃管拔出重新插入。

此外，也可通过人的嗅觉和听觉，从胃管的体外端予以鉴别。如闻到胃内容物酸臭味则说明已插入食管。如听到呼吸音或发出空嗽声则说明误插入气管，需更新插入。经检查确实无误后，将胃管的体外端接上漏斗，然后将药液倒入漏斗，高举漏斗过驴头，药液即自行流入胃内。药液灌完后，随即倒入少量清水，将胃管中药液冲下，拔出漏斗，再缓慢抽出胃管即可。若又患有咽炎的病驴则不宜使用此法，以免因胃管的刺激而加重病情。此外，还可用橡皮灌药瓶或长颈啤酒瓶通过口腔直接将药液灌入。方法是由助手固定驴头，灌药者以左手打开口腔，右手持药瓶将药液缓慢倒入口中。这种方法简便易行。一般人员都能掌握。

（2）丸剂投入法　固定驴头，投药者一手将驴舌拉出，一手持药丸，并迅速将药丸投到舌根部，同时立即放开舌头，抬高驴头，使之咽下。若用丸剂投药器投药时，则需配一助手协助。

（3）舔剂投入法　固定头部，投药者打开口腔并以一手拉出驴舌，另一手持竹片或木片将舔剂迅速涂于舌根部，随后立即放开驴舌，再抬高驴头，使之咽下。

（4）糊剂投入法　牵引驴鼻环或吊嚼，使驴头稍仰，投药者一手打开口腔，一手持盛有药物的灌角（驴角制的灌药器）顺口角插入口腔，送至舌面中部，将药灌下。

206. 怎样安全为驴注射用药？

注射给药是临床治疗中常用的方法，注射前必须仔细检查注射器有无缺损，针头是否通畅、有无倒钩，活塞是否严密，并将针头、注射器用清水充分冲洗，再煮沸消毒后备用。注射部位需剪毛，局部消毒。通常先用5％碘酊涂擦。再用70％酒精棉球脱碘，同时还应检查注射药物有无变质、失效，两种以上药物同时应用有无配伍禁忌等。然后注射者将自己的手指及药瓶表面或铝盖表面用药棉消毒，打开药瓶后，将针头插入药瓶抽取药液，排除针管内空气后即可施行注射。兽医于临床工作中可根据治疗需要和药剂性能分别采用皮下注射法、皮内注射法、肌内注射法、静脉注射法、气管内注射法、乳腺内注射法及腹腔内注射法等。其优点是吸收快而完全，剂量准确，可避免消化液的破坏。

（1）皮下注射法　对于易溶解无刺激性的药物或希望药物较快吸收，尽快产生药效时均可用皮下注射法。选择皮下组织丰富，皮肤易于移动的部位。一般都选择颈部皮下作为注射部位。将皮肤提起，将针头与畜体呈30°角斜向内下方刺入3～4厘米时注入药物。药液注入后拔出针头，并用酒精棉球按压针孔片刻即可。

（2）皮内注射法 驴结核菌素皮内反应检疫、炭疽芽胞苗免疫注射常用此法。注射部位在颈侧。有时在尾根。一手捏起皮肤。另一手持针管将针头与皮肤呈 30°角刺入表皮与真皮之间。缓慢注入药液，以局部形成丘疹样隆起为准。

（3）肌内注射法 这是临床治疗中最常用的给药方法。肌肉内血管较丰富，感觉神经较少，药液吸收较快。疼痛较轻，常用于有刺激性的药物或较难吸收的药物注射。注射部位多选择肌肉丰满的颈侧和臀部。先将针头垂直刺入肌肉内 2～4 厘米（视驴体大小和肌肉丰满程度而定）。然后接上注射器。抽提活塞不见回血即可注入药液，注射后拔出针头。注射前、后局部均涂以碘酊或酒精予以消毒以防感染。

（4）静脉注射法 对刺激性较大的注射液，抑或必须使药液迅速见效时，多采取静脉注射法，如氯化钙、补液等。静脉注射给药时，对注射器具的消毒更为严格，对药物的要求要绝对纯净，如见有沉淀或絮状物则绝对停止使用。

注射部位多在颈侧的上 1/3 与中 1/3 交界处的颈静脉沟的颈静脉内。注射前先将注射器或输液管中的空气排尽，注射时，以左手按压注射部位的下部，使颈静脉怒张，右手持针与静脉管呈 45°角刺入，见回血后将针头沿血管向内深插。固定好针头，接上注射器或输液管即可缓慢注入药液，注射完毕，用药棉压住针孔，迅速拔出针头，并按压针头片刻，以防出血，最后涂以碘酊。

207. 怎样安全为驴局部用药？

局部用药主要是外用，目的在于引起局部作用，如涂擦、撒布、喷淋、滴入（眼、鼻）等，都属于皮肤、黏膜局部用药。刺激性强的药物不宜用于黏膜。

208. 怎样安全为驴群体用药？

群体用药主要是为了预防或治疗驴群传染病和寄生虫病，促进驴发育、生长等，常常对驴群体施用药物。常用方法有混饲给药、混水给药、气雾给药、药浴、环境消毒等。

209. 什么是兽药残留？其基本术语有哪些？

（1）兽药残留 是指食品动物用药后，动物产品的任何食用部分中与所用药物有关的物质的残留，包括原型药物或（和）其代谢产物。

（2）兽药残留方面的基本术语

①日允许摄入量：缩写为 ADI，指人一生中每日从食物或饮水中摄取某种物质而对健康没有明显危害的量，以人体体重为基础计算，单位为微克/（千克·日）。

②最高残留限量：缩写为 MRL，指对食品动物用药产生残留后，允许存在于食物表面或内部的该兽药的最高量或浓度。一般以食物的鲜重计，单位为微克/千克。

210. 什么是休药期？如何遵守执行？

休药期：指动物用药后到屠宰或其产品（蛋、乳等）上市之间要有一定的间隔时间，其目的是让药物残留在休药期间得到一定程度上的消减，从而避免对人体健康造成危害。

凡用过兽药、饲料添加剂和其他化学物质的食品动物，均需执行休药期，因为存在于动物组织器官内的兽药残留会在休药期内得到一定程度的消除或降解。休药期由权威部门根据药物代谢研究、动物组织器官残留试验，并结合不同的动物种类、药物种类、用药剂量及给药途径而制定，一般为几小时、几天到几周，如驴使用正常剂量的氨苄青霉素注射剂后，应在 6 天内禁止屠宰、2 天内禁止乳上市。规定休药期的目的，不是为了保护动物，而是为了减少或消除动物性食品中的兽药残留，维护人体健康。因此，养殖企业一定要高度重视和认真遵守休假期，在休药期结束前禁止出售、屠宰动物或将其产品上市，更不得在屠宰前用药物掩饰动物的临床症状，以逃避宰前检查。

211. 兽药残留的主要危害有哪些?

(1) 毒性作用 人长期摄入含兽药残留的动物性食品后可造成药物蓄积。当达到一定浓度后,就会对人体产生毒性作用,如 1998 年发生在香港的盐酸克伦特罗(瘦肉精)中毒事件,因内地销往香港和深圳特区的商品猪肉中含有盐酸克伦特罗的残留而导致数十人发生心脑疾病。

(2) 过敏反应 牛奶类仪器中的青霉素类、四环素类和某些氨基糖苷类抗生素等残留会引起易感人体产生过敏反应(青霉素类残留还会引起变态反应),轻者出现皮肤瘙痒和荨麻疹,重者引起急性血管性水肿和休克,甚至死亡。

(3) 三致作用 即为致癌、致畸、致突变作用。由于一些药物会损害组织细胞、诱发基因突变并且具有致癌活性,因而兽药残留的"三致"作用更应该引起我们的重视。如磺胺二甲嘧啶能诱发人的甲状腺癌;氯霉素能引起人骨髓造血机能损伤;磺胺类药物能破坏人的造血系统;甾体激素能引起幼女早熟、男孩女性化及妇女子宫癌;苯丙咪唑类有致畸胎作用;激素类物质进入人体,会明显影响人体的激素平衡,从而诱发疾病等。近些年来,我国癌症发病率增高、各种疑难病症不断发生,很难说和我国养殖业中抗菌药物和生长激素的滥用现象没有关系。

(4) 导致病原菌产生耐药性 经常食用低剂量药物残留的食品可使细菌产生耐药性。动物在经常反复摄入某一种抗菌药物后体内将有一部分敏感菌株逐渐产生耐药性。成为耐药菌株,这些耐药菌株可通过动物性食品进入人体,当人患有这些耐药菌株引起的感染性疾病时,就会给临床治疗带来困难,甚至延误正常的治疗过程。

(5) 对胃肠道菌群的影响 正常机体内寄生着大量菌群,如果长期与动物性仪器中低剂量的抗菌药物残留接触,就会抑制或杀灭敏感菌,而耐药菌或条件性致病菌大量繁殖使人体内微生态平衡遭到破坏,机体易发生感染性疾病。

(6) 对生态环境质量的影响 动物用药后,一些性质稳定的药物随粪便、尿被排泄到环境中后仍能稳定存在,从而造成环境中的药物残留。高铜、高锌等添加剂的应用，有机砷的大量使用，可造成土壤和水源的污染。

此外，药物残留还影响动物性食品的进出口贸易。许多国家把畜产品药物残留列为国际贸易中的技术壁垒措施之一，如果我国在残留监控方面做得不好的话，势必在动物性产品的国际竞争中处于劣势。

212. 兽药残留对养殖企业自身有哪些影响?

兽药残留超标不仅有损于动物性食品消费者自身的健康，还增加大众对这些食品的消费恐惧心理，必然会使相关产品的生产和销售受到严重影响，使畜牧业经济受到沉重的打击，如 1998 年香港发生"瘦肉精"中毒事件后，香港地区下令禁止从大陆调入猪肝；2006 年上海市食品药品监管局在市场上销售的多宝鱼中检测出硝基呋喃类、氯霉素、孔雀石绿等残留后，多宝鱼销售市场门庭冷落，各家超市纷纷下架，使相关企业蒙受巨大的经济损失；有时管理部门还须从公众安全的角度出发，不得不将这些产品彻底销毁或屠杀动物，使养殖场（户）血本无归。因此发展养殖一定要控制兽药残留，养殖户不能对兽药残留的控制掉以轻心。

213. 造成兽药残留的原因有哪些?

造成兽药残留的原因主要有以下几个方面：

（1）个别养殖户法制观念淡薄，盲目追求高额利润　在饲料产品中超剂量添加兽药和其他违禁药品，为非法的兽药、饲料添加剂生产商提供"地下市场"。

（2）存在兽药使用理念上的误区　把兽药当作是一种促进动物生长、提高经济效益的"灵丹妙药"，从而滥用药物。

（3）配方不合理　缺乏合理用药知识，或者在不知道兽药残留危害的情况下，随意使用饲料药物添加剂。

（4）不遵守兽药休药期规定　在畜禽出栏前或奶生产过程中继续使用兽药。

（5）动物性食品不慎被兽药污染　在生产、加工、储运过程中动物性食品不慎被兽药污染。

214. 在驴养殖中如何控制兽药残留？

（1）树立正确的兽药使用理念，增加控制兽药残留的自觉性　从药理上来说，任何兽药都具有毒副作用，如果长期无节制使用，都会残留于动物的组织器官及其产品中，对人体健康和生态环境造成危害。在人类崇尚"绿色"，对肉、蛋、奶的安全卫生要求越来越高的今天，养殖企业要想在激烈的市场竞争中求得生存和发展的机会，一定要在饲养时重视兽药残留问题，尽量避免使用兽药。首先，树立正确的兽药使用理念，克服兽药在畜牧生产上的使用误区，绝不能以损害人民生命健康为代价来换取企业的发展和经济增长；应把兽药视为一种治疗、预防疾病的生理调节物质，而不应把它当作是一种促进动物生长、提高经济效益的"灵丹妙药"，即驴没病时不要乱用药。其次，预防驴病要在选育良种和加强饲养管理上做文章，严格执行消毒和兽医防疫制度，逐渐增强驴体对疾病的抵抗力。只有这样，才能既保护动物健康，又生产出可满足市场需求的动物性产品。

（2）治病时要避免违章用药　在动物遭受疾病、疫病威胁必须使用兽药时，也要正确使用药物，不要有病乱用药，更不得违章用药。首先，要禁止使用违禁药物、未批准的药物和可能具有"三致"作用的药物，因为这些药物往往对人体具有直接的毒性作用或致畸、致突变和致癌作用。其次，要遵循兽药处方制度，动物有病时应在兽医专业人士的指导下合理使用药物。因为任何疾病诊断错误、用药动物种类不符、用药途径改变、用药剂量不当，都有可能延长药物在动物体内的残留时间或增加残留量。最后，应做好用药记录，记载动物疾病和药物使用详情，这样对动物性食品的兽药残留临近具有重要意义。此外，患病动物最好隔离治疗，以避免动物接触含药的饲料、污水、粪便、垫草等，造成交叉污染或无意残留。

（3）研发"全程无抗毛驴养殖"新模式　从饲料营养到日常养殖管理，进行全面改进与创新，尽量减少养殖过程中的抗生素使用量，多使用以下产品来替代抗生素：①多使用一些中草药制剂和疫苗来控制动物疾病的发生；②多选用一些功能性添加剂产品，如山川生物科技（武汉）有限公司生产的植物精油和益生菌类产品来替抗代抗生素，促进动物健康。

215. 驴养殖中有哪些禁用兽药？

（1）**兴奋剂类**　克仑特罗、沙丁胺醇、西马特罗及其盐、酯及制剂。

（2）**性激素类**　己烯雌酚及其盐、酯及制剂。

（3）**具有雌激素样作用的物质**　玉米赤霉醇、去甲雄三烯醇酮、醋酸甲孕酮及制剂。

（4）**氯霉素及其盐、酯（包括：琥珀氯霉素）及制剂**

（5）**氨苯砜及制剂**

（6）**硝基呋喃类**　呋喃西林和呋喃妥因及其盐、酯及制剂；呋喃唑酮、呋喃它酮、呋喃苯烯酸钠及制剂。

（7）**硝基化合物**　硝基酚钠、硝呋烯腙及制剂。

（8）**催眠、镇静类**　安眠酮及制剂。

（9）**硝基咪唑类**　替硝唑及其盐、酯及制剂。

（10）**喹恶啉类**　卡巴氧及其盐、酯及制剂。

（11）**抗生素类**　万古霉素及其盐、酯及制剂。

216. 驴及食品动物有哪些禁用的杀虫剂、清塘剂、抗菌或杀螺剂兽药？

（1）林丹（丙体六六六）

（2）毒杀芬（氯化烯）

（3）呋喃丹（克百威0）

（4）杀虫脒（克死螨）

（5）酒石酸锑钾

（6）锥虫胂胺

（7）孔雀石绿

（8）**五氯酚酸钠**

（9）**各种汞制剂** 包括氯化亚示（甘汞）、硝酸亚示、醋酸示、吡啶基醋酸汞。

217. 驴养殖中有哪些禁用的促生长兽药？

（1）**性激素类** 甲基睾丸酮、丙酸睾酮、苯丙酸诺龙、苯甲酸雌二醇及其盐、酯及制剂。

（2）**催眠、镇静类** 氯丙嗪、地西泮(安定)及其盐、酯及其制剂。

（3）**硝基咪唑类** 甲硝唑、地美硝唑及其盐、酯及制剂。

218. 驴养殖中有哪些其他违禁药物和非法添加物？

（1）**肾上腺素受体激动剂** 盐酸克仑特罗、沙丁胺醇、硫酸沙丁胺醇、莱克多巴胺、盐酸多巴胺、西巴特罗、硫酸特布他林。

（2）**性激素** 己烯雌酚、雌二醇、戊酸雌二醇、苯甲酸雌二醇、氯烯雌醚、炔诺醇、炔诺醚、醋酸氯地孕酮、左炔诺孕酮、炔诺酮、绒毛膜促性腺激素（绒促性素）、促卵泡生长激素（尿促性素主要含卵泡刺激 FSHT 和黄体生成素 LH）。

（3）**蛋白同化激素** 碘化酪蛋白、苯丙酸诺龙及苯丙酸诺龙注射液。

（4）**精神药品** （盐酸）氯丙嗪、盐酸异丙嗪、安定（地西泮）、苯巴比妥、苯巴比妥钠、巴比妥、异戊巴比妥钠、利血平、艾司唑仑、甲丙氨脂、咪达唑仑、硝西泮、奥沙西泮、匹莫林、三唑仑、唑吡旦、其他国家管制的精神药品。

（5）**各种抗生素滤渣** 该类物质是抗生素类产品生产过程中产生的工业三废，因含有微量抗生素成分，在饲料和喂养过程中使用后对动物有一定的促生长作用。但对养殖业的危害很大，一是容易引起耐药性，二是由于未做安全性试验，存在各种安全隐患。

（6）**最新增添** 禁止在食品动物中使用洛美沙星、培氟沙星、氧氟沙星、诺氟沙星这 4 种原料药的各种盐、酯及其各种制剂。

十一、驴的屠宰与加工

219. 驴在屠宰时应注意哪些问题?

任何一批送宰的驴,驴场都要附上相关报表和兽医检疫学证明。交集团屠宰的驴,其肉量可按驴的活重、将胃肠内容物打折扣或按屠宰后实际胴体重计算。一般凡距屠宰场 100 千米以内的,折扣为驴活重的 1.5%;超过 100 千米的不打折扣。宰前要经过兽医对驴的检查,有病的和瘦弱的送专门车间屠宰。

宰前要让驴休息 24～48 小时,这不仅可降低微生物对肉的污染,而且也可以降低肉的 pH 值,有利于肉的贮藏。此间,驴一定要在安静的环境中。宰前 24 小时停食,但要给充足的饮水。

屠宰的流程是:电击、吊挂放血(时间在 10 分钟以上)、剥皮、开膛摘取内脏、胴体修整、劈半、检验和加盖卫生防疫章等工序。

220. 什么是驴的屠宰率和净肉率?

测定驴的屠宰率时,驴应空腹 24 小时以后屠宰(水照常)。驴的屠宰率为不计内脏、脂肪重量的新鲜胴体重与宰前活重的百分比。胴体重,即屠宰的驴除去头、四肢(从前膝关节和飞节截去)、皮、尾、血和全部内脏,而保留肾和其周围脂肪的重量。

净肉率为除去骨和结缔组织的胴体重与宰前活重的百分比。不同品种驴的屠宰率见表 11-1。

表 11-1 不同品种驴的屠宰率

驴种	年龄（岁）	数量（头）	屠宰率（%）	净肉率（%）	宰前活重（千克）	备注
关中驴	16 以上	16	39.32～40.38	—	—	西北农林科技大学，冬季补料 20～25 天
凉州驴	16 以上	16	36.38～37.59	—	—	西北农林科技大学，冬季补料 20～25 天
凉州驴	1.5～20	12	48.20	31.23	127.1	甘肃农业大学，秋季优质牧草育肥 60 天
晋南驴	15～18	5	51.50	40.25	249.15	秋季优质草料育肥 60 天
广灵驴	—	6	45.10	30.60	211.50	中等膘度
泌阳驴	5～6	5	48.29	34.91	118.80	中等膘度
佳米驴	14	8	49.18	35.05	—	未育肥，中等膘度
华北驴（江苏钢山）	—	8	41.70	35.30	115.60	六成膘度
西南驴（四川）	—	15	45.17	30.00	91.13	—

屠宰率是衡量驴产肉量的最主要指标。屠宰率越高，肉的品质也越好。此外，为了评定产肉率，胴体骨骼、肌肉、脂肪之间的比例也很重要。一定量的脂肪不仅能保证肉有很好的口感，而且也可以防止贮存、运输、烹调加工时过分干燥。评定肉品时，胴体截面的对比也有一定的意义。

221. 驴肉的膘度如何划分？

驴肉按年龄分为驴驹肉和成年驴肉。而成年驴肉中的青年驴肉细嫩鲜美，脂肪少，成年驴中的壮龄和老龄驴肉，肌纤维相对粗些，肥育后脂肪沉积多。成年驴肉按膘度可分为一、二、三等膘和瘦驴肉。

（1）一等膘 胴体肌肉发育良好，除鬐甲外骨骼不突出，脂肪在肌肉组织间隙，并均匀遍布皮下，主要存脂部位（鬐床、尻股部、腹壁内槽）肥厚的，也称上等膘。

(2) 二等膘 肌肉发育一般，骨骼突出不明显，主要存脂部位不太肥厚的，也称中等膘。

(3) 三等膘 肌肉发育不太理想，第1~12对肋和脊椎棘突外露明显，皮下脂及内脂均呈不连接的小块，也称下等膘。

(4) 瘦驴肉 肌肉发育不佳，骨骼突出尖锐，没有存脂的为瘦驴肉，一般不适于加工。

222. 驴的胴体如何分割？

胴体上不同的部位，肉的品质不同，表现在形态上和化学成分上都有差别，因而其加工制品的质量也不同。如烤肉、热肠、香肠、灌肠、熏肉、罐头等都是由不同部位的肉制成的。

驴胴体的分割，应按形态结构和食品要求对驴胴体进行等级分割，以期获得相同质量的不同部位的驴肉，使得工业加工和商品出售能够合理地利用胴体。

一般说来，驴的肋腹肉和鬐床肉脂肪丰富。后躯肉相反，肌肉丰富，脂肪含量中等，结缔组织不很多。后躯肉中还包括了以腰部为主的一些细嫩肉。肩部、上膊部、颈部的肌肉中，贯穿了许多结缔组织而缺乏脂肪。前膊部和颈部肌肉中的营养物质相对较差些。

驴胴体分割尚无统一的国家标准。

223. 怎样保藏屠宰后的驴肉？

宰后24~36小时，将驴的胴体分割成半，再劈成1/4，在-20~-18℃温度下，冷冻3昼夜，然后放入冰冻室，这样的驴肉可保藏半年左右。

一般宰后的驴肉都有一个后熟的过程，时间长短不一。这与驴的年龄、性别有关。一般驴肉在4℃条件下5天即成熟。需经过冷却→僵直→解僵→成熟的变化。

宰后6小时的新鲜驴肉pH值为6.3~6.6，三磷酸腺苷含量很高，这种驴肉仅可加工成香肠、灌肠，其产品的结合力和组织状况好。

宰后 96～120 小时，处于冷冻极限的驴肉处在僵直状态，系水力很低，不宜加工成高质量的肉制品。

宰后 120～168 小时，处于冷冻状态的驴肉，正在解除僵直，吸水力令人满意，完全适宜加工成食品。

宰后 7～14 天的驴肉，开始充分成熟，是加工成许多肉制品的良好原料。

224. 怎样进行驴肉酱卤制品的加工？

此法是我国传统的一大类肉制品。其特点：一为成品都是熟的，可以直接食用；二是产品酥润，有的带有卤汁，不易包装贮藏，适于就地生产，就地供应。酱卤制品有两项主要过程：一是调味；二是卤制。调味依不同地区而异，如北方喜咸味就多加点盐，南方人喜吃甜味就多加点糖。通常有五香制品、红烧制品、酱汁制品、糖醋制品、卤制品等。

● 五香驴肉（北京）的配方与加工工艺

（1）配方 按 50 千克驴肉计算，大茴香、豆蔻、料酒、陈皮各 250 克，高良姜 350 克，花椒、肉桂各 150 克，丁香、草果、甘草各 100 克，山楂 200 克，食盐 4～7 千克，硝酸钠 100～150 克。

（2）加工工艺

①腌制。将驴肉剔去骨、筋膜，并分割成 1 千克左右的肉块，进行腌制。夏季采用暴腌，即 50 千克驴肉，用食盐 5 千克，硝酸盐 150 克，料酒 250 毫升，将肉料揉搓均匀后，放在腌肉池或缸内，每隔 8 小时翻动 1 次，腌制 3 天即成。春、秋、冬季主要采用慢腌，每 50 千克驴肉用 2 千克盐，硝酸盐 100 克，料酒 250 毫升，肉下池后，腌制 5～7 天，每天翻肉 1 次。

②焖煮。将腌制好的驴肉，放在清水中浸泡 1 小时，洗净捞出放在案板上，控去水分。而后将驴肉、丁香、大茴香、花椒、豆蔻、陈皮、高良姜、肉桂、甘草和食盐 2 千克，放在老汤锅中，用大火煮 2

小时后，改用小火焖煮8~10小时，出锅即为成品。

③产品要求。同前。色佳味美，外观油润，内外紫红，入口香烂，余味长久。质量要求要符合国家标准 GB/T 23586—2009。

● **五香驴肉（河南周口）的配方与加工工艺**

(1) 驴肉的准备 采用无病的健康驴，适当肥育，宰前绝食4~5天拴入温室，大量排汗，排出体内异味，然后给饮大量五料汤（水）（丁香、豆蔻、草果、辛夷等多种药材）宰后去骨和筋膜，分割成1千克大小的肉块，清水洗净。

(2) 加工工艺

①腌制。50千克驴肉，用硝酸钠150克、料酒250毫升、食盐5千克腌20天，每日翻肉1次。

②焖煮。暴火2小时后，改小火为大沸不见小沸不断，中间翻花冒泡8~10小时，出锅即为成品。

(3) 产品质量 肉闻喷香，入口肥烂，味厚无穷，1984年被评为河北省优质产品证明。质量要求要符合国家标准 GB/T 23586—2009。

● **北京酱驴肉的配方与加工工艺**

(1) 配方 按去骨驴肉50千克计算，大盐2.5千克，酱油2千克，硝酸钠25克，大葱500克，黄酒250克，丁香75克，肉桂150克，小茴香150克，山柰100克，白芷25克，鲜姜250克。

(2) 加工工艺 将驴肉选修干净后，切成1~1.5千克重的肉块，放入清水锅中加入辅料袋（大葱、鲜姜一袋，丁香、肉桂、小茴香、山柰、白芷另装一袋）煮至大沸后放入大盐、硝酸钠，撇净血沫、杂质，盖上锅盖（锅盖要能直接压入汤内）煮至60分钟，其间翻锅2次。翻好锅后在锅内放入汤油盖住肉汤，再在锅盖上压上重物，然后把煮锅炉底封好火，焖6小时后取出，即为成品。质量要求要符合国家标准 GB/T 23586—2009。

● **天津酱驴肉的配方与加工工艺**

(1) 配方 按50千克原料驴肉计算，食盐1.5千克，酱油1.5千克，大葱250克，鲜姜250克，大蒜250克，黄酒150克，硝酸钠25克。

香料袋是将花椒1.25千克，大茴香、金橘、陈皮、草果、白芷、小茴香、山柰、肉桂、喜蔻、丁香等种250克，混合配为香料。再以

50 千克原料驴肉，需香料 150 克计算，根据原料驴肉的实际重量，把每原料肉所需的香料做成一个香料包备用。煮锅内加入适量水，再加上述辅料和香料包熬成卤汤。

（2）加工工艺

①原料选择与修整。选用经卫生检验合格、营养状况良好、去骨的驴各部位的肌肉，修割干净，去掉腺体，切成 2～3 千克重的肉块备用。

②浸泡。将切好的肉块放入清水中，浸泡 5～6 小时，并洗净杂质、污物，析出血水。

③煮制。分浸锅和卤锅煮制。先将经过浸泡干净的原料肉放入 100℃以后，再持续煮 1～2 小时，待原料肉煮透即可转入卤锅。卤汤可反复使用，陈卤汤质量更优，但必须在每煮一锅之前需增补不足的辅料和适量水。先将卤汤熬制 100℃，撇去杂质、浮沫，煮 3～4 小时，为使肉质熟透且煮得更快，锅内汤面浮油暂不撇去。如肉质很瘦，浮油过少，未形成油面时，还应添加卤油（即以前煮制时撇去的油），以增加煮制效果。出锅前将锅内浮油撇去，倒入料酒，即可出锅。

煮制时间长短要适当掌握，对较嫩的或肉块较薄的原料肉，应随煮随出锅。相反，肉块较大、肉质较老的则需延长一些时间，熟透后再出锅。出锅后的驴肉，应检查有无余骨，并趁热剔除，晾晾后即为成品。

（3）质量要求 制品出锅后要检查驴肉中是否有余骨、杂物等，色泽、气味、口感等都应符合标准。质量要求要符合国家标准 GB/T 23586—2009。

（4）产品特点 肉质纯净，色呈褐红，清香柔嫩，风味独特。

● **洛阳卤驴肉的配方与加工工艺**

（1）配方 按 50 千克生驴肉计算，花椒、高良姜各 100 克，大茴香、小茴香、草果、白芷、陈皮、肉桂、荜拨各 50 克，肉桂、丁香、火硝各 25 克，食盐 3 千克，老汤、清水各适量。

（2）加工工艺

①制坯。将剔驴肉切成重 2 千克左右的肉块，放入清水中浸泡

13~14小时（夏天时间短些，冬天长些），浸泡过程，要翻搅、换水3~6次，以去血去腥，然后捞出晾至肉中无水。

②卤制。先在老汤中加入清水，煮沸撇去浮沫，水大沸时将肉坯下锅。待沸后再撇去浮沫，即可将辅料下锅。用大火煮2小时，改用小火煮4小时。卤熟后浓香四溢，这时要撇去锅内浮油，然后将肉块捞出凉透即为成品。

③产品特点。酱红色，表里如一，内质透有原汁佐料香味，肉烂香爽口，如加适量的葱、蒜、香油切片调拌，其味更佳，为洛阳特产。

④质量要求。产品质量要求要符合国家标准 GB/T 23586—2009。

驴的内脏如心、肝、脾、肾、食管、胃、小肠、大肠、蹄筋都可用上述制法加工。均为可口的美味佳肴。此外，驴肉还可以制作罐头或真空包装等，制法不一一详述。

检验和贮藏：55℃保温库中，保温检查7天，合格者贴商标装箱。贮藏的适宜温度为0~10℃，不可高于30℃。

225.　怎样进行驴肉腌腊制品的加工？

腌腊制品是畜禽肉品加工的一项重要技术，在我国应用历史很久，世界各地普遍采用此种加工技术。我国的腌制品驰名中外，在明清两代时期，我国南方已有规模生产。所谓腌腊，就是将肉品用食盐、砂糖、硝酸盐和其他香辛料进行腌制，经过1个寒冬腊月，在低温条件下，使其自然风干成熟。腌腊制品在风干成熟过程中，脱掉大部分水，肉质由疏松变为紧密硬实。腌腊应用的硝酸盐，具有发色与抑菌作用，因而腌腊制品耐贮藏，色泽红白分明，肉味咸鲜可口，便于携带和运销，是馈赠、酬宾之佳品。其风味各地不同，如陕西、湖南、广东、浙江、四川等地的腊肉。现将陕西凤翔腊驴肉的加工方法介绍如下。

(1) 原料肉　主要取腰、股、臀、背、颈、上膊、胫的大块肌肉和驴阴茎。

(2) 腌制　取食盐（肉重的 6%～8%）和硝酸钠（肉重的

0.8%～1.2%）混匀，均匀擦入原料肉的表面。然后，一层肉一层硝盐叠加入缸。最后，在上面再撒一层硝盐。每 10 天翻缸 1 次，坯料上下变动，倒入另一缸中。30 天出缸时，肉剖面呈鲜艳玫瑰红色，手摸无黏感。

（3）挂晾 腌制好的肉，挂在露天自然风吹日晒干燥（温度不能高于 20℃），一般 7 天即可。手摸不黏，腌制的不良气味蒸发消散。

（4）压榨 将晾干后的肉块在加压机中压榨，压力由小至大，流出渗出液为准。时间 2～3 天。这样可使肉脱水，肌纤维间紧固。

（5）改刀 将大块肉切成 1.5～2.5 千克的小块，利于成品分割和炖煮时同时成熟，也利于调料配液的附着和吸收。

（6）烫漂 锅中水淹没肉，煮沸 10～15 分钟，强火加热，撇去汤中浮沫，然后翻肉块再煮沸 5～10 分钟，二次撇去浮沫；再次强火煮沸捞肉，去汤加新水重新煮。对驴钱肉，应将尿道从阴茎的海绵体肌中抽出。

（7）晾干 烫漂 3 次的肉，捞出放在晾板上（堆得不要过高）散热、晾至室温。

（8）配料 将白胡椒、肉桂、高良姜、草果、豆蔻、砂仁、荜拨、丁香作为上八味；花椒、桂皮、小茴香、荜拨、大茴香、干姜、草果、丁香为下八味，按一定的给量配成调料（根据各地口味来酌定其量）。

（9）炖煮 将调料用纱布包好，放入沸水中煮半小时，然后放入肉，强火、文火结合，先强火将肉炖沸，再用文火将肉炖熟。炖的时间长短，可用筷子扎试，或将肉剖开尝试，尝到肉熟，即表示已炖熟。这时，再用强火，待水煮沸，将肉捞出。

（10）上蜡 熟肉冷却后，放入驴油锅中（骇油中加少量香油）浸提几次，使其表面均匀涂上一层驴油，使肉块呈霜状颜色。油膜可防腐，油入内可增强酥脆性和香味。

（11）腌腊制品的要求（按国家标准 GB 2730—2015 执行）

①成品腊驴肉的感官指标。色泽透红、呈现出鲜红色，表面覆盖一层霜状物，从切面呈玫瑰色或绯红色，形态完整，肉质致密结实，

切面平整，气味浓香，味美可口，五香味，质密酥脆。钱肉更为珍贵，为"治诸虚百损，有强阴助阳之奇功"。腌腊肉中不允许有杂质、小毛、异物、血污等。不允许有异怪气味或臭味。

②理化指标。水分不得超过 25%；食盐不得超过 10%；酸价不得超过 4；亚硝酸盐每千克毫克数以亚硝酸钠计，不得超过 20。

226. 怎样进行驴肉干制品的加工？

驴肉的干制品与其他肉品干制一样，即在自然或人工控制条件下，促使肉中水分蒸发的一种工艺过程。肉中的水分降低的水平，能足以使其不能腐败变质为准。也是肉类贮存的一种方法之一。肉松、肉干的加工就是利用这种原理而为的。适用于长期贮存，便于行军、旅行携带等用途。

● 驴肉松的配方及加工工艺

(1) 配方 按 50 千克驴肉计，食盐 1 千克，红糖 1.2 千克，黄酒 1.2 千克，海米 1.2 千克，白萝卜 1.2 千克，酱油 1.8 千克，面粉 1.25 千克，花生油 1.5 千克，白糖 5 千克，大茴香 75 克，丁香 100 克，味精 150 克，大葱 250 克，生姜 250 克。

(2) 加工工艺

①将驴瘦肉修整干净后，用凉水浸泡，排出血水，切成 5 厘米的方块，投入凉水锅中烧沸后，撇净浮沫，放大盐 1 千克和辅料袋（包括：姜、葱、大茴香、丁香）、红糖、黄酒、海米、白萝卜、酱油、白糖，用旺火煮 2 小时，以肉丝能用手撕开为成熟。将浮油、沫子撇净。

②将驴肉捞出放入细眼绞肉机中绞碎，放在空锅中炒干，并将原煮锅内清过的卤汤全部倒入，约炒 30 分钟，使水蒸发为止。

③炒干后用细眼筛子过筛，将未散开的肉块（团）用手搓碎，以完全过筛。

④将面粉放入空锅干炒约 1.5 小时，以面粉变黄为止，过筛仍为干粉状，再与经煮熟过筛后的驴肉混合炒，放精盐 400 克、白糖 4.5 千克，炒匀后放入味精，再炒匀过筛，将肉搓碎。

⑤过筛后将炼好的花生油和肉末共同放在锅内炒（花生油应随炒随放），待花生油全部放入肉末后，继续炒 2 小时，出锅后再过筛即为成品。

⑥包装前应筛选除杂，剔除块、片、颗粒大小不合标准的产品。为使肉松进一步蓬松，可用擦松机，使其更加整齐一致。驴肉松的特点为红褐色，酥甜适口。

● **驴肉干的加工**

（1）原料肉的选择处理 取驴瘦肉除去筋腱，洗净沥干，然后切成 0.5 千克左右的肉块，总计 100 千克。

（2）火煮 煮至肉块发硬，捞出切成 1.5 立方厘米的肉丁。

（3）复煮 取原汤一部分，加入食盐、酱油、五香粉（分别为 2.5～3 千克、5～6 千克、0.15～0.25 千克）大火煮沸，汤有香味时，改为小火，放入肉丁，用锅铲不断翻动，直到汤干，将肉取出。

（4）烘烤 将肉丁放在铁丝网上，用 50～55℃烘烤，经常翻动，以防烤焦。过 8～10 小时，烤到肉硬发干，味道芳得，则制成肉干。

（5）包装 用纸袋包装，再烘烤 1 小时，可防霉变，延长保质期。如包装为玻璃瓶或马口铁罐，可保藏 3～5 个月。

（6）肉干制品的质量要求 感官指标：色泽为制品应有的色泽，形状外形完整均匀、紧密。口味鲜香，无异味、无杂质。水分不得超过20％。细菌总数每克不得超过30 000个；大肠杆菌每 100 克不得超过 40 个；致病菌不得检出。肉干制品质量应符合国家标准 GB/T 23969—2009。

227. 怎样进行驴肉熏烤制品的加工？

熏烤制品本来又可分为熏制品和烤制品。熏制品是指用木材焖烤所产生的烟气进行熏制加工的一类食品；既可防腐，又可提高肉制品的风味。烤制品是经过配料、腌制，最后利用烤炉高温将肉烤熟的食品，也称为炉产品。制品经 200℃以上的高温烤制，使表面焦化，产品具有特殊的香脆口味。

熏驴肉的配方与加工工艺：

（1）配方 按 50 千克驴肉计算，精盐 5 千克，硝酸钠 25 克，花椒粉 50 克，肉桂粉 50 克。

（2）加工工艺

①腌制。将驴肉切成 2～4 千克的肉条，用配料擦匀，逐条入缸，一层驴肉条，一层本料，最上层也撒一层配料。每天上、下互调，同时补撒配料，腌 15～20 天后，将肉条取出，用铁钩挂晾，离地 50 厘米以上。

②熏制。挖坑，坑中放松柏枝、松柏锯末，将驴肉条用铁钩挂在坑上面的横木上。点燃树枝、锯末，仅让其冒烟，坑上面盖好封严，熏 1～2 小时，待驴肉表面干燥，有腊香味，肉呈红色即可。熏好的驴肉放于阴凉通风处保存。

③煮食。将熏好的驴肉用温水洗净，放入锅中，加热高压煮熟（约 20 分钟），取出切片，装盘上桌。亦可把擀好的面切成二指宽、三指长的面片放沸水内煮熟，装盘，上放煮熟切好的肉片，然后把洋葱切丝，与煮肉的汤最后一起倒入盘中，即可上桌食用。熏驴肉是新疆地区驰名的风味食品，很受消费者欢迎。

④熏烤制品的质量要求。应具红褐色，形状整齐，外形完整，有弹性，切面平整。口味鲜香，味美无异味。不允许存在毛类，肉面清洁无血污。细菌总数每克不得超过 30 000 个，大肠杆菌每 100 克不准超过 70 个，致病菌不得检出。熏烤制品质量应符合商业行业标准 SB/T 10279—2008 和国家标准 GB/T 20711—2006。

228. 怎样进行驴肉灌制类产品的加工？

将驴肉或副产品切碎之后，加入调味品、香辛料均匀混合，灌装肠衣中，制成的肉类制品，总称为灌制类产品。食用方便宜于携带，保存时间较长。这类产品种类多，有中式的香肠和欧式的灌肠。无论在外形还是口味上都有明显区别。

● 驴肉灌肠的配方与加工工艺

（1）配方 按 50 千克原料肉计算，驴肉 35 千克，猪膘 15 千克，食盐 1.5 千克，料酒 1 升，味精 50 克，胡椒粉 100 克，花椒粉 100 克，白糖 200 克，维生素 C 5 克，硝酸钠 25 克。

（2）加工工艺

①原料选择与整修。选用经卫生检验鲜、冻驴肉及猪肉硬膘肉为原料。将驴肉用清水浸泡后，割除淤血、杂质。如选用驴肉的前、后腿，则修净碎骨、结缔组织及筋、腱膜等。

②绞肉、切丁。将选择修好的驴肉切成 500 克左右的肉块，用 1.3 厘米大眼算子绞肉机绞出，把猪的硬膘肉用刀切成 1 立方厘米的膘丁。

③腌制。将绞、切好的原料混合在一起，加入硝酸钠、食盐和所有的辅料，放入搅拌机内搅拌均匀后，放于容器内在腌制间，腌制 1～2 小时。腌制时间，随室温高低灵活掌握。

④灌制。将腌制好的馅，灌入口径为 38～40 毫米的猪肠衣中，肠衣一定要卫生干净。每根腊肠，以 15 厘米长度扎 1 节。串杆时要注意间距，避免过密而烤得不均匀。

⑤烘烤。烘烤温度为 55～75℃。烘烤 6 小时后，视其干湿程度，再烘烤 4～6 小时。烘烤时要缓慢升温，不可亮温急烤，要让水分逐渐蒸发干燥，肌肉缓慢收缩。待肠衣表面干燥、坚实、色泽红亮时，即可出炉晾凉为成品。

⑥质量要求。表面干爽，清洁完整，肉馅紧贴肠衣、为枣红色而光亮、肠体结实、气味醇香、口感甘香、鲜美。细菌总数每克不超过 30 000 个；大肠杆菌为每 100 克中不超过 40 个；无致病菌检出（致病菌指沙门氏菌、志贺氏菌、致病性葡萄球菌、自溶血性弧菌，检验哪种可据情而定）。

● **驴肉肠的配方与加工工艺**

（1）配方 按 50 千克驴肉计算，香油 3 千克，大葱 10 千克，硝酸钠 25 克，鲜姜 3 千克，精盐 3 千克，淀粉 30 千克，肉桂粉 200 克，花椒（熬水）200 克，红糖（熏制用）200 克。

（2）加工工艺 将驴肉放入清水中浸泡，以排出血水，切成 10 厘米方块肉，放入细眼绞肉机中绞碎后放入容器内，加入葱末、姜末、花椒水。再将淀粉的一部分用沸水冲成糊状，然后加入香油、淀粉、肉桂粉等辅料，与容器内的肉馅一起调匀，灌入干净的驴肉小肠内，两端用麻绳扎紧，长40～50厘米，放入100℃的沸水锅内煮制1小时，然后熏制25分钟即为成品。驴肉肠的加工工艺，大体与北京粉肠的加工工艺相同。色泽呈红褐色，明亮光泽，有熏香味，风未独特。上述两种灌肠分别可采用中式和西式两种生产流程。产品质量要求，要符合国家标准GB 2726—2015和GB/T 5009.44—2003规定。

229. 怎样进行驴药用产品的加工？

（1）阿胶　阿胶的加工工艺：先将带驴皮放清凉水中浸泡，每日换水2次，连泡4～6天，毛能拔掉后取出。拔去所有的毛后，并以刀刮净，除去内面的油脂，切成小块，再用清水如前泡2～5天。放锅内加热，烧火熬制约3天，锅内液汁变得稠厚时，用漏勺把皮捞出，继续加水熬制。如此反复5～6次，直至皮内胶汁熬尽，去渣，将稠厚液体与各次所得胶汁一起放锅内用文火加温浓缩，或在出胶前2小时加入适量黄酒及冰糖，熬成稠膏状时，倒入涂有麻油的方盘内，冷却凝固后取出，切成0.5厘米厚、3厘米宽、5厘米长的片，放在阴凉通风处阴干，即成阿胶成品。

（2）外用药

①驴头骨汤。去肉驴头骨，加清水1面盆，煮30～40分钟。取此汤洗头，治头风白屑。

②驴脂暗疮疥膏。驴内脏包裹的脂肪和系膜，加热炼制。放冷处保存（不酸败），敷恶疮、疥鲜和风肿。

③生脂花椒塞。生驴脂适量与花椒粉5克，捣成泥状。棉花外包塞耳内，治多年耳聋病。

④驴脂鲫鱼胆汗滴耳油。乌驴脂少许、鲫鱼胆1个取胆汁，加麻油20毫升和匀，注入鲜葱管中，7日后取出放入有瓶塞玻璃瓶中备用。滴耳内3滴，每日2次，治耳聋。

⑤食盐驴油膏。适量的盐和驴油调成膏，涂患处。治手足和身体风肿。

⑥驴脂。治眼中息肉，驴脂、白盐等份和匀，注两目眦头，每日

3 次，1 个月瘥。(《千金留言》)

⑦驴头骨灰。取驴头 1 个，火内烧透，凉后研末和油调匀，涂小儿颅解热。

⑧生驴皮。治牛皮癣。生驴皮 1 块，以朴硝腌过，烧灰后油调搽之，此名叫"一扫光"（李楼奇方）。(《本草纲目》)

⑨驴毛。治头中一切风。用 660 克炒黄，投 6 000 毫升酒中，渍 3 日，空腹细饮，令醉，暖卧取汗。明日更饮如前。忌陈仓米、面（孟诜）。(《本草纲目》)

⑩驴蹄。治肾风下注，生疮。用驴蹄 20 片（烧成灰），密陀僧、轻粉各 5 克，麝香 2.5 克，为末，敷之（奇效方）。(《本草纲目》)

（3）药膳

①驴肉五味汤。驴肉泥 200 克，生姜 20 克，花椒 7 粒、葱白 1 根，加清水 700～1 000 毫升，煮半小时，加少许盐制成汤。每日 1 次，连服数日，可治忧愁不乐，能安心气。

②清煮驴肉汤。驴肉 200 克，煮烂去肉，空心饮汤，常服能补血益气，治劳损，驴肉亦可食用。

③驴头肉汁。驴头剥皮洗净，加热至骨、肉分离后，去骨、肉，将汤放冷处保存。每日温服，每次 200～300 毫升，治多年消渴，肉亦可食用。

④驴头肉姜薷汁。驴头肉 200 克，生姜泥 50 克，加清水 700～1 000 毫升，煮至烂熟加食盐少许。先饮汤，肉另外吃，可治黄疸。

⑤驴头豉汁汤。去皮驴头 1 个，清水、豆豉适量，煮至肉烂骨离。去头饮汤，次数不限。可治心肺积热，肢软骨痛，语塞身颤，头眩晕中风后遗症。

⑥驴脂乌梅丸。驴脂适量与乌梅肉粉 30 克和匀成丸。未发作前服一半，治多年疟疾。

⑦生驴脂酒。取新鲜生驴脂 20 克，与等量的白酒,同服,治咳嗽。

⑧驴鞭枸杞汤。驴鞭剖开切成小块，与枸杞同煮至烂熟。吃肉喝汤，治阳痿，壮筋骨。

⑨牡驴剔骨汤。剔去肉的公驴骨头，煮汤，肉烂离骨即可。放少量盐饮用，可治多年消渴。

十二、驴的进口与出口

230. 办理驴进出口的审批机关是哪个？需要具备什么条件？应当向初审检疫机关提供哪些材料？

国家质量监督检验检疫总局（简称质检总局）是国务院主管出入境动植物检疫、进出口食品安全等工作，并行使行政执法职能的直属机构。质检总局的动植物检疫监管司负责拟订出入境动植物及其产品检验检疫的工作制度；承担出入境动植物及其产品的检验检疫、注册登记、监督管理，按分工组织实施风险分析和紧急预防措施；承担出入境转基因生物及其产品、生物物种资源的检验检疫工作；管理出入境动植物检疫审批工作。各地检验检疫机构负责管理出入境动植物检疫的初审工作。

办理驴的进出口需要具备以下3个条件：

首先，输出国与输入国已经签署马属动物的检疫和卫生要求议定书，并作为官方文件下发两国出入境检验检疫部门。

其次，申请办理检疫审批手续的单位（以下简称申请单位）应当是具有独立法人资格并对外签订贸易合同或者协议的单位。

最后，申请单位应当在签订贸易合同或者协议前，向审批机构提出申请并取得《检疫许可证》。

申请单位应当向初审检疫机关提供以下材料：

①申请单位的法人资格证明文件（复印件）；

②输入动物需要在临时隔离场检疫的，应当填写《进境动物临时隔离检疫场许可证申请表》；

③输入动物肉类、脏器、肠衣、原毛（含羽毛）、原皮、生的骨、角、蹄、蚕茧和水产品等由国家质检总局公布的定点企业生产、加工、

存放的，申请单位需提供与定点企业签订的生产、加工、存放的合同；

④按照规定可以核销的进境动植物产品，同一申请单位第二次申请时，应当按照有关规定附上一次《检疫许可证》（含核销表）；

⑤办理动物过境的，应当说明过境路线，并提供输出国家或者地区官方检疫部门出具的动物卫生证书（复印件）和输入国家或者地区官方检疫部门出具的准许动物进境的证明文件；

⑥因科学研究等特殊需要，引进进出境动植物检疫法第五条第一款所列禁止进境物的，必须提交书面申请，说明其数量、用途、引进方式、进境后的防疫措施、科学研究的立项报告及相关主管部门的批准立项证明文件；

⑦需要提供的其他材料。

实例：我公司想和山东东阿阿胶股份有限公司合作从国外进口一批盐渍鲜驴皮，需要什么手续和材料，怎么办理？

按照国家质检总局要求，进口动物生皮必须在国家质检总局批准的进境动物皮张定点加工企业进行加工使用。山东东阿阿胶股份有限公司属于国家质检总局批准的进境动物皮张定点加工企业。如果贵公司计划和山东东阿阿胶股份有限公司合作进口生驴皮，按照国家质检总局《进境动植物检疫审批管理办法》要求，进口生驴皮对外签订贸易合同前，需要提前办理《进境动植物检疫许可证》，办理许可证时需要提供以下材料："中华人民共和国进境动植物检疫许可证申请表"、加工厂所在地检验检疫机构出具的考核报告、申请单位和定点加工厂签订的委托加工协议等材料。具体办理流程请登录山东出入境检验检疫局网站（www. sdciq. gov. cn）查看"进境动物及其产品检疫许可审批"。另，目前仅有埃及、墨西哥、秘鲁三个国家允许向中国出口生驴皮。

231. 为什么要办理进境动物的检疫？

（1）保护农、牧、渔业生产安全　农、牧、渔业生产在世界各国国民经济中占有非常重要的地位。采取一切有效的措施免受重大疫情的灾害，是每个国家动物检疫部门的重大任务。

（2）**促进经济贸易的发展**　当前国际间动物及动物产品贸易的成功与否，具有优质、健康的动物和产品是关键。动物检疫工作是保证动物健康的关键。

（3）**保护人民身体健康**　动物及其产品与人的生活密切相关。许多疫病是人畜共患的传染病，据有关方面不完全统计，目前动物疫病中，人畜共患的传染病已达 196 种。1996 年在世界范围内引起的疯牛病（BSE）风波其主要原因是与人的健康有关而风靡世界。动物检疫对保护人民身体健康具有非常重要的现实意义。

232.　怎样及时实施报检？进口驴的检验检疫程序主要有哪些？

《动植物检疫法实施条例》规定：输入种畜禽，货主或其代理人应在动物入境前 30 天到隔离场所在地的检验检疫机关报检；输入其他动物，货主或其代理人应在动物入境前 15 天到隔离场所在地的检验检疫机关报检。报检时提供：报检员证、入境动物检疫许可证、贸易合同、协议、发票、正本动物检疫证书（可在动物入境时补齐），并预交检疫费。

进口驴与其他动物一样，要按照严格的程序和步骤进行，主要有：申请进境动物检疫许可证；国家派员进行境外产地检疫；申请单位及时报检；进境现场检疫；进境隔离检疫；实验室检验；检验检疫结果处理等环节。

233.　怎样申请进境动物检疫许可证？

输入动物、动物遗传物质应在签定贸易合同或赠送协议之前，货主或其代理人必须填写《进境动植物检疫许可证申请表》，向国家质检总局申办《进境动植物检疫许可证》。国家动植物检疫机关根据对申请材料的审核及输出国家的动物疫情、我国的有关检疫规定等情况，对同意进境动物、动物遗传物质的发给《中华人民共和国动物进境检疫许可证》。

234. 怎样进行境外产地检疫？

为了确保引进的动物健康无病，国家质检总局视进口动物的品种（如猪、马、驴、骡、牛、羊、狐狸、鸵鸟等种畜、禽）、数量和输出国的情况，依照我国与输出国签署的输入动物的检疫和卫生条件议定书规定，派兽医赴输出国配合输出国官方检疫机构执行检疫任务。其工作内容及程序如下：

（1）同输出国官方兽医商定检疫工作　了解整个输出国动物疫情，特别是本次拟出口动物所在省（州）的疫情，确定从符合议定书要求的省（州）的合格农场挑选动物；初步商定检疫工作计划。

（2）挑选动物　确认输出国输出动物的原农场符合议定书要求，特别是议定书要求该农场在指定的时间内（如 3 年、6 个月等）及农场周围（如周围 20 千米范围内）无议定书中所规定的疫病或临床症状等，查阅农场有关的疫病监测记录档案、询问地方兽医、农场主有关动物疫情、疫病诊治情况；对原农场所有动物进行检查，保证所选动物必须是临床检查健康的。

（3）原农场检疫　确认该农场符合议定书要求，检查全农场的动物是健康的，监督动物结核或副结核的皮内变态反应或马鼻疽点眼试验及结果判定；到官方认可的负责出口检疫的实验室，参与议定书规定动物疫病的实验室检验工作，并按照议定书规定的判定标准判定检验结果；符合要求的阴性动物方可进入官方认可的出口前隔离检疫场，实施隔离检疫。

（4）隔离检疫　确认隔离场为输出国官方确认的隔离场；核对动物编号，确认只有农场检疫合格的动物方可进入隔离场；到官方认可的实验室参与有关疫病的实验室检验工作及结果判定；根据检验结果，阴性的合格动物准予向中国出口；在整个隔离检验期，定期或不定期地对动物进行临床检查；监督对动物的体内外驱虫工作；对出口动物按照议定书规定进行疫苗注射。

（5）动物运输　拟定动物从隔离场到机场或码头至中国的运输路线并监督对运输动物的车、船或飞机的消毒及装运工作，并要求使用

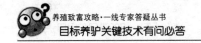
药物为官方认可的有效药物。运输动物的飞机、车、船不可同时装运其他动物。

235. 怎样实施进境现场检疫？

在货物到达进境口岸前，货主或其代理人要提前预报准确的到港时间，并做好通关和卸运准备。检疫人员对运输动物的车辆要提前进行消毒处理。

现场检疫人员应在卸运动物的场地设立简易隔离标志，并对场地进行消毒，闲杂人员不得靠近运输工具。检疫人员在卸运动物前登上运输工具，检查运输记录、审核动物检疫证书、核对货证，对动物进行临床观察和检查。对动物的临床观察包括精神状态、被毛、站立或俯卧姿势，天然孔或排泄物有无异常，如在机舱或甲板上散放的动物还要观察口腔、眼结膜及步履状态。特别要注意观察有无口蹄疫、非洲猪瘟、猪传染性水疱病、禽流感、新城疫等一类传染病的临床症状。如发现国家规定的一类传染病症状或不明原因的大批死亡，须拒绝卸货并立即上报上一级检验检疫机关，经进一步确认为一类传染病时作"不准入境，全群退回"或"全群扑杀、销毁"处理；如发现个别动物死亡或临床不正常，在确认为非一类传染病后，准予卸货，将死亡动物消毒、销毁。

对运输、卸运动物的工具、动物排泄物、废水、铺垫物、外包装物和卸运场地进行和无害化处理。对装载动物的飞机、船舶消毒后出具《运输工具消毒证书》。现场检疫结束后，如未发现异常，动物由检疫人员押运至指定的动物隔离场。进境动物在进境口岸检验检疫机构管辖范围外隔离检疫的，由入境口岸检验检疫机构完成现场检疫后签发《入境货物通关单》，通知隔离检疫场所在地口岸检验检疫机构。运输途中车辆要封闭，严防动物脱逃和铺垫物泄漏，运输全程须由检疫人员押运。

236. 怎样实施进境隔离检疫？

国家入境动物隔离检疫场（简称隔离场）由国家质检总局统一安

排使用，凡需使用隔离场的单位提前 3 个月到国家质检总局办理预定手续。使用单位须向口岸检验检疫机构预付 50% 的隔离场租用费，不能在预定的时间使用隔离场，须重新办理预定手续。因故取消使用预定的隔离场，应及时通知国家质检总局。由于没有在预定时间使用隔离场造成的经济损失，由预定使用单位承担。进出境动物临时隔离检疫场（简称临时隔离场）指由口岸检验检疫机构依据《进出境动物临时隔离检疫场管理办法》和《国家入境动物隔离检疫场标准（试行）》批准的，供出境动物或有关入境动物检疫时所使用的临时性场所。临时隔离场由货主提供。每次批准的临时隔离场只允许用于一批动物的隔离使用。在动物隔离检疫期，临时隔离场的防疫工作受口岸检验检疫机构的指导和监督。

种用家畜一般在正式隔离场隔离检疫，其他动物由国家质检总局隔离场的使用情况和输入动物饲养所需的特殊条件，可安排在临时隔离场隔离检疫。输入种用家畜、禽的隔离检疫期为 45 天，其他动物为 30 天。

隔离场不能同时隔离检疫两批动物，每次检疫期满后须至少空场30 天才可接下一批动物。每次接动物前对隔离厩舍和隔离区至少消毒 3 次，每次间隔 3 天。

隔离检疫期对动物的饲养工作由货主承担，饲养员应在动物到达前至少 7 天，到口岸检验检疫机构指定的医院做健康检查。患有结核病、布鲁氏菌病、肝炎、化脓性疫病及其他人畜共患病的人员不得进驻隔离场。在隔离场内不得食用与进口动物相关的肉食及其制品。货主在隔离期不得对动物私自用药或注射疫苗。动物隔离检疫期间所用的饲草、饲料必须来自非动物疫区，并用口岸检验检疫机构指定的方法、药物熏蒸处理合格后方可使用。

隔离场的兽医需每天对动物进行临床检查和观察。临床检查可包括两方面的内容：首先做整体及一般检查，如：体格、发育、营养状况、精神状态、体态、姿势与运动、行为、被毛、皮肤、眼结膜、体表淋巴结、体温、脉搏及呼吸数等。另外可根据需要进行其他系统的检查，如：心血管系统、呼吸系统、消化系统、泌尿、生殖系统、神经系统等。发现有临床症状的动物要及时单独隔离观察、检查。

如发现有异常情况，应采取样品送实验室作进一步检验。

在隔离检疫期如发现规定检疫项目以外的动物传染病或寄生虫病可疑迹象的，应进一步实施检疫，并将结果及时报告国家质检总局。

对死亡动物要在专门的解剖室进行剖检、采集病料，查明病因，尸体做无害化处理。

237. 怎样实施实验室检验？检验检疫结果如何处理？

一般在动物进隔离场 7 天后开始对动物进行采血、采样，用于实验室检验。样品的采集必须按照农业部颁布的《进出境动物、动物产品检疫采样标准》及其他相关标准进行。

采血的同时可进行结核病、副结核病等的皮内变态反应实验或马鼻疽的点眼实验。

实验室检验是最终出具检疫结果的重要依据。实验项目和结果判定标准依照中国与输出国签定的动物检疫议定书（条款）、协定和备忘录或国家质检总局的审批意见执行。检出阳性结果或发现重要疫情须及时上报上级检验检疫机关，并通知隔离场采取进一步隔离措施。

实验室检验须在隔离期内完成，如遇特殊情况需延长隔离期的须提前向上一级检验检疫机构申报。

对检疫结果判定应严格按照我国与输出国签定的双边检疫议定书或协议中的规定执行，并参考国际标准和国家标准。对实验阳性的动物应出具动物卫生证书。

根据现场检疫、隔离检疫和实验室检验的结果，对符合议定书或协议规定的动物出具《入境货物检验检疫合格证明》，准予入境。对不符合议定书或协议规定的动物按规定实施检疫处理，对检出患传染病、寄生虫病的动物，须实施检疫处理。检出农业部颁布的《中华人民共和国进境动物一、二类传染病、寄生虫病名录》中一类病的，全群动物或动物遗传物质禁止入境，做退回或销毁处理；检出《中华人民共和国进境动物一、二类传染病、寄生虫病名录》中二类病的阳性动物禁止入境，做退回或销毁处理，同群的其他动物放行；阳性的动物遗传物质禁止入境，做退回或销毁处理。检疫中发现有检疫名录以外的传染病、寄生虫病，但国务院农业行政主管部门另有规定的，按规定作退回或销毁处理。

238. 进口、出口驴需要检疫哪些疾病和有何卫生要求？

对驴的进境检疫，依照《动植物检疫法》《动植物检疫法实施条例》《进境动物检疫管理办法》及其他相关规定的要求。对每批进口动物具体检哪些疫病，将按照我国与输出国所签定的双边动物检疫议定书的要求执行。但不排除对其他有可疑症状传染病的检疫。例如，目前我国与吉尔吉斯共和国签署的马属动物的检疫和卫生要求议定书所作的明确规定（见附录三）。

对驴的出口检疫，根据《中华人民共和国进出境动植物检疫法》及其相关规定要求，对每批出口动物具体检哪些疾病，要按照我国与输入国所签订的双边动物检疫议定书的要求执行。但不排除对其他有可疑症状传染病的检疫。例如：目前我国与蒙古国签订的骡和驴的检疫和卫生要求议定书所作的明确规定（见附录四）。

239. 怎样实施入境演出驴等动物的运输监管？演艺期间如何检疫监管？

按照现场检疫的规定，对入境演艺动物现场检疫结束后，如未发现异常，出具《入境货物通关单》，将动物运至演出地。在入境后至演出地的运输途中由入境口岸的检验检疫人员对其进行检疫监督管理。主办单位或其代理人须执行如下规定：不得将入境演艺动物与其他动物用同一运输工具运输；运输途中车辆要封闭，严防动物脱逃和铺垫物泄漏。

运输途中动物的排泄物、垫料以及途中死亡的动物等废气物需收集到不泄漏的容器中，严禁沿途抛洒，抵达演出地时在演出地口岸检验检疫机构的监督下作无害化处理。

在入境演艺动物抵达演出地前，主办单位或其代理人应向演出地口岸检验检疫机构申报。演艺动物抵达演出地时，入境口岸检验检疫

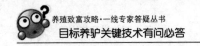

机构派出的检疫人员向演出地检验检疫机构办理检疫监管交接手续，演出的检验检疫机构进一步实施现场检疫。经现场检疫合格后将动物运至经演出地检验检疫机构批准的临时饲养场地饲养，由演出地检验检疫机构实施检疫监管。

主办单位或其代理人在演艺期间须执行如下规定：入境演艺动物不得与境内演艺动物在同一时期内同一场地演出；饲料须来自非疫区并符合兽医卫生要求；对演出场地和饲养场地定期清扫、消毒并对废气物作无害化处理；禁止无关人员进入临时饲养场地；发现入境演艺动物患病、死亡或丢失时须立即向演出地口岸检验检疫机构报告，不得私自处理。

演艺动物须运往下一演出地点或出境时，演出地检验检疫机构应派出检疫人员监督将入境演艺动物运至下一演出地或出境口岸。

入境演艺动物出境时，出境口岸检验检疫机构应核对数量和核查演出期间检疫监督管理情况，并根据所去国家或地区的检疫要求实施检疫，出具动物检疫证书或《检疫放行通知单》。

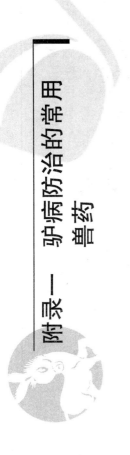

附录一 驴病防治的常用兽药

附表1 常用抗微生物药

类别	药品名称	参考用量及用法	主要用途及注意事项
青霉素类	1. 青霉素G钾（钠）本品为无色结晶品粉	①注射用青霉素G钾，肌内注射一次量，每千克体重驴驹10000～15000国际单位，每天2～4次，或按上述剂量加大1倍量，每天1～2次 ②注射用普鲁卡因青霉粉，肌内注射，每千克体重一次量驴驹10000～15000国际单位，驴5000～10000国际单位，每天1次	主抗革兰氏阳性菌（如葡萄球菌、链球菌、炭疽杆菌等）。临床作用于敏感菌所致的抗菌效力，用国际单位（IU）表示，0.6微克青霉素G钾抗菌效力为一个国际单位
	2. 氨苄青霉素与阿莫西林	①注射青霉素钠盐，肌内注射一次量，每千克体重驴2～7毫克，每天2次 ②阿莫西林耐酸（可内服）、广谱、半合成青霉，用于敏感细菌引起的呼吸道、泌尿道和软组织感染的治疗；其粉针肌内注射，驴5～10毫克/千克（按体重），每天1次	氨苄青霉是半合成耐酸（可内服）广谱，为白色粉末，对革兰氏阳性菌和阴性菌均有效。与庆大霉素、卡那霉素、链霉素合用有协同抗菌作用

（续）

类别	药品名称	参考用量及用法	主要用途及注意事项
氨基糖苷类	1. 链霉素	注射用硫酸链霉素粉及硫酸链霉素注射液，肌内注射一次量，驴10毫克/千克（按体重），每天2次	对多数革兰氏阳性菌有效，但不如青霉素好，对结核杆菌和多数革兰氏阴性菌如布鲁氏菌、沙门氏菌、巴氏杆菌，大肠杆菌等抗菌作用较好
	2. 庆大霉素 本品为白色粉末，易溶于水	①硫酸庆大霉素注射液，肌内或静脉注射一次量，每千克体重驴1000～1500单位 ②庆大小诺霉素，对革兰氏阴性菌作用较强，其注射液肌内注射一次量，驴1～2毫克/千克（按体重），每天1～2次	广谱抗生素，常用于革兰氏阳性和阴性菌感染的治疗，本品有损害听觉神经的毒性，并可引起细菌的耐药性
大环内酯类	红霉素 本品为白色晶状物	①红霉素片（肠溶片），内服一次量，驴驹20～40毫克/千克（按体重），每天2次 ②硫氰酸红霉素注射液，肌内注射一次量，驴1～2毫克/千克（按体重），每天2次	抗菌作用与青霉素相似，主要用于耐青霉素的细菌感染。本品不可用生理盐水等含无机盐溶液配制，以免产生沉淀
四环素类	土霉素 本品为黄白晶粉	①土霉素片内服一次量，驹10.25毫克/千克 ②注射用盐酸土霉素，静脉和肌内注射量：驴5～10毫克/千克（按体重） ③复方长效土霉素注射液。肌内注射一次量：家畜病情较重的20毫克/千克（按体重），经注射1次后，可间隔3～5天再注射1次	广谱抗生素，主要用于革兰氏阳性菌和阴性菌、衣原体、支原体、螺旋体形虫、泰勒梨形虫、立克次体、驴不宜内服，否则易引起消化紊乱。因四环素类抗生素属人畜共用生素，易产生耐药性
多肽类	杆菌肽 本品为白色或淡黄色粉末	①杆菌肽片，内服一次量：驹5000单位，8～12小时一次 ②注射用杆菌肽，肌内注射一次量：驴1万～2万单位。每天1次	主要用于革兰氏阳性菌，特别是金葡菌、溶血性链球菌引起的败血症、肺炎、乳腺炎和局部感染

（续）

类别	药品名称	参考用量及用法	主要用途及注意事项
	1. 两性霉素B 本品为橙黄色针状结晶	注射用两性霉素B，静脉注射一日量：驴连用4～10天，1毫克兑再用4～8天	主要用于深部真菌感染，如芽生菌病、组织胞浆菌病、念珠菌病、球孢子菌病、曲霉病（肺烟曲霉）和毛霉菌病等。对肺部和胃、肠道真菌病可用内服或气雾吸入以提高治疗效果，与利福平合用可增效
抗真菌抗生素与合成抗真菌药药剂	2. 制霉素 本品为淡黄色粉末，有吸湿性、不溶于水	制霉素菌片，内服一次量，驴250万～500万单位	为广谱抗真菌药，主要用于治疗胃肠道及皮肤黏膜念珠菌病，如牛真菌性胃炎，曲霉菌性乳腺炎（乳管注入）等
	3. 克霉唑（三苯甲咪唑，抗真菌1号） 本品为白色结晶，有吸湿性、不溶于水	①克霉唑片内服量，驴驹1.5～3.0克/千克（按体重），成驴10～20克/千克（按体重），分2次服 ②克霉唑软膏，1%～5%涂于患处，每天一次	广谱抗真菌药，主要用于皮肤癣菌以及黄霉菌的感染。亦可内服治疗真菌引起的肺部、尿路、胃、子宫感染
	4. 益康唑	①益康唑软膏，1%～5%，涂于患处，每天1次 ②硝酸咪康唑霜（达克宁霜），含20毫克/克，涂于患处（治皮癣菌病）或注入阴道深入（治念珠菌阴道炎），每天1次	本品为合成广谱速效真菌药，对革兰氏阳性菌（特别是球菌）也有抑制作用，主要用于治疗皮肤黏膜的癣菌病、念珠菌感染等真菌感染

（续）

类别	药品名称	参考用量及用法	主要用途及注意事项
磺胺类	1. 磺胺噻唑（ST）	①磺胺噻唑片，内服一次量：驴 0.14~0.2 克，维持量 0.07~0.1 克，每 8 小时 1 次 ②磺胺噻唑钠注射液，静脉或肌内注射一次量：驴 0.07 克，每 8~12 小时 1 次	合成的抑菌药，对大多数革兰氏阴性菌和某些阴性菌都有效，临床上用于治疗败血症、子宫内膜炎、肺炎。①本品经肝脏代谢失活的产物乙酰磺胺的水溶性比原药低，排泄时易在肾小管析出结晶（在酸性尿中），从而引起肾毒害。②为了维护其在尿中的药物浓度要优势，要求首剂用倍量（突击剂量），同时维持量和疗程要充足（急性感染症状消失后，需再用药 2~3 天才可停药），以免细菌产生耐药性或复发。③为了既保护饮水或能防止析出结晶尿毒害肾脏，要多给动物碳酸氢钠以碱化尿液，并投喂与磺胺药等量的碳酸氢钠，以增加磺胺药代谢产物的溶解性、防止发生结晶尿
	2. 磺胺嘧啶（SD）	①磺胺嘧啶片，内服一次量，驴首次量 0.1 克/千克（按体重），维持量 0.05 克/千克（按体重），每 12 小时 1 次 ②磺胺嘧啶钠注射液，静脉或肌内注射一次量，驴 0.05 克/千克（按体重），每 12 小时 1 次	抗菌作用同 ST，特点是与血清蛋白的结合率低，容易透过血脑屏障，是在脑脊髓液中浓度最低、更适用于脑与脑脊髓神经感染病，如球菌性脑膜炎与脑脊髓膜炎等。本品乙酰化率比磺胺噻唑低，但用药时仍需多给动物饮水及合用等量碳酸氢钠以碱化尿液，防止结晶尿
	3. 磺胺间甲氧嘧啶（SMM，制菌磺）	①磺胺同甲氧嘧啶片，内服一次量，驴首次量 0.05 克/千克（按体重），维持量 0.025 克/千克（按体重），静脉或肌内注射剂理同片剂 ②磺胺间甲氧嘧啶钠注射液，静脉或肌内注射液	抗菌作用最强的磺胺类药，乙酰化物在尿中溶解度大，不易发生结晶尿，维持药品有效，血药浓度可达 24 小时，与甲氧苄啶合用，可明显提高疗效

（续）

类别	药品名称	参考用量及用法	主要用途及注意事项
喹诺酮类药剂	1. 环丙沙星（环丙氟哌酸）	①乳酸环丙沙星注射液，肌内注射，驴2.5～5毫克/千克（按体重）。静脉注射，驴2毫克/千克（按体重）②乳酸环丙沙星原粉，混饮按25毫克/千克（按体重）浓度连用3～5天	氟喹诺酮类抗菌最强的一种制品。主要用于治疗驴的肠道和慢性呼吸性吸道疾病及混合感染
	2. 恩诺沙星（乙基环丙沙星、达氟沙星）	5%或10%恩诺沙星注射液，肌内注射一次量：驴用2.5毫克/千克（按体重），每天2次	用于治疗巴氏杆菌、沙门氏菌、葡萄球菌、链球菌、支原体引起的感染，如支气管肺炎、乳腺炎、子宫内膜炎、肠炎、皮肤与软组织感染
	3. 丹诺沙星（单诺沙星）	丹诺沙星甲磺酸盐注射液，肌内或皮下注射一次量：1.25毫克/千克（按体重），每天2次	氟喹诺酮类专供兽用的广谱抗菌药。吸收后的肺组织中的药物浓度是血浆的5～7倍。对喹诺沙星耐药的细菌，本品仍然有效。对巴氏杆菌、肺炎支原体、大肠杆菌引起的感染或混合感染特别适用吸血症、肺炎、下痢等兽病特别适用
	4. 麻保沙星	驴用量为2～4毫克/千克（按体重）	本品的抗菌谱广，抗菌活性强。对革兰阳性菌和革兰阴性菌及支原体都有很强的抗菌活性。对红霉素、强力霉素和磺胺类产生耐药的细菌本品仍然敏感
	5. 沙拉沙星	盐酸沙拉沙星水溶性好，已有注射剂、口服液、预混粉剂及片剂等剂型	本品抗菌活性与对组织的渗透性强，能分布到体内各组织器官且能进入骨髓和通过血脑屏障，对革兰氏阳性菌、阴性菌及支原体和某些厌氧菌均有较强的杀菌力。杀菌作用不受细菌生长期或静止的影响，但当尿液pH降低（pH<5）和镁离子浓度升高时，其抗菌活性减弱。是适用于治疗对磺胺类、抗生素等耐药的细菌引起的感染的广谱杀菌剂

（续）

类别	药品名称	参考用量及用法	主要用途及注意事项
二氨基嘧啶类药物（抗菌增效剂）	甲氧苄啶（TMP，甲氧苄氨嘧啶）	①氧苄啶片，内服一次量：驴 10毫克/千克（按体重），每12小时1次。②氧苄啶注射液，肌内或静脉注射，参照片剂用量。③复方磺胺甲噁唑片，复方新诺明片（复方磺胺对甲氧嘧啶片、复方磺胺间甲氧嘧啶片），复方磺胺甲噁唑钠注射液，复方磺胺对甲氧嘧啶钠注射液，内服一日量：驴 30毫克/千克（按体重）。④复方一日量：复方磺胺甲噁唑钠注射液，复方磺胺对甲氧嘧啶钠注射液（复方新诺明针），复方磺胺对甲氧嘧啶钠注射液，静脉或肌内注射：驴驹 20~25毫克/千克（按体重）	抗菌作用与磺胺相似。单用易产生细菌耐药性，故少单用。本品内服或注射易吸收。主要用作抗菌增效剂，即按1：5与磺胺类（SD、SM2、SMM、SQ）等或抗生素（青霉素、红霉素、庆大霉素、多黏菌素）及其他合成抗菌药（如氟哌酸、硫酸黄连素）合成或制成复方增效剂，在临床应用于细菌感染。①TMP有致幼驹畸形（致畸）作用。怀孕初期孕驴不宜使用。②其复方注射液常用55%丙二醇作溶剂（pH9.5~10.0），刺激性较强，应深部肌内注射；静脉注射时需生理盐水或葡萄糖盐水稀释后缓慢注射。③市场上已有TMP可溶性粉供用

附表2 常用驱虫、杀虫药

药物名称	规格	参考用量及用法	主要用途及注意事项
伊维菌素	50毫升/瓶,200毫升/瓶	皮下注射0.2毫升/千克(按体重)	用于驱除体内线虫、体外寄生虫
阿福丁	5～100毫升/瓶	颈部皮下注射,每10千克体重0.2毫升	用于驱除体内线虫、体外寄生虫
丙硫苯咪唑	片剂,200毫克/片	口服10～15毫克/千克(按体重)	为广谱、高效、低毒的驱虫药,对动物线虫、吸虫、绦虫均有驱除作用。驴较敏感,切忌连续应用大剂量。妊娠45天内禁用。长期连续应用,易产生耐药虫株。屠宰前,应停药14天
萘磺苯酰脲(那加宁、那加诺)	萘磺苯酰脲钠盐,为白色或粉红色粉末	临用前,以注射用水或生理盐水溶解后注射。静脉注射一次量:驴10～15毫克/千克(按体重),心、肾、肺、肝有病患畜禁用	抗马伊氏锥虫和马媾疫锥虫药。注意:驴对本品较敏感,特别是严重感染的病驴注射后会出现荨麻疹、水肿、跛行、体温升高等症状,反应严重的可用氯化钙治疗
三氮脒(贝尼尔,血虫净)	本品为黄色或橙色晶粉,溶于水	三氮脒粉针,肌内注射一次量:3～4毫克/千克(按体重)。临用前配成5%～7%溶液注射	治疗家畜梨形虫、焦虫、鞭虫、附红细胞体、锥虫(伊氏锥虫、马媾疫锥虫)和无浆体病。如剂量不足,虫体易产生耐药性。注意:本品安全范围小、毒性较大,谨慎使用。有时会出现不良反应。驴较敏感,忌用大剂量
敌百虫	本品为白色晶粉,有吸湿性。在水中溶解,乙醇中易溶	①精制敌百虫,内服一次量:驴30～50毫克/千克(按体重),一次最大限量为20克/匹。②外用,0.1%水溶液喷刷躯体,用于杀灭虱、螨、蜱等外寄生虫	一种应用很广泛、疗效好而且价廉的广谱驱虫药和杀虫灭疥(疥螨)药。对驴副蛔虫有很好的驱除作用。为了保证驴安全,首先要准确的称量体重,按体重精确地计算用量。①敌百虫是动物体胆碱酶抑制剂,使用其治疗量常可因剂量或投药不当,或驴体反应不同而发生不同程度的副作用,甚至中毒现象。主要表现为流涎、腹痛、大小便失禁、缩瞳、呼吸困难、肌肉震颤乃至昏迷。轻反应时,症状能自行耐过消失;中毒较重时,可注射大剂量硫酸阿托品和碘磷啶(一般可不用)解救。②本品外用不能与肥皂合用,内服不能与碳酸氢钠或人工盐等碱性药物合用或先后投用,否则毒性增加
马拉硫磷	溶剂、粉剂	外用,0.5%水溶液喷刷躯体	用于灭杀虱、螨、蜱等体外寄生虫

附表3 常用消毒药及适用范围

种类	药物名称	性　状	浓　度	使用范围
酚类	石炭酸	无色针状结晶或白色结块有臭味，溶于水、酒精等	结晶体	石炭酸为原浆毒，可使蛋白质变性，灭杀细菌体、真菌。2%～5%水溶液消毒用具、器具、栏舍、车辆
	来苏儿	皂化液	1%～10%	1%～2%来苏儿用于皮肤消毒。5%～10%用于驴舍、用具
	臭药水	深棕黑色乳状液	3%～5%	污物消毒，用于驴舍、用具、污物消毒
	消毒灵	深红色黏稠液体有臭味，溶水	是酚(含41%～49%)和醋酸(含22%～26%)的混合体	可杀死细菌、霉菌、病毒和多种寄生虫。常用于饲养场栏舍用具以及污物的消毒
醇类	乙醇	透明液体	70%～75%	可使细菌脱水，蛋白质凝固变性，从而杀死病毒，常用于工作人员手臂、兽医室器具消毒
碱类	生石灰	白色块状或粉状物(碱性)	10%～20%石灰乳	石灰乳，粉状物可杀死多种病原菌。石灰乳用于墙壁、地面、粪池、污水沟等处消毒。石灰粉撒布消毒
卤素类	碘酊	液体	1%～2%	碘酊(碘2%、碘化钾1.5%、50%乙醇配制而成)用于手术部位、注射部位的消毒。1%碘甘油用于创伤部位、口炎黏膜等处涂擦
	漂白粉	白色颗粒状粉末，有臭味，溶水	有效氯为0.25%	漂白粉分解生成的次氯酸、活性氧(O)、活性氯(Cl)能破坏菌体、蛋白质氧化，抑制细菌各种酶的活性，从而灭杀细菌、病毒、真菌、原虫

（续）

种类	药物名称	性 状	浓 度	使用范围
表面活性剂	新洁尔灭	无色或淡黄色的胶状液体，有芳香味，溶水，稳定	5%	0.1%水溶液用于消毒手臂，兽医室器具。
	消毒净	为白色结晶性粉末，无臭，味苦，稳定，溶水、乙醇		其消毒、杀菌作用略强于新洁尔灭
	度米芬，又称消毒宁	为白色或淡黄片剂或粉末，微苦，稳定，溶水、乙醇		其消毒、杀菌作用同新洁尔灭，毒性小
其他	百毒杀	广谱，速效	50%	对大肠杆菌、沙门氏菌、新城疫病毒灭杀作用好，按其产品说明书使用，效果好，安全
	龙胆紫（紫药水）	绿紫色有金属光泽的碎片和粉末	1%~2%（水和酒精溶液）	用于治疗皮肤创伤感染

附录二 骡的知识

1. 何为骡？如何区分马骡与驴骡？

骡系马和驴的种间杂交产物，母马与公驴交配产下的后代叫马骡，母驴与公马交配产下的后代叫驴骡。

马骡：外貌介于马驴之间，其体型随马、驴的体型结构，但体格大小而有所不同。体格多大于双亲。一般马骡头近似马，平直、较长，耳比驴小但比马长。眼距中等宽。上下切齿咬合多正常。鬐甲毛比马少，尾盖毛较多而蓬松。四肢距毛较驴长，蹄踵较宽。

驴骡：体格大于母驴而接近公马，体躯较马骡窄浅而轻。全身长毛不如马骡丰厚。头部倾向于驴的头相，多呈菱形，较短。眼距较宽，鼻小，下颌有的稍长而呈噘嘴。而耳比马骡的长大、宽厚，耳尔毛丛较细密。驴骡四肢较马骡细，距毛短，蹄踵较马骡狭窄。

2. 骡有哪些生物学特点？

骡在感觉、习性等方面，大体与马一致外，因其是马和驴远缘杂交的后代，故有其很强的杂种优势，其特点有：

(1) 适应性强 与马相比，一是耐寒性稍差，但抗热能力强于马。通过在海南岛夏季对骡的测定，其体温、呼吸数、脉搏均低于马，说明它更耐热。二是对海拔高、氧分压低的环境适应性强于马。通过在海拔 4500 米高原上测定马骡的生理指标发现，骡的呼吸数、脉搏、体温、红细胞数均低于马，而血红蛋白量比马稍高。

(2) 抗病力强 俗话说："铜骡、铁驴、纸糊的马"，是指骡的体内质强于马，弱于驴。骡腰肢病、骨瘤、裂蹄的发病率大大低于马，并且很少患传染病和淋巴管炎。

(3) 役用性强 骡可用于驮、挽、乘。尤其因体短、背腰结实、步法稳健，善走山路而更适于驮载。"走骡"的步法是对侧步，骑者甚感舒适而更适于旅行。据测定，在作业量相同的条件下，骡的热能消耗比马少。相同体重时，骡的正常挽力占其体重的 18%～20%，而马为 14%～15%，骡的挽力比马高 20%，每 100 千克体重的最大挽力也高于马。

(4) 吃饲料少 骡的食量大于驴而小于马，约比马少 20%。骡对饲料的消化能力比马高 10%，在使役时，骡对饲料干物质的消化率比马高 8%。

(5) 生长发育快，成熟早、寿命长 据测定：3.5 岁时，骡的体高可达成年体高的 98.9%，体长达 97.85%，马则分别为 97.8%和 95.9%。胸围、管围和发育也是骡比马快。4 周岁时骡已成熟，1.5～2 岁即可参加轻度使役。骡的寿命较长，一般可活到 35 岁左右，如饲养管理良好，可达 50 岁，使役可达 20 年。

(6) 骡驹的合群性比马强，胆大、活泼、好奇 骡驹合群性很强，尤其在夜间，总是栖居于马群中间。虽初生骡驹爱独自休息，但很少丢失，骡驹之间喜欢群居，但不愿与马驹相处。骡驹胆大、机警、勇敢，勇于与野兽搏斗。活泼好动，尤其在日出、日落时爱撒欢狂跑，好奇心很强，遇到新奇事物，总喜欢围拢观看。

(7) 性情执拗 "顺牛、善马、犟骡子"，是说骡的性情执拗，如调教、管理不当，容易养成坏习惯。

(8) 公骡都是不育的，个别母骡受胎生胸 骡系种间杂种，故生殖系统发育不全，有性欲表现却无生育能力。公骡因不能产生成熟精子，虽能顺利交配，却从来未有过后代。个别母骡偶有与公驴交配妊娠的，并产驹成活，培育成骡，但为数极少。

3. 怎样为驴骡的繁殖选择母驴？

马和驴相配均可产骡。公马配母驴所生后代，称为驴骡。母驴繁殖驴骡难于母马产骡，客观上存在难配、难准、难产的问题。配驴骡一般的受胎率为 20%～35%，但加强配种技术，其受胎率亦可达 50%～60%。总结各地经验，解决"三难"的主要技术关键是：亲本选择、配种技术和做好接产工作。

母驴的选择 有以下特点的母驴，配驴骡受胎率较高。

(1) 体质细致紧凑，体格中等 该类型因驴表现皮薄毛细，肌腱明显，性情温顺，无恶癖，对外界刺激反应灵敏。凡体型过大、被毛粗糙、营养不良、皮肤松弛、神经反应迟钝者，配驴骡则受胎率均偏低。

(2) 外貌特点 头清秀，眼大有神，两耳直立，耳轮较宽，鼻大嘴齐。颈较短，厚度适中。背腰平直，腹围大，消化器官发达。后躯发达，尻宽。外阴部发达，阴唇下联合处绒毛较少。四肢肢势端正。粉黑、青色、黑色母驴均能产出上等驴骡。

(3) 年龄适中 4～12 岁的经产母驴较为适宜。初配母驴因身体发育尚未完全成熟，不适宜配骡，怀骡驹后往往难产。

(4) 性机能好 即发情周期规律，发情期偏短，性欲强，性兴奋比较强烈。发情时，外阴部肿胀明显，而排卵后，消散较快。直肠检查，卵巢较小，卵泡体积不大，而排卵迅速。

(5) 亲和力强 实践证明，有的母驴多年配骡不孕，而配驴很容易受胎；也有的母驴连年配骡均易受胎。这说明不同个体的母驴，对马精子的亲和力有所差别。此外，一些母驴对种公马有选择性，有的种公马配驴受胎率较高。所以民间配种行家，既参考以往情况选择母驴，也根据配骡能力选择公马。

4. 怎样为驴骡的繁殖选择公马？

种公马因品种类型和个体结构、精液品质不同，其配驴骡的受胎率，个体间有明显差异。

(1) 品种类型 地方品种的公马配母驴的受胎率，一般高于育成品种，且本交容易。公马体格与母驴悬殊过大，不仅本交困难，甚至压伤母驴或损伤公马的阴茎。采用人工授精方法虽可以解决配种上的困难，但大马配小驴仍易出现难产。

(2) 体质结实，结构良好 要求公马体质结实，肌腱明显，结构匀称，富有悍威，性情良好，无恶癖。各部位表现良好，即头大小适中，耳小灵活，眼大有神，鼻大嘴齐。前胸宽，背腰平直，四肢端正。阴囊皮薄，两睾丸对称，阴茎长短粗细适中。

（3）精液品质好 各项精液指标均应符合配种要求。

5. 怎样掌握驴骡繁殖的配种方法？

在配种方法上，无特殊要求。除直接本交外，亦可利用鲜精或冻精进行人工授精。而提高配驴骡受胎率的关键，在于通过直肠检查，准确掌握卵泡的发育规律和排卵时间，选择配种适期，尽量缩短配种或输精与排卵之间的时间差，使精子和卵子尽快地相遇。此外，据各地经验证明，下列技术措施，对提高驴骡受胎率有一定效果。

（1）多马混精 利用两匹以上种公马的混合精液，给发情母驴输精，以增强卵子对精子的选择和受精机会。

（2）马、驴混精 给马精液中混入经过滤后的驴精液的精清，或加入经杀死精子后的驴的精液（加温驴的精液至精子全部死亡）。混精的目的是利用驴精液中的激素和酶的作用，来提高马精子的受精能力。

（3）产后热配（血配） 母驴产后 8～12 天发情，12～14 天排卵，此时不仅同种相配容易受胎，异种相配也容易受胎，所以配驴骡应抓紧热配。由于母驴产后哺乳，其外观发情特征一般不够明显，须通过直检确定输精或配种适期。有的母驴每次产驹后，发情和排卵的时间恒定，畜主应予熟记。

（4）洗子宫 经验证明，冲洗配种母驴子宫，可促进受精。但应根据不同情况，灵活掌握冲洗时间。通常有以下 3 种冲洗方法。

①配种前洗子宫。配前洗的目的是刺激卵泡发育，清除子宫内异物，中和子宫和阴道的酸性。即用 40～50℃ 的 1‰氯化钠溶液 1500 毫升，装入吊桶，按常规消毒步骤，将胶管送入子宫内冲洗。每天 1～2 次。

②多次输精后洗子宫 。因气候变化或性机能紊乱，虽经多次输精，却不能正常排卵，致使残存在子宫内的精液产生精子毒素。通过

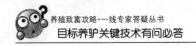

冲洗子宫，可改善子宫受精条件。

　　③输精后清洗子宫。当卵巢的卵泡已经成熟，接近排卵时，发现子宫有轻度炎症，可于输精后 1 个小时后清洗子宫，即将 40～41℃ 的1％氯化钠溶液 1000～1500 毫升，灌入子宫内冲洗，待洗液排净后，再向子宫注入青、链霉素。

　　(5) 利用激素处理　配种前，对于某些发情排卵不正常的母驴，可使用促性腺激素、三合激素等，促进卵泡发育，加速排卵。

　　(6) 加强饲养管理　加强怀骡母驴的饲养，防止产前不食症。做好接产和难产的助产工作。预防骡驹溶血病的发生。

附录三　我国与吉尔吉斯共和国签署的马属动物的检疫和卫生要求议定书

第一条　吉方负责输出屠宰用马属动物的检验检疫工作，并出具动物卫生证书。

一、吉方应在收到中方签发的进境屠宰用马属动物检疫许可证后，方可开始实施检疫。

（一）每份进境屠宰用马属动物检疫许可证只允许从吉尔吉斯输入一批次屠宰用马属动物。

（二）输出的屠宰用马属动物必须符合进境检疫许可证的要求。

二、吉方须事先向中方提交动物卫生证书样本，经中方确认后生效。卫生证书内容包括：

1. 输出动物的品种、性别、年龄和数量；

2. 临床检查结果，试验方法及结果，官方实验室名称和地址；

3. 驱除寄生虫和治疗、消毒所用药物的名称、剂量、生产厂家及实施日期和地点；

4. 启运时间、口岸以及运输工具名称和航班号；

5. 出口商和进口商的名称和地址；

6. 证书的签发日期、吉方官方兽医姓名印刷体和签名；

7. 吉方的官方印章。

三、动物卫生证书须一份正本和至少两份副本。

1. 动物卫生证书的正本、相关检测报告结果、运输工具消毒证明须随输出屠宰用马属动物一起运输，同时到达。

2. 动物卫生证书内容须用中文和英文或俄文打印，手写（官方兽医签名除外）或涂改无效。

3. 屠宰用马属动物运抵中国入境口岸时，如无有效动物卫生证书或没有动物卫生证书，中方将作退回或销毁处理。

第二条 中方派出动物检疫官员到输出屠宰用马属动物的原饲养场、有关实验室和隔离场配合吉方兽医进行检验检疫工作。

第三条

一、吉方确认：

（一）向中国输出的屠宰用马属动物是在吉尔吉斯出生、饲养的，或在吉尔吉斯饲养至少 6 个月；

（二）吉方确认吉尔吉斯没有非洲马瘟、马脑脊髓炎（东部和西部）、委内瑞拉马脑脊髓炎、马流行性淋巴管炎、博纳病、亨德拉病、尼帕病、西尼罗热和水泡性口炎；

（三）输出的屠宰用马属动物未曾饲喂转基因原料加工而来的饲料；

（四）输出的屠宰用马属动物未使用过天然或合成的雌激素、荷尔蒙、甲状腺制剂或其他违禁药品。

二、当吉尔吉斯发生上述疫病时，吉方应当采取如下措施：

（一）在 24 小时内向中方通报发生疫病的详细情况，内容包括：疫病名称、发生疫病的地点、被感染动物的种类和数量，以及吉方已采取的控制措施等；

（二）立即停止向中国输出屠宰用马属动物。

第四条 在过去 12 个月内，输出屠宰用马属动物的饲养场无马传染性贫血、马副伤寒（马流产沙门氏菌）、马鼻肺炎、马病毒性动脉炎、马流感、马梨形虫病、马传染性子宫炎、马腺疫、钩端螺旋体病、马疥癣、马痘、马鼻疽、日本脑炎、伊氏锥虫感染（包括苏拉病）、马媾疫、炭疽和狂犬病的病例报告。

第五条 向中国输出的屠宰用马属动物应在吉方认可的专用隔离场进行不少于 14 天的隔离检疫。

在隔离检疫期间，对输出屠宰用马属动物逐头进行临床检查，证明没有传染病的临床症状，并在吉方认可的实验室作下列疾病的检测：

1. 马传染性贫血：琼脂免疫扩散试验，结果为阴性。

2. 马鼻疽：补体结合试验，血清 1∶5 稀释，小于 50％结合为阴性；

3. 马梨形虫病：竞争 ELISA 试验结果为阴性；或间接荧光抗体试验（IFAT）血清 1∶80 稀释为阴性；或补体结合试验，血清 1∶5 稀释，小于 50％结合为阴性。

第六条　隔离检疫期间，须用吉方批准的药物驱除屠宰用马属动物体内外寄生虫，这一工作须在吉方官方兽医的监督下进行，并对输出的屠宰用马属动物用链霉素/双氢链霉素进行 2 次预防性治疗钩端螺旋体病，两次间隔 14 天，剂量为 25 毫克/千克（按体重）。

第七条　在输出前 24 小时内，吉方官方兽医对输出的马属动物进行临床检查，未发现传染病的临床症状和迹象。

第八条　运输屠宰用马属动物的交通工具必须用吉方批准的药物进行清洗、消毒，这一工作须在吉方官方兽医的监督下进行。

第九条　运输途中，输出的屠宰用马属动物不得与不同收、发货人的动物混装，不得经过世界动物卫生组织（OIE）规定的重要马属动物疫病流行的地区。

第十条　隔离检疫期间和运输途中所用的草料、垫草应来自 OIE 规定的重要马属动物疫病的非疫区并符合兽医卫生条件。

第十一条　双方在协商一致的基础上可对本议定书进行修改。对本议定书的修改，由双方授权各自具体业务主管部门负责人以书面信函确认。

第十二条　本议定书自签名之日起生效。签约双方如有一方提出终止本议定书，则自一方书面通知另一方之日起 6 个月后终止。

附录四 中华人民共和国向蒙古国出口骡和驴的检疫和卫生条件

（颁布及实施日期 1995-10-25）

一、中华人民共和国动植物检疫局*负责输出骡和驴的检疫工作，并出具动物卫生证书。

二、蒙方可派出兽医官员到出口骡和驴的农场、隔离检疫场所和有关实验室，了解动物疫情和疾病控制情况，并配合中国官方兽医进行检疫工作。

三、符合下列要求的骡和驴方可出口到蒙古：

1. 该农场以及半径 30～100 公里内（如为圈养则为 30 公里，放养则为 100 公里，下同）的地区，在过去 12 个月内没有马鼻疽、马传贫、传染性脑脊髓炎和马媾疫。

2. 该农场以及半径 30～100 公里内，在过去 6 个月没有马流感、马鼻肺炎。

3. 对钩端螺旋体病，用双氢链霉素按每公斤体重 25mg 注射两次，进行预防性治疗，第一次在装运前 14 天注射，第二次在装运出口时注射。

4. 输出国在过去 12 个月内没有非洲马瘟。

5. 该农场以及半径 30～100 公里的偶蹄动物，在过去 3 个月内没有口蹄疫。

四、骡、驴在启运前，必须隔离检疫 21 天，进行临床检查，并进行下列检验，结果为阴性：

---

* 输出骡和驴的检疫工作现由国家质量监督检验检疫总局主管。——编者注

1. 马鼻疽：两次马来因点眼试验（间隔 5—6 天）。

2. 马媾疫：公畜须做包皮分泌检查，母畜需两次阴道分泌物检查（间隔 15 天）。

五、本条件用中文、蒙文、英文写成，三种文本具有同等效力。

六、本条件自双方签字之日起生效，经双方同意可以进行修改。

附录五 《全国遏制动物源细菌耐药行动计划（2017-2020年）》

农业部关于印发《全国遏制动物源细菌耐药行动计划（2017—2020年）》的通知

为应对动物源细菌耐药挑战，提高兽用抗菌药物科学管理水平，保障养殖业生产安全、食品安全、公共卫生安全和生态安全，维护人民群众身体健康，促进经济社会持续健康发展，我部制定了《全国遏制动物源细菌耐药行动计划（2017－2020年）》（以下简称《行动计划》）。现印发你们，请结合实际认真组织实施，保证《行动计划》目标如期实现。

农业部

2017年6月22日

全国遏制动物源细菌耐药行动计划

（2017—2020年）

为加强兽用抗菌药物管理，遏制动物源细菌耐药，保障养殖业生产安全、食品安全、公共卫生安全和生态安全，根据《遏制细菌耐药国家行动计划（2016－2020年）》《"十三五"国家食品安全规划》和《"十三五"国家农产品质量安全提升规划》，制定本行动计划。

一、前言

我国是畜禽、水产养殖大国，也是兽用抗菌药物生产和使用大国。兽用抗菌药物在防治动物疾病、提高养殖效益、保障畜禽水产品有效供给中，发挥了重要作用。但是，兽用抗菌药物市场秩序不够规范、养殖环节使用不尽合理、从业人员科学用药意识不强、公众对细菌耐药性认知度不高等问题依然存在，加之国家动物源细菌耐药性风险评估和防控体系薄弱，细菌耐药形势日趋严峻。动物源细菌耐药率上升，导致兽用抗菌药物治疗效果降低，迫使养殖环节用药量增加，从而加剧兽用抗菌药物毒副作用和残留超标风险，严重威胁畜禽水产品质量安全和公共卫生安全，给人类和动物健康带来隐患。当前亟需构建动物源细菌耐药性控制和残留超标治理体系，提高风险管控能力。

二、行动目标

动物源细菌耐药和抗菌药物残留治理能力、养殖环节规范用药水平、畜禽水产品质量安全水平和人民群众满意度明显提高。到 2020 年，实现以下目标：

（一）推进兽用抗菌药物规范化使用。省（区、市）凭兽医处方销售兽用抗菌药物的比例达到 50％。

（二）推进兽用抗菌药物减量化使用。人兽共用抗菌药物或易产生交叉耐药性的抗菌药物作为动物促生长剂逐步退出。动物源主要细菌耐药率增长趋势得到有效控制。

（三）优化兽用抗菌药物品种结构。研发和推广安全高效低残留新兽药产品 100 个以上，淘汰高风险兽药产品 100 个以上。畜禽水产品兽用抗菌药物残留监测合格率保持在 97％以上。

（四）完善兽用抗菌药物监测体系。建立健全兽用抗菌药物应用和细菌耐药性监测技术标准和考核体系，形成覆盖全国、布局合理、运行顺畅的监测网络。

（五）提升养殖环节科学用药水平。结合大中专院校专业教育、新型职业农民培训和现代农业产业体系建设，对养殖一线兽医和养殖从业人员开展相关法律、技能宣传培训。

三、重点任务

（一）实施"退出行动"，推动促生长用抗菌药物逐步退出

加强重要兽用抗菌药物风险评估和预警提示，加大安全风险评估力度，明确评估时间表和技术路线图，加快淘汰风险隐患品种，推动促生长用抗菌药物逐步退出。

1. 开展促生长用人兽共用抗菌药物风险评估，参照世界卫生组织（WHO）、联合国粮农组织（FAO）、国际食品法典委员会（CAC）、世界动物卫生组织（OIE）等国际组织有关标准，结合我国

实际，2020 年前完成相关品种清理退出工作。

2. 开展促生长用动物专用抗菌药物风险评估，收集、分析和评价相关技术资料，有针对性地开展残留和耐药性监测，2020 年前形成保留或退出的意见。

3. 对可能存在安全隐患的其他兽用抗菌药物开展风险评估，收集监测数据，分析技术资料，2020 年前形成风险管控意见。

（二）实施"监管行动"，强化兽用抗菌药物监督管理

1. 严格市场准入。加快兽用抗菌药物审评审批制度改革，推进兽用抗菌药物分类管理，鼓励研制新型动物专用抗菌药物。人用重要抗菌药物转兽用、长期添加用于促生长作用、易蓄积残留超标、易产生交叉耐药的抗菌药物不予批准。依据抗菌药物的重要性、交叉耐药和临床应用品种等情况确定应用级别，研究制定兽用抗菌药物分级管理办法和分级目录。

2. 规范养殖用药。制定发布《兽用抗菌药物临床使用指南》，进一步规范兽医临床用药行为。推进养殖环节社会化兽医服务体系建设，推动实施兽用处方药管理、休药期规定等兽药安全使用制度。加强兽药使用记录监管，对出栏动物应当查验用药记录。开展兽药使用质量管理规范研究工作，明确养殖主体兽药采购、储存、使用等各环节管理要求。修订药物饲料添加剂安全使用规范、禁用兽药清单、休药期规定、兽药最高残留限量等技术标准。

3. 加强饲料生产环节用药监管。组织实施药物饲料添加剂监测计划，以超量、超范围为重点，严厉打击饲料生产企业违法违规添加行为；加大预警监测力度，持续完善相关检测标准和判定标准。

4. 建立应用监测体系。设立全国兽用抗菌药物应用监测中心和区域分中心，依托兽用抗菌药物生产经营企业、重点养殖企业等形成监测网络。通过国家兽药"二维码"追溯信息系统，监测兽用抗菌药物临床应用种类、数量、流向等情况，分析变化趋势。

（三）实施"监测行动"，健全动物源细菌耐药性监测体系

1. 完善动物源细菌耐药性监测网。构建以国家实验室、区域实验室、省级实验室为主体，以大专院校、科研院所等实验室为补充，分工明确、布局合理的动物源细菌耐药监测网。依托现有基础，完善

国家动物源细菌耐药性监测中心。分区域建立8家专业化实验室，各省（自治区、直辖市）设立省级监测实验室，并在养殖或屠宰企业建立3—5个监测站（点）。监测站（点）负责细菌初步分离，专业化区域实验室负责细菌鉴定和耐药性监测，通过国家监测网报送结果。

2. 细化动物源细菌耐药性监测工作。科学合理制定养殖领域细菌耐药监测方案，积极开展普遍监测、主动监测和目标监测。监测面覆盖不同领域、不同养殖方式、不同品种的养殖场（户）和有代表性的畜禽水产品流通市场，获得动物源细菌流行病学数据。

3. 加强兽医与卫生领域合作。建立兽医与卫生领域抗菌药物合理应用和细菌耐药性监测网络的联通机制，实现两个领域的监测信息资源共享。

（四）实施"监控行动"，强化兽用抗菌药物残留监控

1. 建立完善国家、省、市、县四级兽药残留监测体系，鼓励第三方检测力量参与，持续实施抗菌药物残留监控计划，依法严肃查处问题产品。完成31种兽药272项限量指标以及63项兽药残留检测方法标准制定。

2. 建立养殖场废弃兽药回收和无害化处理制度，逐步实施兽用抗菌药物环境危害性评估工作。开展养殖粪污中抗菌药物残留检测，建立评估方法和标准，推广先进的环境控制技术、粪污处理技术，促进生态养殖发展。

（五）实施"示范行动"，开展兽用抗菌药物使用减量化示范创建

在奶牛养殖大县、生猪养殖大县、水产养殖大县、全国绿色养殖示范县、水产健康养殖示范县和具有规模养殖的国家农产品质量安全县（市）选择生猪、家禽和奶牛等优势品种，开展兽用抗菌药物使用减量化示范创建活动，推广使用安全、高效、低残留的中兽药等兽用抗菌药物替代产品，从源头减少兽用抗菌药物使用量。及时总结经验，逐步推广，并研究相关补贴制度。

（六）实施"宣教行动"，加强从业人员培训和公众宣传教育

强化兽医等从业人员教育，将兽用抗菌药物使用规范纳入新型职业农民培育项目课程体系。鼓励有条件的大中专院校开设抗菌药物合理使用相关课程。加强从业人员科学合理用药培训。充分利用广播、

电视等传统媒体和互联网、微博、微信等新媒体，广泛宣传安全用药知识，提高公众对细菌耐药性的认知度。

四、能力建设

（一）提升信息化能力。综合运用互联网、大数据、云平台等现代信息技术，完善国家兽药基础数据平台，深入推进国家兽药"二维码"追溯实施工作，推动省市县三级配备必要的软硬件设施设备，与国家兽药基础信息平台对接，保证兽用抗菌药物产量、销量、用量全程可追溯，实现兽用抗菌药物生产、经营和使用全程监管。

（二）提升标准化能力。建立动物源细菌耐药性监测标准体系，针对细菌分离和鉴定方法、最小抑菌浓度测定方法、药物耐药性判定等制定统一的检测标准，开展实验室能力比对。收集、鉴定、保藏各种表型及基因型耐药性菌种，建立菌种库和标本库，实现各级实验室标准化管理。

（三）提升科技支撑能力。发挥科研院所、龙头企业技术优势，创立全国兽用抗菌药物科技创新联盟，围绕动物专用抗菌药物、动物源细菌耐药性检测、中兽药等抗菌药物替代品种和养殖领域新型耐药性控制技术等领域，开展产品研发和关键技术创新。鼓励研发耐药菌高通量检测仪器设备、适合基层兽医实验室的微生物快速检测仪器设备。鼓励开展细菌耐药分子流行病学和致病性研究。

（四）提升国际合作能力。主动参与 WHO、FAO、CAC、OIE 等国际组织开展的耐药性防控策略、抗菌药物敏感性检测标准制修订等工作，与其他国家和地区开展动物源细菌耐药性监测协作，控制耐药菌跨地区跨国界传播。加强与发达国家抗菌药物残留控制机构及重要国际组织合作，参与国际规则和标准制定，主动应对国际畜禽水产品抗菌药物残留问题突发事件。

五、保障措施

（一）加强组织领导。各地兽医行政管理部门要深刻认识做好遏制动物源细菌耐药工作的极端重要性，强化组织领导。要根据本计划确定的行动目标和重点任务，制定辖区工作方案，认真开展日常监管、监督抽检等具体工作。要强化责任，落实地方人民政府的属地管理责任，明确养殖者的主体责任，各级监管部门的监管责任，层层传导压力，切实将各项工作任务落到实处。

（二）加大政策支持。按照《全国动植物保护能力提升工程建设规划（2017-2025年）》（发改农经〔2017〕913号），统筹考虑相关项目建设。积极争取发改、财政、科技等部门支持，加大动物源细菌耐药性防控体系建设、监测评估、监督抽查和抗菌药物使用减量化示范创建等工作的支持力度；逐步建立多元化投入机制，鼓励、引导企业和社会资金投入。

（三）发挥专家作用。成立全国兽药残留与耐药性控制专家委员会，为动物源细菌耐药性监测、监管体系建设与完善提供专业指导；承担兽用抗菌药物耐药性风险评估任务，提供风险管理和政策建议。在相关国家现代农业产业技术体系中增设疫病防控、质量安全等岗位，鼓励各地建立兽用抗菌药物研究团队，加强抗菌药物替代研发、细菌耐药机制研究、耐药检测方法与标准研究等工作。

（四）落实目标考核。将兽用抗菌药物使用监管及动物源细菌耐药控制纳入国家食品安全和农产品质量安全考核范围，对动物源细菌耐药性监管体系、违法行为查处率、条件保障和经费预算等指标进行量化考核。农业部制定考核评价标准，按年度、区域、进度进行量化、细化，各地要根据工作要求，进一步细化分解工作目标和任务措施，确保行动计划有效落实。

附录六 养殖场兽药残留和动物源细菌耐药风险控制倡议书

中国兽医协会

为降低养殖环节兽药残留和动物源细菌耐药风险，落实农业部《全国遏制动物源细菌耐药行动计划（2017－2020年）》，中国兽医协会向全国养殖场法定代表人（负责人）和执业兽医发出如下倡议：

一、强化责任意识激发担当精神。促进养殖业健康可持续发展，保障食品安全，维护人类健康，是养殖场法定代表人（负责人）和执业兽医义不容辞的责任。

二、增强兽药残留和动物源细菌耐药危害认知度。养殖业的发展离不开兽药，但如严重依赖或不合理使用就会导致兽药残留和动物源细菌耐药两大安全问题，不仅对养殖业和疾病防治造成影响，还对人类健康有直接或间接危害，对生态环境造成污染。

三、严格遵守国家相关法律法规。以"学法、知法、守法"为立业之本，深刻理解兽药使用相关法律法规及重要文件精神，树立科学、安全用药的观念和"养殖场是畜禽及其产品质量安全第一责任人"的意识。

四、推行健康养殖新理念。重视畜禽身心健康和养殖环境健康，改进养殖模式，适度规模化养殖密度，规范种畜禽引进管理、兽医卫生管理和畜禽饲养管理，建立科学的疫病监测预警制度，防控生态环境污染，鼓励使用生态型饲料和高效低残留兽药。

五、规范兽药采购、贮存和使用管理。从合法渠道购买兽药，坚决不采购和使用国家禁用药、人用药、原料药和假劣兽药。购进的兽药应按所要求的贮存条件贮藏和保管。严格遵守处方药和休药期管理规定，不销售在休药期内的畜禽及其产品，不使用未经农业部批准的兽药，不擅自在饲料中添加兽药和药物饲料添加剂。加强养殖场饲养人员和兽医人员管理，建立并保存兽药采购、贮存和领用记录，以及饲养记录、免疫程序记录、诊疗记录、兽药使用记录和休药记录。

六、科学、安全使用兽药。根据畜禽病情有针对性地选用兽药，严格执行用药规范。同时做到：注意配伍禁忌，科学有效搭配混合用兽药；抓住最佳用药时机，不盲目用药；注意合理用药的剂量，防止药物中毒；注意药物疗程和休药期，防止残留；减量化使用抗菌药物，降低动物源细菌耐药风险。

七、注重兽药和耐药菌环境污染防治。严格养殖场废弃兽药的无害化处理，鼓励对养殖粪污和废弃物兽药残留进行定期检测和引进先进的环境控制技术和粪污处理技术。

八、积极参与风险监测与评估工作。主动配合有关部门监测场内兽药残留和动物源细菌耐药情况，并根据评估结果，不断梳理风险点和改进防控措施。

九、树立良好企业形象。诚信经营，积极配合政府监管部门工作，自觉接受消费者和新闻媒体的监督，勇于承担产品安全责任。

中国兽医协会

2017 年 7 月

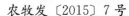

附录七 农业部关于促进草食畜牧业加快发展的指导意见

农牧发〔2015〕7号

各省、自治区、直辖市及计划单列市畜牧兽医（农业、农牧）局（厅、委、办），新疆生产建设兵团畜牧兽医局：

草食畜牧业是现代畜牧业和现代农业的重要组成部分。近年来，在市场拉动和政策驱动下，我国草食畜牧业呈现出加快发展的良好势头，综合生产能力持续提升，标准化规模养殖稳步推进，有效保障了牛羊肉、乳制品等草食畜产品市场供给。但是，草食畜牧业生产基础比较薄弱，发展方式相对落后，资源环境约束不断加剧，产业发展面临诸多制约和挑战。为适应农业"转方式、调结构"的需要，促进草食畜牧业持续健康发展，现提出以下意见。

一、充分认识发展草食畜牧业的重要意义

（一）发展草食畜牧业是推进农业结构调整的必然要求。发展草食畜牧业是优化农业结构的重要着力点，既有利于促进粮经饲三元种植结构协调发展，形成粮草兼顾、农牧结合、循环发展的新型种养结构，又能解决地力持续下降和草食畜禽养殖饲草料资源不足的问题，促进种植业和养殖业有效配套衔接，延长产业链，提升产业素质，提高综合效益。

（二）发展草食畜牧业是适应消费结构升级的战略选择。草食畜产品是重要的"菜篮子"产品，牛羊肉更是国内穆斯林群众的生活必需品。随着人口增长、城镇化进程加快、城乡居民畜产品消费结构升级，草食畜产品消费需求仍将保持较快增长。缓解草食畜产品供需矛盾，必须大力发展草食畜牧业。

（三）发展草食畜牧业是实现资源综合利用和农牧业可持续发展的客观需要。发展草食畜牧业，不仅有助于充分利用我国丰富的农作物秸秆资源和其它农副产品，减少资源浪费和环境污染，而且是实现草原生态保护、牧业生产发展、牧民生活改善的有效途径。

二、总体要求

（四）指导思想

全面贯彻落实党中央、国务院加快农业"转方式、调结构"的决策部署，以肉牛、肉羊、奶牛为重点，兼顾其他特色草食畜禽，以转变发展方式为主线，以提高产业效益和素质为核心，坚持种养结合，优化区域布局，加大政策扶持，强化科技人才支撑，推动草食畜牧业可持续集约发展，不断提高草食畜牧业综合生产能力和市场竞争能力，切实保障畜产品市场有效供给。

（五）基本原则

——坚持因地制宜，分区施策。遵循产业发展规律，结合农区、牧区、半农半牧区和垦区的特点，统筹考虑资源、环境、消费等因素，科学确定主导品种、空间布局和养殖规模，大力发展适度规模标准化养殖，探索各具特色的草食畜牧业可持续发展模式。

——坚持农牧结合，良性循环。实施国家粮食安全战略，在抓好粮食安全保障能力建设的基础上，合理调整种植结构，优化土地资源配置，发展青贮饲料作物和优质牧草，培肥地力，增草增畜，促进种养业协调发展。

——坚持市场主导，政策助力。发挥市场在资源配置中的决定性作用，激发各类市场主体发展活力。加大良种繁育体系建设、适度规模标准化养殖、基础母畜扩群、农牧结合模式创新等关键环节的政策扶持，更好发挥政府引导作用。

——坚持机制创新，示范引领。完善草食畜牧业各环节利益联结机制，建立合作互助、风险共担、利益共赢的长效发展机制。加大对养殖大县和优势产业集聚区、加工企业的支持力度，形成龙头企业带动、养殖基地支撑、全产业链发展的良性机制，更好发挥产业集聚效应。

——坚持国内为主，进口补充。落实地方政府保障草食畜产品供应的责任，牛羊肉应立足国内，确保牧区基本自给和全国市场有效供给；奶类应稳定奶源供给，适当进口，满足市场多元化需求。

（六）主要目标

到 2020 年，草食畜牧业综合生产能力进一步增强，牛羊肉总产量达到 1300 万吨以上，奶类总产量达到 4100 万吨以上；生产方式加快转变，多种形式的新型经营主体加快发展，肉牛年出栏 50 头以上、肉羊年出栏 100 只以上规模养殖比重达到 45% 以上，奶牛年存栏 100 头以上规模养殖比重达到 60% 以上；饲草料供应体系和抗灾保畜体系基本建立，秸秆饲用量达到 2.4 亿吨以上，青贮玉米收获面积达到 3500 万亩以上，保留种草面积达到 3.5 亿亩，其中苜蓿等优质牧草面积达到 60% 以上。

三、优化种养结构

（七）完善农牧结合的养殖模式。贯彻《全国牛羊肉生产发展规划（2013—2020 年）》，以优势区域为重点，形成资源高效利用、生产成本可控的养殖模式。在草原牧区坚持生态优先，推行草畜平衡制度，发展人工种草，建设标准化暖棚，推行半舍饲养殖；在农牧交错带实施草原改良、退耕还草、草田轮作，建立"牧繁农育"和"户繁企育"为主的养殖模式；在传统农区优化调整农业结构，发展青贮玉米和优质饲草种植，建立"自繁自育"为主的养殖模式，提升标准化规模养殖水平；在南方草山草坡地区，推进天然草地改良，利用冬闲田种草，发展地方特色养殖。实施牛羊养殖大县奖励补助政策，调动地方发展草食畜产品生产积极性，建成一批养殖规模适度、生产水平高、综合竞争力强的养殖基地。

（八）建立资源高效利用的饲草料生产体系。推进良种良法配套，大力发展饲草料生产。支持青贮玉米、苜蓿、燕麦、甜高粱等优质饲草料种植，鼓励干旱半干旱区开展粮草轮作、退耕种草。继续实施振兴奶业苜蓿发展行动，保障苜蓿等优质饲草料供应。加大南方地区草山草坡开发利用力度，推行节水高效人工种草，推广冬闲田种草和草田轮作。加快青贮专用玉米品种培育推广，加强粮食和经济作物加工副产品等饲料化处理和利用，扩大饲料资源来源。在农区、牧区以及垦区和现代农业示范区、农村改革试验区，开展草牧业发展试验试点。在玉米、小麦种植优势带，开展秸秆高效利用示范，支持建设标准化青贮窖，推广青贮、黄贮和微贮等处理技术，提高秸秆饲料利用率。在东北黑土区等粮食主产区和雁北、陕北、甘肃等农牧交错带开展粮改饲草食畜牧业发展试点，建立资源综合利用的循环发展模式，促进农牧业协调发展。

（九）积极发展地方特色产业。加强市场规律和消费趋势研究，积极发展地方特色优势草食畜产品。实施差异化发展战略，加大市场开拓力度，降低价格大幅波动风险。加大地方品种资源保护支持力度，选择性能突出、适应性强、推广潜力大的品种持续开展本品种选育，提高地方品种生产性能。支持地方优势特色资源开发利用，鼓励打造具有独特风味的高端牛羊肉和乳制品品牌。积极发展兔、鹅、绒毛用羊、马、驴等优势特色畜禽生产，加强品种繁育、规模养殖和产品加工先进技术研发、集成和推广，提升产业化发展水平，增强产业竞争力。

四、推进发展方式转变

（十）大力发展标准化规模养殖。扩大肉牛肉羊标准化规模养殖项目实施范围，支持适度规模养殖场改造升级，逐步推进标准化规模养殖。加大对中小规模奶牛标准化规模养殖场改造升级，促进小区向牧场转变。扩大肉牛基础母牛扩群增量项目实施范围，发展农户适度规模母牛养殖，支持龙头企业提高母牛养殖比重，积极推进奶公犊育肥，逐步突破母畜养殖的瓶颈制约，稳固肉牛产业基础。鼓励和支持企业收购、自建养殖场，养殖企业自建加工生产线，增强市场竞争能力和抗风险能力。继续深入开展标准化示范创建活动，完善技术标准和规范，推广具有一定经济效益的养殖模式，提高标准化养殖整体水平。研发肉牛肉羊舍饲养殖先进实用技术和工艺，加强配套集成，形成区域主导技术模式，推动牛羊由散养向适度规模转变。

（十一）加快草食家畜种业建设。深入实施全国肉牛、肉羊遗传改良计划，优化草食种畜禽布局，以核心育种场为载体，支持开展品种登记、生产性能测定、遗传评估等基础工作，加快优良品种培育进程，提升自主供种能力。加强奶牛遗传改良工作，补贴优质胚胎引进，提升种公牛自主培育能力，建设一批高产奶牛核心群，逐步改变良种奶牛依靠进口的局面。健全良种繁育体系，加大畜禽良种工程项目支持力度，加强种公牛站、种畜场、生产性能测定中心建设，提高良种供应能力。继续实施畜牧良种补贴项目，推动育种场母畜补贴，有计划地组织开展杂交改良，提高商品牛羊肉用性能。

（十二）加快草种保育扩繁推一体化进程。加强野生牧草种质资源的收集保存，筛选培育一批优良牧草新品种。组织开展牧草品种区域试验，对新品种的适应性、稳定性、抗逆性等进行评定，完善牧草新品种评价测试体系。加强牧草种子繁育基地建设，扶持一批育种能力强、生产加工技术先进、技术服务到位的草种企业，着力建设一批专业化、标准化、集约化的优势牧草种子繁育推广基地，不断提升牧草良种覆盖率和自育草种市场占有率。加强草种质量安全监管，规范草种市场秩序，保障草种质量安全。

（十三）着力培育新型经营主体。支持专业大户、家庭牧场等建立农牧结合的养殖模式，合理确定养殖规模和数量，提高养殖水平和效益，促进农牧循环发展。鼓励养殖户成立专业合作组织，采取多种形式入股，形成利益共同体，提高组织化程度和市场议价能力。推动一、二、三产业深度融合发展。引导产业化龙头企业发展，整合优势资源，创新发展模式，发挥带动作用，推进精深加工，提高产品附加值。完善企业与农户的利益联结机制，通过订单生产、合同养殖、品牌运营、统一销售等方式延伸产业链条，实现生产与市场的有效对接，推进全产业链发展。鼓励电商等新型业态与草食畜产品实体流通相结合，构建新型经营体系。

（十四）提高物质装备水平。加大对饲草料加工、畜牧饲养、废弃物处理、畜产品采集初加工等草畜产业农机具的补贴力度。研发推广适合专业大户和家庭牧场使用的标准化设施养殖工程技术与配套装备，降低劳动强度，提高养殖效益。积极开展畜牧业机械化技术培训，支持开展相关农机社会化服务。重点推广天然草原改良复壮机械化、人工草场生态种植及精密播种机械化、高质饲料收获干燥及制备机械化等技术，提高饲草料质量和利用效率。在大型标准化规模养殖企业推广智能化环境调控、精准化饲喂、资源化粪污利用、无害化病死动物处理等技术，提高劳动生产率。

（十五）促进粪污资源化利用。综合考虑土地、水等环境承载能力，指导地方科学规划草食畜禽养殖结构和布局，大力发展生态养殖，推动建设资源节约、环境友好的新型草食畜牧业。贯彻落实《畜禽规模养殖污染防治条例》，加强草食禽养殖废弃物资源化利用的技术指导和服务，因地制宜、分畜种指导推广投资少、处理效果好、运行费用低的粪污处理与利用模式。实施农村沼气工程项目，支持大型畜禽养殖企业建设沼气工程和规模化生物天然气工程。继续实施畜禽粪污等农业农村废弃物综合利用项目，支持草食畜禽规模养殖场粪污处理利用设施建设。积极开展有机肥使用试验示范和宣传培训，大力推广有机肥还田利用。

五、提升支撑能力

（十六）强化金融保险支持。构建支持草食畜牧业发展的政策框架体系，在积极发挥财政资金引导作用的基础上，探索采用信贷担保、贴息等方式引导和撬动金融资本支持草食畜牧业发展。适当加大畜禽标准化养殖项目资金，并逐步将直接补贴调整为贷款担保奖补和贴息，推动解决规模养殖场户贷款难题。积极争取金融机构的信贷支持，合理确定贷款利率，引导社会资本进入，为草食畜牧业发展注入强大活力。建立多元化投融资机制，创新信用担保方式，完善农户小额信贷和联保贷款等制度，支持适度扩大养殖规模，提高抵御市场风险的能力。继续实施奶牛政策性保险，探索建立肉牛肉羊保险制度，逐步扩大保险覆盖面，提高风险保障水平。

（十七）加强科技人才支撑服务。整合国家产业技术体系和科研院所力量，以安全高效养殖、良种繁育、饲草料种植等核心技术为重点，加强联合攻关和先进技术研发。加快培养草食畜牧业科技领军人才和创新团队，开展技能服务型和生产经营型农村实用人才培训。完善激励机制，鼓励科研教学人员深入生产一线从事技术推广服务，促进科技成果转化。加强基层畜牧草原推广体系和检验检测能力建设，发挥龙头企业和专业合作组织的辐射带动作用，推广人工授精、早期断奶、阶段育肥、疫病防控等先进实用技术，提高生产水平。加快精料补充料和开食料等牛羊专用饲料的研发，降低饲喂成本，提高饲料转化效率。加强对基层技术推广骨干和新型经营主体饲养管理技术的培训，提升科学养畜水平。

（十八）加大疫病防控力度。围绕实施国家中长期规划，切实加强口蹄疫等重大动物疫病防控，落实免疫、监测、检疫监管等各项关键措施。加强布鲁氏菌病、结核病、包虫病等主要人畜共患病防控。指导开展种牛、种羊场疫病监测净化工作。统筹做好奶牛乳房炎等常见病的防治，加强养殖场综合防疫管理，健全卫生防疫制度，强化环境消毒和病死畜禽无害化处理，不断提高生物安全水平，降低发病率和死亡率。加强肉牛肉羊屠宰管理，强化检疫监管。加强养殖用药监管，督促、指导养殖者规范用药，严格执行休药期等安全用药规定。

（十九）营造良好市场环境。加强生产监测和信息服务，及时发布产销信息，引导养殖场户适时调整生产规模，优化畜群结构。加强消费引导和品牌推介，支持开展无公害畜产品、绿色食品、有机畜产品和地理标志产品认证，打造草食畜产品优势品牌，提升优势产品的市场占有率。支持屠宰加工龙头企业建立稳定的养殖基地，加强冷链设施建设，开展网络营销，降低流通成本。鼓励地方建立原料奶定价机制和第三方检测体系，完善购销合同，探索种、养、加一体化发展路径。支持建设区域性活畜交易市场和畜产品专业市场，鼓励经纪人和各类营销组织参与畜产品流通，推动实现畜产品优质优价。支持行业协会发展，发挥其在行业自律、权益保障、市场开拓等方面的作用。

（二十）统筹利用两个市场两种资源。加强草食畜产品国际市场调研分析，在确保质量安全并满足国内检疫规定的前提下，逐步实现进口市场多元化，满足不同层次的消费需求。加强草食畜产品进口监测预警，研究制定草食畜产品国际贸易调控策略和预案，推动建立草食畜产品进口贸易损害补偿制度，维护国内生产者利益。支持企业到境外建设牛羊肉生产、加工基地和奶源基地，推动与周边重点国家合作建设无规定疫病区。

当前，我国草食畜牧业发展迎来了难得的历史机遇。各地要把思想和行动统一到中央关于农业发展"转方式、调结构"的要求上来，乘势而上，主动作为，创新发展机制，突破瓶颈制约，努力促进草食畜牧业持续健康发展。

农业部

2015 年 5 月 4 日

附录八 国务院办公厅关于加快推进畜禽养殖废弃物资源化利用的意见

国办发〔2017〕48 号 2017 年 6 月 12 日发布

各省、自治区、直辖市人民政府，国务院各部委、各直属机构：

近年来，我国畜牧业持续稳定发展，规模化养殖水平显著提高，保障了肉蛋奶供给，但大量养殖废弃物没有得到有效处理和利用，成为农村环境治理的一大难题。抓好畜禽养殖废弃物资源化利用，关系畜产品有效供给，关系农村居民生产生活环境改善，是重大的民生工程。为加快推进畜禽养殖废弃物资源化利用，促进农业可持续发展，经国务院同意，现提出以下意见。

一、总体要求

（一）指导思想。全面贯彻党的十八大和十八届三中、四中、五中、六中全会精神，深入贯彻习近平总书记系列重要讲话精神和治国理政新理念新思想新战略，认真落实党中央、国务院决策部署，统筹推进"五位一体"总体布局和协调推进"四个全面"战略布局，牢固树立和贯彻落实创新、协调、绿色、开放、共享的发展理念，坚持保供给与保环境并重，坚持政府支持、企业主体、市场化运作的方针，坚持源头减量、过程控制、末端利用的治理路径，以畜牧大县和规模养殖场为重点，以沼气和生物天然气为主要处理方向，以农用有机肥和农村能源为主要利用方向，健全制度体系，强化责任落实，完善扶持政策，严格执法监管，加强科技支撑，强化装备保障，全面推进畜禽养殖废弃物资源化利用，加快构建种养结合、农牧循环的可持续发展新格局，为全面建成小康社会提供有力支撑。

（二）基本原则。

统筹兼顾，有序推进。统筹资源环境承载能力、畜产品供给保障能力和养殖废弃物资源化利用能力，协同推进生产发展和环境保护，奖惩并举，疏堵结合，加快畜牧业转型升级和绿色发展，保障畜产品供给稳定。

因地制宜，多元利用。根据不同区域、不同畜种、不同规模，以肥料化利用为基础，采取经济高效适用的处理模式，宜肥则肥，宜气则气，宜电则电，实现粪污就地就近利用。

属地管理，落实责任。畜禽养殖废弃物资源化利用由地方人民政府负总责。各有关部门在本级人民政府的统一领导下，健全工作机制，督促指导畜禽养殖场切实履行主体责任。

政府引导，市场运作。建立企业投入为主、政府适当支持、社会资本积极参与的运营机制。完善以绿色生态为导向的农业补贴制度，充分发挥市场配置资源的决定性作用，引导和鼓励社会资本投入，培育发展畜禽养殖废弃物资源化利用产业。

（三）主要目标。到 2020 年，建立科学规范、权责清晰、约束有力的畜禽养殖废弃物资源化利用制度，构建种养循环发展机制，全国畜禽粪污综合利用率达到 75％以上，规模养殖场粪污处理设施装备配套率达到 95％以上，大型规模养殖场粪污处理设施装备配套率提前一年达到 100％。畜牧大县、国家现代农业示范区、农业可持续发展试验示范区和现代农业产业园率先实现上述目标。

二、建立健全畜禽养殖废弃物资源化利用制度

（四）严格落实畜禽规模养殖环评制度。规范环评内容和要求。对畜禽规模养殖相关规划依法依规开展环境影响评价，调整优化畜牧业生产布局，协调畜禽规模养殖和环境保护的关系。新建或改扩建畜禽规模养殖场，应突出养分综合利用，配套与养殖规模和处理工艺相适应的粪污消纳用地，配备必要的粪污收集、贮存、处理、利用设施，依法进行环境影响评价。加强畜禽规模养殖场建设项目环评分类管理和相关技术标准研究，合理确定编制环境影响报告书和登记表的畜禽规模养殖场规模标准。对未依法进行环境影响评价的畜禽规模养殖场，环保部门予以处罚。（环境保护部、农业部

牵头）

（五）完善畜禽养殖污染监管制度。建立畜禽规模养殖场直联直报信息系统，构建统一管理、分级使用、共享直联的管理平台。健全畜禽粪污还田利用和检测标准体系，完善畜禽规模养殖场污染物减排核算制度，制定畜禽养殖粪污土地承载能力测算方法，畜禽养殖规模超过土地承载能力的县要合理调减养殖总量。完善肥料登记管理制度，强化商品有机肥原料和质量的监管与认证。实施畜禽规模养殖场分类管理，对设有固定排污口的畜禽规模养殖场，依法核发排污许可证，依法严格监管；改革完善畜禽粪污排放统计核算方法，对畜禽粪污全部还田利用的畜禽规模养殖场，将无害化还田利用量作为统计污染物削减量的重要依据。（农业部、环境保护部牵头，质检总局参与）

（六）建立属地管理责任制度。地方各级人民政府对本行政区域内的畜禽养殖废弃物资源化利用工作负总责，要结合本地实际，依法明确部门职责，细化任务分工，健全工作机制，加大资金投入，完善政策措施，强化日常监管，确保各项任务落实到位。统筹畜产品供给和畜禽粪污治理，落实"菜篮子"市长负责制。各省（区、市）人民政府应于 2017 年底前制定并公布畜禽养殖废弃物资源化利用工作方案，细化分年度的重点任务和工作清单，并抄送农业部备案。（农业部牵头，环境保护部参与）

（七）落实规模养殖场主体责任制度。畜禽规模养殖场要严格执行环境保护法、畜禽规模养殖污染防治条例、水污染防治行动计划、土壤污染防治行动计划等法律法规和规定，切实履行环境保护主体责任，建设污染防治配套设施并保持正常运行，或者委托第三方进行粪污处理，确保粪污资源化利用。畜禽养殖标准化示范场要带头落实，切实发挥示范带动作用。（农业部、环境保护部牵头）

（八）健全绩效评价考核制度。以规模养殖场粪污处理、有机肥还田利用、沼气和生物天然气使用等指标为重点，建立畜禽养殖废弃物资源化利用绩效评价考核制度，纳入地方政府绩效评价考核体系。农业部、环境保护部要联合制定具体考核办法，对各省（区、市）人民政府开展考核。各省（区、市）人民政府要对本行政区域内畜禽养殖废弃物资源化利用工作开展考核，定期通报工作进展，层层传导压力。强化考核结果应用，建立激励和责任追究机制。（农业部、环境保护部牵头，中央组织部参与）

（九）构建种养循环发展机制。畜牧大县要科学编制种养循环发展规划，实行以地定畜，促进种养业在布局上相协调，精准规划引导畜牧业发展。推动建立畜禽粪污等农业有机废弃物收集、转化、利用网络体系，鼓励在养殖密集区域建立粪污集中处理中心，探索规模化、专业化、社会化运营机制。通过支持在田间地头配套建设管网和储粪（液）池等方式，解决粪肥还田"最后一公里"问题。鼓励沼液和经无害化处理的畜禽养殖废水作为肥料科学还田利用。加强粪肥还田技术指导，确保科学合理施用。支持采取政府和社会资本合作（PPP）模式，调动社会资本积极性，形成畜禽粪污处理全产业链。培育壮大多种类型的粪污处理社会化服务组织，实行专业化生产、市场化运营。鼓励建立受益者付费机制，保障第三方处理企业和社会化服务组织合理收益。（农业部牵头，国家发展改革委、财政部、环境保护部参与）

三、保障措施

（十）加强财税政策支持。启动中央财政畜禽粪污资源化利用试点，实施种养业循环一体化工程，整县推进畜禽粪污资源化利用。以果菜茶大县和畜牧大县等为重点，实施有机肥替代化肥行动。鼓励地方政府利用中央财政农机购置补贴资金，对畜禽养殖废弃物资源化利用装备实行敞开补贴。开展规模化生物天然气工程和大中型沼气工程建设。落实沼气发电上网标杆电价和上网电量全额保障性收购政策，降低单机发电功率门槛。生物天然气符合城市燃气管网入网技术标准的，经营燃气管网的企业应当接收其入网。落实沼气和生物天然气增值税即征即退政策，支持生物天然气和沼气工程开展碳交易项目。地方财政要加大畜禽养殖废弃物资源化利用投入，支持规模养殖场、第三方处理企业、社会化服务组织建设粪污处理设施，积极推广使用有机肥。鼓励地方政府和社会资本设立投资基金，创新粪污资源化利用设施建设和运营模式。（财政部、国家发展改革委、农业部、环境保护部、住房城乡建设部、税务总局、国家能源局、国家电网公司等

负责）

（十一）统筹解决用地用电问题。落实畜禽规模养殖用地，并与土地利用总体规划相衔接。完善规模养殖设施用地政策，提高设施用地利用效率，提高规模养殖场粪污资源化利用和有机肥生产积造设施用地占比及规模上限。将以畜禽养殖废弃物为主要原料的规模化生物天然气工程、大型沼气工程、有机肥厂、集中处理中心建设用地纳入土地利用总体规划，在年度用地计划中优先安排。落实规模养殖场内养殖相关活动农业用电政策。（国土资源部、国家发展改革委、国家能源局牵头，农业部参与）

（十二）加快畜牧业转型升级。优化调整生猪养殖布局，向粮食主产区和环境容量大的地区转移。大力发展标准化规模养殖，建设自动喂料、自动饮水、环境控制等现代化装备，推广节水、节料等清洁养殖工艺和干清粪、微生物发酵等实用技术，实现源头减量。加强规模养殖场精细化管理，推行标准化、规范化饲养，推广散装饲料和精准配方，提高饲料转化效率。加快畜禽品种遗传改良进程，提升母畜繁殖性能，提高综合生产能力。落实畜禽疫病综合防控措施，降低发病率和死亡率。以畜牧大县为重点，支持规模养殖场圈舍标准化改造和设备更新，配套建设粪污资源化利用设施。以生态养殖场为重点，继续开展畜禽养殖标准化示范创建。（农业部牵头，国家发展改革委、财政部、质检总局参与）

（十三）加强科技及装备支撑。组织开展畜禽粪污资源化利用先进工艺、技术和装备研发，制修订相关标准，提高资源转化利用效率。开发安全、高效、环保新型饲料产品，引导矿物元素类饲料添加剂减量使用。加强畜禽粪污资源化利用技术集成，根据不同资源条件、不同畜种、不同规模，推广粪污全量收集还田利用、专业化能源利用、固体粪便肥料化利用、异位发酵床、粪便垫料回用、污水肥料化利用、污水达标排放等经济实用技术模式。集成推广应用有机肥、水肥一体化等关键技术。以畜牧大县为重点，加大技术培训力度，加强示范引领，提升养殖场粪污资源化利用水平。（农业部、科技部牵头，质检总局参与）

（十四）强化组织领导。各地区、各有关部门要根据本意见精神，

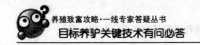
按照职责分工，加大工作力度，抓紧制定和完善具体政策措施。农业部要会同有关部门对本意见落实情况进行定期督查和跟踪评估，并向国务院报告。（农业部牵头）

国务院办公厅

2017 年 5 月 31 日

附录九 我国部分地区驴产业发展状况

- **山东省**

在 2017 年的山东省"两会"上,省人大代表、东阿阿胶股份有限公司总裁秦玉峰在审议政府工作报告时,现场介绍了东阿阿胶正在实施的"驴产业扶贫"计划。秦玉峰说,贫困户养 1 头基础母驴,3 年生 2 胎,平均每年毛利润为 3 300 元,净利润为 1 777 元。按照目前行情,养 2 头基础母驴就可以让一个贫困户脱贫。目前东阿阿胶走出了一条产业发展与"养驴扶贫"协同并进的发展之路,在聊城建立了 100 个扶贫养驴场,带动农民增收 180 亿元。以东阿县为例,全县黑毛驴存栏量 5 万头,43 家养驴场带动近百个贫困户增收。为此东阿阿胶计划在山东等 12 个省份,提供 50 万头基础母驴用于扶贫产业,将融资 60 亿元,普及毛驴养殖技术、建立保险机制。

- **内蒙古**

(1) 包头市 目前,包头市驴存栏 1.2 万头,主要分布在土右旗、固阳县、九原区等 5 个农业旗县区,驴养殖收益靠出售母驴和肉驴为主,收益头均 3 000 元左右,品种以德州肉驴、关中驴、广灵驴为主,但优质种公驴品种和数量少。2017 年,全市将大力发展肉驴产业,力争把肉驴饲养量提升到 3.6 万头,基础母驴存栏达到 2 万头,其中引进优质种公驴 300 头、基础母驴 1 万头。同时,对接引进驴产业精深加工龙头企业 1~2 个,建设驴配种改良站点 5 处,建成 1 万头肉驴人工授精的能力,建成千头肉驴养殖基地 2 个;培育扶持驴养殖专业合作社 20 个、养殖户 2 000 户,逐步形成"基地+合作社+农户"养殖模式。今后,包头市将打造驴产品、驴肉餐饮、驴奶、驴宝、驴血、驴下水等加工、旅游休闲一体化产业链结构模式,建立互利共赢的农企利益关系和稳定的合作联结方式。由建成的驴产品加工企业、养殖基地统一组织种驴采购、供应和驴驹、育成驴和驴附产品的回收，原则上以略高于市场价的价格进行回收；签订合同的育成驴以驴驹的供应价（按驴驹重量增加）为最低保护价进行回收，降低养殖户的养殖风险，建全完善利益联结机制，确保养驴户产业有序稳定发展。

（2）赤峰市 近年来，赤峰市敖汉旗四道湾子镇依托本地饲草料资源丰富的优势，采取优惠措施引导贫困群众养殖肉驴，促进了肉驴产业的发展，推进了脱贫攻坚。目前，全镇肉驴存栏达 2.1 万头，全年出栏肉驴 1.2 万头，实现纯收入 5 000 万元。四道湾子镇依托旗老区建设促进会扶贫项目，为贫困养殖户提供肉驴购置补贴，购进基础母驴，每头补助 1 500 元，购进优质种公驴，每头补贴 1 万元；为贫困养殖户每户协调金融扶贫贴息贷款 3～5 万元，解决了养殖成本大、启动资金短缺的难题；镇政府协调为养殖小区提供建设用地，并实现通电、通水和道路平整；引入东阿阿胶集团，建设标准化黑毛驴繁育基地、大型毛驴交易市场和饲草料加工厂，带动周边养殖户；引导贫困户入驻企业，采取托养、代管、合作养殖、产业务工、资本金收益等多种模式，促进贫困户增加收入脱贫；镇畜牧技术人员以品种改良、饲料配比、青贮、疫病防治等技术为服务内容，无偿进行技术指导；统一组织养殖户去山东、吉林等地购置优质肉驴，降低养殖成本，增加科技含量；引导贫困养殖户加入新成立的特友、兴润、曲家沟三个肉驴养殖专业合作社，让入社会员在信息、改良、信贷和销售等方面实现互助互补，有效规避了市场风险；建设肉驴交易市场 1处，发展经济人 58 人，健全了促销流通网络。通过引导，该镇群众养殖肉驴的积极性空前高涨，肉驴产业得到进一步发展。2016 年，该镇完成肉驴产业投资 6 000 万元。完成东阿阿胶黑毛驴牧业存栏3 800头肉驴繁育基地建设；新建肉驴养殖小区 6 个；发展肉驴养殖专业村 10 个，新发展养殖户 1 200 户；新建棚圈12 000米^2。引进优质基础母驴 4 000 头，引进优质种公驴 30 头。养殖肉驴的建档立卡贫困户实现年人均增收 1 000 元。肉驴产业成为四道湾子镇农民脱贫致富的重要产业。

● 黑龙江省

为推动驴产业快速发展，近日，齐齐哈尔市委书记、市人大常委会主任孙坤在市党政机关办公中心主持召开驴产业专题汇报会，听取了驴产业综合开发实施方案汇报。会上，首先听取了黑龙江三头驴农业科技有限公司相关人员关于齐齐哈尔驴产业综合开发实施方案的汇报。孙坤边听汇报边与相关人员交流探讨齐齐哈尔市发展驴产业的区位优势、饲养成本、产业基础、技术储备以及目前发展驴产业的制约因素等情况。孙坤强调，齐齐哈尔市发展驴产业优势明显，潜力大。看准的项目就要下决心尽早研究，尽早落实，尽早实施，尽早破题，要对驴产业进行全产业链谋划，不能错失发展的机会。下一步要对制约驴产业发展的瓶颈、存在的问题和风险进行认真研究和评估，破解关键制约因素，要在活体增值方面破题，调动养殖户的积极性。《齐齐哈尔驴产业综合开发实施方案》要尽快进入实施阶段，今年养驴数量要达到预期数。分管领导一定把驴产业牢牢抓住，市相关部门要通力合作，并以三头驴公司为龙头，依托黑龙江省兽医科学研究所的技术支撑，形成合力，全力提供支持和帮助，做强驴产业，推动全市畜牧业发展。

- **辽宁省**

(1) 沈阳市　2015 年 12 月，首届中国东北驴交易博览会在法库县叶茂台镇辽北牲畜交易中心举行，这一盛会成为法库发展驴产业新的里程碑。2016 年 10 月 16 日，全国驴产业大会又在法库县召开，驴产业正在成为法库县经济发展的新引擎。辽北牲畜交易市场起源于辽代，是以驴、马、骡为主导的交易市场，是东北、华北、内蒙古驴、马、骡重要集散地，目前已发展成为全国最大驴交易市场。客商主要来自于山东、河北、河南、内蒙、吉林、黑龙江、山西、江西以及新疆和云南等地，涉及十多个省市自治区。泰国、越南、韩国等地也有客商来这里交易。市场每周上市驴、马、骡在 5 000 头左右，成功交易量 3 000 头左右。年交易量在 15 万头以上，全年交易额超过 10 亿元。

法库县县长王欢苗表示，法库要依托市场资源与东阿阿胶集团技术优势，兴建驴养殖基地，引进养殖及肉、奶、皮等制品深加工企业，拉长驴产业链条。采取"公司＋基地＋农户"的饲养方式，全县规划发展十个乡镇为养殖重点镇。辽北牲畜交易中心现有规模已容纳不了越来越多前来交易的客商需求。2016 年年初，法库县就着手制定市场改扩建方案，并以市场为切入点建设毛驴产业园区，使园区成为驴产业项目聚焦区，从而占领东北驴产业高地。

法库县叶茂台镇计划在未来五年里，以驴马交易市场的优势，建成种驴繁育中心、驴扩繁场、驴育肥场、低温屠宰厂、肉食加工厂、饲料厂、有机化肥厂、餐饮住宿和旅游文化公司，打造为中国最专业的驴产业园区。

为推动驴产业的发展，为驴争取到与牛羊"平起平坐"的待遇，法库县将积极向上级争取加大政策扶持力度，比照省、市关于其他畜牧产业扶持政策，给予养驴户以政策扶持，特别是专项资金政策扶持。鼓励利用荒山、荒沟、荒丘、荒滩、自家庭院等发展养殖。在动物防疫补贴政策方面，实行重大动物防疫病强制免疫疫苗补助政策，疫病捕杀补助政策，病死驴无害化处理补助政策，以及给予贷款、贷款补贴等政策。

（2）**阜新市**　依托于阜新市阜蒙县大巴镇的肉牛市场为平台，旨在建立我国最大的肉驴繁育推广基地，努力打造中国最大的优质肉驴生产基地，借此来辐射带动中国北方甚至全中国的肉驴交易市场。2004 年山东东阿阿胶股份有限公司落户阜新市阜蒙县，计划先建立优质种驴场，然后再建肉驴屠宰加工厂。目前种驴场项目已经启动，公司投资 41 万元改造或新建驴舍 4 800 米²，投资 35 万元引进德州驴 71 头，其中种母驴 60 头，种公驴 11 头。目前存栏种驴 135 头。年屠宰 3 万头的肉驴屠宰加工生产线已经安装并进行了调试，预计明年初可投产。根据阜新市肉驴分布，确定了 25 个肉驴养殖基地乡镇，肉驴存栏达 11.1 万头，占阜新市肉驴存栏量的 53%。重点加强肉驴品种改良工作，目前阜新市已有肉驴改良站点 355 个，几年来累计改良肉驴 15 万头。加强阜蒙县大巴镇和彰武县四堡子两个肉驴繁育中心建设，充分发挥两个中心种驴的繁育和推广作用，目前这两个中心驴存栏都在百头以上，并先后从山东、陕西、山西引进德州驴、广灵驴等优良品种进行繁育。经过改良的肉用驴，体型、外貌和生产性能都有明显提高。

为了进一步壮大肉驴产业，阜蒙县还注重开发市场，拓宽销售渠道。至 2006 年上半年，阜蒙县大巴镇建成了东北地区最大的肉驴交易市场，据悉该市场占地面积达到 4.67 平方千米，统计指出该市场平均每个集日肉驴交易额在 60 万元以上，辐射周边各旗、市的近 70 个乡镇 200 多肉驴经纪人到大巴市场交易，吸引南至云南北至黑龙江的许多企业来阜新市考察和洽谈肉驴项目。形成了能带动一方经济发展的物流、信息流、资金流。并且培育出了一批带动能力强和具有品牌效应的龙头企业。迅速提高肉驴产业生产能力和市场竞争力。通过肉驴产品的精深加工，开发驴肉不同的吃法，吃出花样，以此来引导消费。以中国农业大学、山东东阿阿胶研究院、省畜牧科学研究院等院校、科研单位为依托，进一步深化驴制品生产，驴肉、驴皮、驴全身都要开发。2006 年 3 月阜新市绿鲜原驴肉食品有限公司成立。该厂是由本村村民程路海与山东临邑李兴珍合资合作兴办的，是一家集肉驴屠宰和深加工为一体的民营企业。该厂设计年屠宰加工能力达 3 万头，主要产品是汤驴肉、驴杂等，产品可销往大连、鞍山、营口及山东、上海等各大城市。

（3）铁岭市 为促进畜牧业发展，助推精准扶贫，铁岭西丰县成平乡实施了肉驴繁育基地扶贫项目。据了解，自山东东阿阿胶集团入驻西丰后，成平乡积极对接山东东阿阿胶集团，精心打造"繁育＋育肥＋加工＋销售"的产业链条，以组建肉驴养殖专业合作社为平台，通过争取产业专项扶持项目和资金，吸纳扶贫入户资金、县财政支持、信贷扶持等筹资 600 万元，实现肉驴存栏 200 头，辐射带动贫困户 50 余户，300 余人摆脱贫困，建成肉驴养殖专业乡，打响地理标志肉驴品牌。

● 新疆

2000 年，新疆喀什地区岳普湖县的毛驴凭借血统纯正、数量多、繁殖快的优势，通过注册命名为"疆岳驴"。2001 年，该县被农业部授予"中国毛驴之乡"的称号。新疆玉昆仑天然食品工程有限公司看好岳普湖县优质的"疆岳驴"资源，2007 年积极投资入驻岳普湖县。近年来，不仅推动了当地驴产业的发展，也带动了当地农民增收。为了保证驴奶的质量，公司还投资 1 000 万元建设了"疆岳驴"标准化养殖基地。标准化的养殖圈舍、机械化的挤奶设施以及兽医室、质检部等一应俱全。公司养殖基地建成后，在解决当地劳动力就业的同时，还培养了一批农民养殖技术员。通过基地的规模化建设、科学化养殖、标准化管理，现在岳普湖县"疆岳驴"养殖技术水平得到了提升，已经形成了"企业＋基地＋千家万户"的养殖格局。

● **陕西省**

为实现养驴致富梦，延安市富县与内蒙古蒙驴牧业有限公司签订了《关于合作开展养驴产业的协议》。今后，富县将有计划地发展肉驴养殖业，为农民提供新的增收渠道。位于内蒙古自治区呼伦贝尔市的内蒙古蒙驴牧业有限公司，是一家以牧草种植、毛驴养殖、驴乳及驴肉加工、驴生物制品产业化及生态科技等一体的现代化农业集团公司。旗下有陈巴尔虎旗示范基地、通辽库伦养殖基地、呼和浩特研发与营销中心及北京管理科研中心，是东阿阿胶股份最大的原料基地。公司董事长李子强说，今年，公司将在富县直罗镇和交道镇各建一个1 000头规模以上的毛驴养殖基地，随后逐年选点建设养殖基地，到2020年将在富县建成万头规模的毛驴养殖基地。"除了加工驴肉、奶制品，公司还计划建设毛驴活体循环及生物制品萃取项目，主要从事驴血、尿、奶、胎盘等生物制品萃取加工。"富县多方考察，认为富县地域辽阔、气候温和、境内水草资源丰富，发展养驴产业前景广阔，遂与内蒙古畜牧行业的大型龙头企业——内蒙古蒙驴牧业有限公司合作发展肉驴养殖，将发展驴产业与农民脱贫致富进行有机结合，实现农民养驴致富梦。

● **山西省**

比牛省草，比马省料，喜干不喜湿，吃硬不吃软，山西省十分适合毛驴的习性和生长。来自省畜禽繁育工作站的统计数据显示：目前肉驴年出栏量在8万头左右。除去驴驹、人工、饲草、土地等成本，育肥一头毛驴的纯利润在1 500元左右。而山西省驴养殖业的真实现状是：在贫困山区，农户想发驴财，但有草料，没钱买驴，没技术缩短驴的生长周期；养殖企业有技术、有项目，但缺少进一步做强做大引领农户发展的资本。未来三年内，山西省将在4个市（忻州市、大同市、吕梁市、长治市）的20个国家贫困县全力推进10万头肉驴产业项目，重点在肉驴引进、养殖补助、培训指导给予政策上的倾斜和支持，区域内养驴企业、专业合作社、农民散养户，每养一头驴将可享受3 000元的补助。项目计划2017年完成3万头，其中忻州市1.8万头、大同市0.4万头、吕梁市0.8万头；2018—2019年完成7万头、其中忻州市3万头、大同市1万头、吕梁市2万头、长治市1万头。项目责任实施单位为省农业厅，具体承办单位为省畜牧兽医局、省畜禽繁育工作站。该项目预计可带动3万贫困户，户均增收3 000元以上。

- **甘肃省**

酒泉市瓜州县农业循环经济生态产业园是甘肃龙麒生物科技股份有限公司依托石岗墩风沙口6.6万亩土地，规划建设的肉驴、奶驴养殖及"活体循环全产业链"开发项目。据了解，该项目计划投资5.45亿元，占地3 000亩，总建筑面积371 200米^2。主要建设驴舍、运动场、采精室、配种室、消毒室、挤奶车间、饲草料库、饲草料加工与配料车间中心，青贮池、1 500吨驴奶生产线、5万吨饲料加工收购厂、孕驴血清、孕驴尿雌性激素提取车间、驴奶粉加工车间、鲜驴奶速冻灌装车间、驴皮初加工处理与包装车间。开发生态农业种植项目、利用畜禽养殖产生的废弃物建设有机肥料厂，计划调引种公驴与适繁母驴20 000头。经过两年扩繁，该公司自养存栏量达到40 000头，同时通过辐射带动农民与农民养殖专业合作社主动参与，经过2～3年使全县驴养殖存栏量达到60 000头。项目建成后，年可销售肉驴6 200头，驴奶1 674吨，有机肥80 000吨；实现销售收入18 600万元，税金2 046万元，利润5 280万元；可提供直接就业岗位20个，间接就业岗位500个，实现农副资源综合开发，形成养殖技术先进、组织方式优化、产业体系完善、综合效益明显的毛驴产业发展格局，以毛驴产业发展推动全县精准扶贫精准脱贫工作。

目前，已完成投资3 400万元，完成了驴舍和运动场建设、青贮池、消毒舍、消毒池、办公及技术用房、配套引水工程，饲草料棚、饲草料库的建设；购置饲草料加工、运输、饲喂、检测分析等设备；引进适繁母驴1 500头，种公驴50头。甘肃龙麒生物科技股份有限公司董事总经理杨新军表示，该项目可以带动农民增收，同时增加近5 000人的就业岗位。在饲养过程中，饲草和农民都是订单式保底收

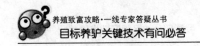

购。此外，在精准扶贫中，公司租驴给农户，一户农户可租 200 头驴，租期 3 年，农户养上 3 年可以生两胎小驴，这 400 个小驴就归农民了。

瓜州县农业循环经济生态产业园的建成，将培育出具有鲜明瓜州特色的毛驴产业品牌，把瓜州打造成全国重要的毛驴产业基地，形成"生产环节低碳、资源合理利用、产品有机绿色"的现代农产品循环经济体系，打造成为林草－林药－草畜"种养一体化"、"公司＋农户"模式的生态产业园，同时，对当地农业产业结构优化和农民增收将起到极大的促进作用。

附录十 养驴成功案例选

案例一 辽宁阜新高考落榜青年回乡创办家庭肉驴养殖场

辽宁省阜新市一个高考落榜青年先在一家养鸡场工作，后该鸡场因鸡病流行，濒临破产，便辞职回家，他通过咨询和市场调研，发现驴具有抗病力强、易饲养，精料采食少、不与人争粮，养殖投入少、风险小，养殖肉驴有较好的经济效益和发展前程，决定饲养肉驴。在市场调查的基础上，结合当地饲料资源和自身经济条件决定饲养架子驴，饲养架子驴虽然前期购买架子驴投入较大，但架子驴患病概率很低，饲养周期短，资金周转快，如果育肥驴的价格波动不大，养殖架子驴可以说没有养殖风险。该青年利用几年企业工作积累的资金，建立了一个家庭肉驴养殖场，第一批购买了10头架子驴试养，由于购买架子驴和饲养没有经验，购买的驴年龄和体重偏大，增重效果不理想；驱虫时死亡1头，在育肥3个月时出栏没有赚到太多的钱，但也没有亏损，使该青年看到了养殖的希望。他在认真总结第一批饲养经验的基础上，一方面认真学习肉驴养殖的理论知识，另一方面向专家和有经验的养殖能手请教。从第二批开始，养殖场严格按照肉驴生活习性和生长发育的规律，制订了切实可行的饲养管理制度和饲料配方，同时制订了驴群周转计划、饲料供应计划以及产品销售计划等，通过第二批的饲养，实现了盈利大翻身。目前，该养殖场每批饲养规模扩大到30头，年饲养3~4批，出栏优质肉驴90~120头，年纯收入8万~13万元，比他在鸡场打工多挣钱1倍多。

案例二 河北省张家口市旺地牧业有限公司

河北省张家口市旺地牧业有限公司是一家从事肉驴饲养与加工的专业公司，它起源于一个家庭养驴场，从饲养架子驴开始，饲养技术日渐娴熟，养殖效益每头驴净盈利稳定在 600～1 200元，但是随着饲养规模的稳定，他们发现要进一步提高驴肉的质量和养殖效益较难，通过分析发现主要原因有二：一是架子驴的年龄偏大，育肥后肉质的嫩度差，肌间脂肪少，而皮下和腹腔脂肪多。二是架子驴的饲料转化率偏低，因为架子驴大多是役用淘汰驴，并且遗传基础不明确。由此可见，要想提高肉驴的养殖效益和驴肉的质量，必须有自己的肉驴供应基地，培育专用的肉驴品种，拟定肉驴饲养标准，并科学饲养。

目前，我国还没有专门的肉驴品种或品系，张家口旺地牧业有限公司的成立目标就是利用当地优良驴品种资源——阳原驴，在对其进行保护和选优提纯的基础上，进一步培育适应当地自然条件和饲料类型的肉用阳原驴新品种或新品系，建立起自己的肉驴供应基地，并能带动当地肉驴养殖业发展。目前，旺地牧业有限公司已兴建驴舍4 800米^2，集选阳原驴基础群，母驴 50 头，公驴 10 头。同时饲养育肥驴 300 头，年出栏肉驴 900～1 200头，该公司目前每年肉驴饲养一项年盈利已超过 90 万元。

案例三　天津农垦龙天畜牧养殖有限公司

龙天畜牧养殖有限公司隶属于天津食品集团，是一家大规模舍饲圈养的种驴、肉驴养殖企业。公司始建于 2008 年，坐落在天津市宁河区境内，交通条件十分便利。总投资 8 000 万元，占地 120 亩，建筑面积 26 000 米^2。现有职工 45 人，其中，高级畜牧师、畜牧师 5 名，畜牧、财务、食品等相关专业的研究生 1 名，本、专科毕业生 20 名。建有大型养殖车间 5 座，规模养殖圈舍 20 个，设有哺乳区、繁育区、待产区、后备区四个养殖功能区。公司在德州驴本品种选育的基础上，经过 8 年的选育和繁育已经形成改良品系，截至 2016 年年底存栏总数达到 3 400 多头，其中种公驴 40 头。

公司与高校进行产学研结合，重点是种驴繁育体系及遗传评定技术，遗传改良及杂种优势高效利用技术，饲料营养综合技术方面的研究。同时聘请天津农学院的两名教授作为技术顾问，按照品种繁育的育种计划，培育成适合华北地区生长发育的"宁河驴"。几年来，公司得到了天津市政府、宁河区政府相关部门，以及天津食品集团、天津农学院等单位的大力支持，强力助推公司发展。

公司坚持实施可持续发展战略，加快对驴肉和驴乳等相关产品的开发步伐，探索产品研发技术和消费市场，完善驴的产业链。

案例四　内蒙古蒙东黑毛驴牧业科技有限公司

内蒙古蒙东黑毛驴牧业科技有限公司，是内蒙古突泉县的一家大型平台运营管理公司，公司在内蒙古兴安盟突泉县人民政府全力支持下，与东阿阿胶集团公司签订了黑毛驴产业三方战略合作协议书。根据县政府制定的《突泉县毛驴产业发展规划》，将养驴产业列入重点产业进行推广。

公司主要承担黑毛驴养殖的技术、品种改良、疾病防控、驴种、饲料配方、人工配种、冻精技术、采取优良品种建立冻精库储备、成品驴回收等工作。计划到 2020 年全县养殖存栏达到 10 万头，给予二三产业的技术支持，包括驴奶、驴血、驴尿、阿胶养生产品、餐饮等项目建设。

公司现已建成标准化驴舍 13 栋，管理房 14 间，建筑面积 5 000 米^2，现有毛驴 500 多头，到 2017 年年底，计划毛驴存栏达到 1 000 头。

公司采取小规模大群体的养殖模式，大力发展公司加农户、公司加合作社，建设养殖示范基地，规模化养殖。重点把资金投放到精准扶贫上，让贫困尽快脱贫。根据贫困户的家庭状况，制定优抚办法，能养驴的就养，对老弱病残者，公司帮助养，让贫困户有稳定的收入，拉动全县驴产业建设有序发展。

案例五　新疆玉昆仑天然食品工程有限公司

新疆玉昆仑天然食品工程有限公司成立于 2007 年。成立伊始，公司就确定了"科技为源、创新为先、质量为本"的企业发展宗旨，以生产无化学添加剂的绿色高端食品为主要方向，这是食品加工领域的一场艰巨的挑战，一次艰苦的探索和创新。绿色高端食品的品质，除了需要优质的原料，一流的加工工艺，还要有严格的生产管理理念和管理过程，缺一不可。公司生产的"驴妈妈"牌冻干驴奶粉多年来获得了"新疆名牌产品"的荣誉称号，得到市场的充分肯定。

玉昆仑公司是全国唯一一家具有驴养殖基地，以驴活体循环开发为主，率先在国内采用冷冻干燥、超高压非热灭菌食品加工技术等现代高科技技术，系统开发生产驴奶系列产品（鲜驴奶、纯天然无添加冻干驴奶粉、驴奶恰玛古冻干粉、驴酸奶、驴酸奶冻干粉、驴奶酸奶片等产品）的企业，其冻干驴奶粉已经形成年产 80 吨的生产能力。并获得发明专利（专利号 ZL2011 1 0341046.6）达 20 多项，发表相关论文 40 余篇，承担了"十二五 863 计划——人口与健康领域"课题中 2 项子课题任务。与相关科研院校联合开展了冻干驴奶粉复配制剂在重症、肿瘤化疗患者临床有效性、安全性研究，开发以冻干驴奶粉为基材的特殊医学用途配方食品，打造临床营养方向的领先品牌，不断提升驴产业循环经济发展。

玉昆仑公司还充分利用新疆的资源优势，与自身的技术优势和管理优势相结合，开发出了纯天然、无任何添加的石榴汁等果汁产品以及红枣浓浆系列产品。得到客户的充分肯定和好评。

案例六　内蒙古草原御驴科技牧业有限公司

内蒙古草原御驴科技牧业有限公司位于和林县舍必崖乡黑麻洼村，占地面积 500 亩，创建于 2013 年 5 月，注册于 2015 年 6 月，注册资本 1.2 亿元，项目总投资 1.5 亿元，是一家集种驴、肉驴养殖经营、饲养、改良、繁育销售、技术培训服务推广为一体的现代化大型综合养殖公司，公司本着"诚信为本、科技领先、产业延伸、企业带动"的宗旨，以"质量是企业生命"的经营理念，坚持市场需求为导向，诚信经营为原则的全产业链养殖企业。

内蒙古草原御驴科技牧业有限公司

公司整合产业链相关资源，覆盖生态化种养殖，优质驴良种繁育，通过先进的技术养殖、规模化生产、标准化管理，驴产品精深加工及下游衍生产品研究开发，打造绿色生态养殖全产业链模式，以"御驴同行、绿色健康"的美好愿景实现中国驴产业绿色生态养殖第一品牌，打造规模化、标准化、现代化、产业化、集约化大型综合养殖基地，引领中国驴产业健康发展。

公司创建初期（2013 年）引进优良基础母驴 1 200 头，优良种公驴 50 头，通过先进改良技术与人工授精繁育，两年内培育优质母驴数量已达到 4 800 头，优良种公驴数量达到 200 多头，已完成公司一期的预计生产量，二期（2016 年）预计引进优质肉驴 5 000 多头。杂交培育内蒙草原驴种 3 000 多头，三年内完成总预期目标 20 000 头，年出栏数量达到 8 000 头。

公司场区建立了标准化驴舍、精饲料库、青贮池及干草料库、

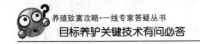

晾晒场等共200 000米², 配套先进的大型饲料加工设备、精密仪器及各类机械近70多套, 从品种标准化、营养标准化、饲养管理标准化, 药物使用标准化来规范生产源头, 突破了国内陈旧的生产方式, 大大提高了生产效益, 为规模化、标准化养殖奠定坚实的基础。

公司秉承"以人为本, 科技领先"的管理理念, 将企业文化管理与技术创新相结合, 打造一支强有力的技术管理团队, 特聘请国内畜牧兽医、繁育技术改良、动物营养、经营管理等方面有丰富经验的资深专家。一流的企业管理、一流的技术力量、一流的产品质量、一流的技术服务, 为高品质驴养殖夯实基础。

案例七　黑龙江省三头驴农业科技有限公司
公司发展

黑龙江省三头驴农业科技有限公司成立于2014年, 位于黑龙江省齐齐哈尔市富拉尔基区, 注册资本2 000万元。拥有员工45人, 其中具有高级技术职称科研人员16人; 旗下拥有驴产业研发中心1个、良种繁育中心1个、合作社和养殖场共6个, 是涉及多个行业、多元

化发展的现代牧业科技公司。公司主要从事驴的遗传育种、饲养营养、生物产业和产品加工等多学科研究，公司已形成养殖、屠宰、机械制造、投资四大产业，业务范围涉及畜牧养殖良种推广、屠宰、加工销售、进出口贸易和项目工程投资等领域。

公司理念

三头驴公司秉承自主创新，追求卓越，信誉为本，诚实经营，优质服务的精神，逐渐发展壮大，实现了由单一产品向多种产品转变，低价值产品向高科技高附加值转变，由业务单一化向多元化发展的转变。目前，公司已经辐射黑龙江、吉林和内蒙古等地，并开展了技术对接与合作联盟。

公司宗旨

三头驴领导人创业之初就确立了勤勤恳恳做产品，踏踏实实谋发展的道路。公司始终坚持服务、诚信、创新、发展的宗旨，信守质量为根、信誉为本、创新为魂的承诺，以人民的安全健康和提升人民生活质量为己任，用优质的产品和良好的服务为人民生活增光添彩。在养殖推广当中更是秉承投资兴业促发展，诚信经营人为先，保质保量保市场，良种进万家的宗旨！

公司优势

1. 驴产业研发中心的建设

黑龙江省三头驴农业科技有限公司与黑龙江省兽医科学研究所合作，共同成立驴产业研发中心，并开展技术合作。中心开展繁殖育种、营养、生物技术（生物制药与生物饲料）、疫病净化和环境工程等相关技术的研究。中心配备超高速离心机、小型冻干机、DNA 序列测定仪、PCR 仪、紫外分光光度计、荧光显微镜、蛋白质和核酸电泳仪和液相色谱仪等科研仪器设备。

2. 驴良种繁育中心的建设

繁育中心坐落于昂昂溪区，占地 30 000 余米^2，繁育中心主要包括：基础种驴舍、运动场、实验室、消毒室、采精室、配种室、冷藏

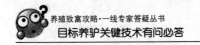
间等一系列核心房舍及主要研发仪器和设施设备。

3. 产业技术联盟的建设

为拓展公司业务辐射，先后与黑龙江省兽医科学研究所、黑龙江省畜牧研究所、东北农业大学和黑龙江八一农垦大学联合，整合技术资源。同时吸纳周边颇具规模的合作社、养殖场 6 家，共有存栏驴5 000 余头，形成技术与养殖合作联盟。联盟采取统一的标准、共同推进的方式，提高产品的规模化、标准化、市场化程度，培育品牌，延长产业链，提升综合养殖水平，助推企业成长，带动养殖增收致富，提高畜牧产业的整体实力和核心竞争力，促进产业结构优化升级。

金融海啸后果难料，全球经济扑朔迷离，在这样的大背景下，三头驴的经营将会更加理性与思变，在确保生存安全的前提下，稳健前行，共度时艰。三头驴全体员工感谢并期待着社会各界朋友一如既往地关注和支持三头驴事业的成长，我们将用企业的健康发展持续地为所有客户、合作伙伴及社会做出自己的贡献。

主要参考文献

GB 5009.228—2016 食品安全国家标准 食品中挥发性盐基氮的测定.

GB 5009.229—2016 食品安全国家标准 食品中酸价的测定.

GB 5009.44—2016 食品安全国家标准 食品中氯化物的测定.

GB/T 5009.44—2003 肉与肉制品卫生标准的分析方法.

《禁止在动物性食品中使用的兽药》（农业部 235 号）.

《禁止在饲料和动物饮水中使用的物质》（农业部公告 1519 号）.

《禁止在饲料和动物饮用水中使用的药物品种目录》（农业部公告 176 号）.

《绿色食品标志管理办法》中华人民共和国农业部令 2012 年第 6 号.

《食品动物禁用的兽药及其它化合物清单》（农业部公告 193 号）.

曹荔能.2014. 中草药在肉鸽无公害标准化养殖中的应用 [J]. 大众科技，16 (6)：162-163.

陈碧红.2006. 建立养猪安全生产体系，创造名牌猪产品——浅谈无公害猪肉生产发展之路 [J]. 畜禽业 (13)：32-34.

陈清华.2016. 加快推进农业品牌化建设 [J]. 中国政协 (9)：24-24.

关于发布《食品安全国家标准 食品添加剂 磷酸氢钙》（GB 1886.3-2016）等 243 项食品安全国家标准和 2 项标准修改单的公告.

国家卫生和计划生育委员会，国家食品药品监督管理总局.2016. 食品安全国家标准 熟肉制品 （GB 2726—2016）[S]. 2016-12-23 发布，2017-06-23 实施.

国家卫生和计划生育委员会.2015. 食品安全国家标准 腌腊肉制品 （GB 2730—2015）[S]. 2015-09-22 发布，2016-09-22 实施.

国家畜禽遗传资源委员会.2011. 中国畜禽遗传资源志·马驴驼志 [M] . 北京：中国农业出版社.

国家质量监督检验检疫总局，中国国家标准化管理委员会.2006. 病害动物和病害动物产品生物安全处理规程 （GB/T 16548—2006）[S]. 2006-09-04 发布，2006-12-01 实施.

国家质量监督检验检疫总局，中国国家标准化管理委员会.2006. 熏煮火腿 （GB/T 20711—2006）[S]. 2006-12-11 发布，2007-06-01 实施.

国家质量监督检验检疫总局，中国国家标准化管理委员会.2009.酱卤肉制品（GB/T 23586—2009）[S].

国家质量监督检验检疫总局，中国国家标准化管理委员会.2009.肉干（GB/T 23969—2009）[S].2009-06-12 发布，2009-12-01 实施.

国务院.2007.关于促进畜牧业持续健康发展的意见 [EB].国发〔2007〕4 号.

国务院.2015.国务院关于积极推进"互联网＋"行动的指导意见 [EB].国发〔2015〕40 号.2015-07-01 发布.

国务院办公厅.2017.关于加快推进畜禽养殖废弃物资源化利用的意见.国办发〔2017〕48 号，2017-06-12 发布.

侯文通.2002.驴的养殖与肉用 [M].北京：金盾出版社.

农业部关于决定禁止在食品动物中使用洛美沙星等 4 种原料药的各种盐、脂及其各种制剂的公告.

农业部关于印发《全国遏制动物源细菌耐药行动计划（2017—2020 年）》的通知（农业部 2017 年 6 月 22 日发布）

潘兆年.2013.肉驴养殖实用技术 [M].北京：金盾出版社.

田家良.2009.马驴骡饲养管理 [M].北京：金盾出版社.

王燕，秦永康.2016.中草药在肉鸽养殖中的应用 [J].广东饲料，25（11）：45-46.

王占彬，等.2004.肉用驴 [M].北京：科学技术出版社.

杨春莲，梁晶.2003.浅谈无公害畜禽产品 [J].黑龙江畜牧兽医（12）：63-63.

张居农.2008.实用养驴大全 [M].北京：中国农业出版社.

张令进.2005.驴育肥与产品加工技术 [M].北京：中国农业出版社.

张日俊，杨军香.2012.健康养殖生物技术百问百答 [M].北京：中国农业出版社.

赵新萍.2013.实行无公害标准化养殖是推动现代畜牧业发展的重要举措 [J].畜牧兽医杂志（B04）：128-129

中国兽药典委员会.2017.关于建议停止氨苯胂酸等 3 种药物饲料添加剂在食品动物上使用的公示 [EB].药典办〔2017〕14 号.

中华人民共和国环境保护部和国家质量监督检验检疫总局.2002.环境空气质量标准（GB3095—2012）[S].2012-02-29 发布，2016-01-01 实施.

中华人民共和国农业部.2002.动物性食品中兽药最高残留限量 [EB].农业部 235 号公告.2002-12-24 发布.

中华人民共和国农业部.2005.兽药地方标准废止目录 [EB].农业部公告 第 560 号.2005-11-01 发布.

中华人民共和国农业部．2006．畜禽场环境质量及卫生控制规范（NY/T 1167—2006）［S］．2006-07-10 发布，2006-10-01 日实施．

中华人民共和国农业部．2008．无公害食品 畜禽饮用水水质（NY 5027—2008）［S］．2008-05-16 发布．2008-07-01 实施．

中华人民共和国农业部．2009．饲料添加剂安全使用规范［S］．农业部公告第1224 号．2009-06-18 发布．

中华人民共和国农业部．2015．农业部关于促进草食畜牧业加快发展的指导意见［EB］．农牧发〔2015〕7 号．2015-6-11 发布

中华人民共和国农业部．2016．硫酸黏菌素停止用于动物促生长［EB］．农业部公告 第 2428 号．2016-07-26 发布．

中华人民共和国商务部．2008．中华人民共和国国内贸易行业标准熏煮香肠（SB/T 10279—2008）［S］．

中央农业广播学校．1989．家畜饲养学［M］．北京：农业出版社．

朱文进．2015．如何办个赚钱的肉驴家庭养殖场［M］．北京：中国农业科学技术出版社．

后 记

　　2015 年 7 月 25 日，在内蒙古自治区锡林浩特市召开的第三届中国马业协会理事会第二次会议上，我和张玉海同志分别当选为中国马业协会驴及骡产业分会会长、秘书长，从此，我们与驴产业结下了不解之缘。

　　看到我国驴存栏量由 20 世纪 50 年代的 1 200 多万头锐减到 2014 年的 500 多万头，而社会对驴的需求量从食用、药用到役用、观赏等方面在急速增加，我们感到责任重大，任重道远。

　　在翻阅大量相关资料，采访大量专家学者，走访调查大量驴产业企业的基础上，我们针对养驴过程中存在的缺乏认识、缺乏知识、缺乏经验、缺乏技术等问题，组织编写了《目标养驴关键技术有问必答》一书。经过一年多的努力，今天终于付梓了。

　　这本书的顺利出版是集体努力的结果。在这新书出版之际：

　　我们要感谢中国马业协会的大力支持和帮助。中国马业协会会长（理事长）、原国家首席兽医师、农业部兽医局原局长贾幼陵为我们题写了封面书名并作序，中国马业协会秘书长岳高峰为我们提出宝贵指导意见，中国马业协会的王振山、喇翠芳、曾敏、王海梅、王增远、陈卫忠等同志为我们提供了相关图片和资料。

　　我们要感谢农业部有关领导和单位的关心和支持。农业部原总畜牧师王智才听取我们的汇报，为我们把脉。畜牧业司司长马有祥为我们指导并作序，中国农业出版社养殖分社社长黄向阳和我们一起研究选题。蒋丽香等编辑为我们认真推敲，提供帮助。著名剪纸艺术家刘真为我们提供了毛驴剪纸图案用于页眉和篇章页。

　　我们要感谢天津农垦龙天畜牧养殖有限公司、内蒙古蒙东黑毛驴牧业科技有限公司、新疆玉昆仑天然食品工程有限公司的鼎力支持。驴场场长多次带领我们参观考察，介绍驴场的情况，并为我们提供了大量的照片和相关资料，为我们书的出版付出了很多辛苦。

最后，我们还要深深的感谢您——亲爱的读者。发展养驴，方兴未艾，随着驴产业的不断开发，新情况、新问题、新知识、新技术会不断地出现，我们衷心感谢您的关注，感谢您的指导，并期待您的批评与指正。

陈顺增　张玉海

2017 年 5 月

图书在版编目（CIP）数据

目标养驴关键技术有问必答/陈顺增，张玉海主编
.—北京：中国农业出版社，2017.8（2018.3 重印）
（养殖致富攻略·一线专家答疑丛书）
ISBN 978-7-109-22837-5

Ⅰ.①目…　Ⅱ.①陈…②张…　Ⅲ.①驴－饲养管理
－问题解答　Ⅳ.①S822-44

中国版本图书馆 CIP 数据核字（2017）第 069312 号

中国农业出版社出版
（北京市朝阳区麦子店街 18 号楼）
（邮政编码 100125）
责任编辑　黄向阳　蒋丽香

中国农业出版社印刷厂印刷　新华书店北京发行所发行
2017 年 8 月第 1 版　2018 年 3 月北京第 2 次印刷

开本：880mm×1230mm 1/32　印张：9.125
字数：250 千字
定价：36.00 元
（凡本版图书出现印刷、装订错误，请向出版社发行部调换）